建设工程施工技术与总承包管理系列丛书

火神山医院 快速建造技术及总承包管理

编委会主任 陈卫国

副 主 任 张 琨 王 辉

主 编 侯玉杰 邓伟华 周鹏华 余地华

中国建筑工业出版社

图书在版编目（CIP）数据

火神山医院快速建造技术及总承包管理/侯玉杰等主编. —北京：中国建筑工业出版社，2020.6（2021.7重印）

（建设工程施工技术与总承包管理系列丛书）

ISBN 978-7-112-25274-9

Ⅰ.①火… Ⅱ.①侯… Ⅲ.①医院-建筑工程 Ⅳ.①TU246.1

中国版本图书馆CIP数据核字(2020)第113652号

责任编辑：朱晓瑜　封　毅

责任校对：姜小莲

建设工程施工技术与总承包管理系列丛书

火神山医院快速建造技术及总承包管理

编委会主任　陈卫国

副　主　任　张　琨　王　辉

主　　　编　侯玉杰　邓伟华　周鹏华　余地华

*

中国建筑工业出版社出版、发行（北京海淀三里河路9号）

各地新华书店、建筑书店经销

北京红光制版公司制版

北京建筑工业印刷厂印刷

*

开本：787×1092毫米　1/16　印张：18¼　字数：426千字

2020年8月第一版　2021年7月第二次印刷

定价：**60.00**元

ISBN 978-7-112-25274-9

（36027）

《火神山医院快速建造技术及总承包管理》

本书编委会

主　　任： 陈卫国

副 主 任： 张琨　王辉

主　　编： 侯玉杰　邓伟华　周鹏华　余地华

副 主 编： 赵军　周杰刚　叶建　冯化军　孙克平　李海兵　谢华　张金军　徐平　朱海军　刘波　肖伟　熊长福　刘泽升　江畅　张正林　陈应

编　　委： 杨鹏举　殷广建　李鸣　彭云涛　谷鹏举　杜永奎　金晖　王亚桥　陈国　陈学军　熊伟　万丽丽　熊汉武　温四清　贺红星　付锐琳　邓伟婧　张洪波　多士锋　游宇　黄烨　刘鹏　周涛　夏宏伟　刘文　罗未来　刘文昆　刘飞　于家罡　何柯　汪剑云　刘双桥　郑沙　邓雄兵　魏玉亮

执　　笔： 叶建　马兴兴　倪朋刚　杨华荣　叶勇　雷勇　李健强　蒲勇　赵小龙　徐策　宋星　李松　李金生　王峰　黄心颖　温永坚　李传志　陈焰华　黄晓程　张浩　张玉柱　胡飞　魏恒　刘锐　徐新明　蒋帅　林华敏　张亮　金博　周钦　史晓亮　钟龙　黄挡玉　邹利群　何靖宇　田浩　黄甜　陈冲　李明威　杨成雄　王腾　彭焕　李蔚　陈车　蔡雄飞　胥光　王冬冬　杜力

审　　定： 余地华　叶建

封面设计： 王芳君

序　言
FOREWORD

2020年初，面对突如其来的新型冠状病毒疫情，全国人民众志成城，开展了一场保卫人民生命健康的“全民战役”，武汉市成为全国“抗疫”的最前线和中心。为了迅速遏制疫情蔓延势头，救治更多的“新冠肺炎”患者，武汉市人民政府决定参照“非典”时期北京“小汤山医院”模式，建设一座建筑面积3.39万m^2、设置1000张病床的应急传染病医院。这所肩负特殊使命的医院后来被命名为“火神山医院”。

火神山医院自2020年1月23日下午做出建设部署，2月2日即完成建设移交医院运营方，2月4日开始收治病人，4月15日完成使命关闭。医院稳定运行73个昼夜，累计收治病人3059人，治愈出院2961人。这座特殊的应急传染病医院为救治重症、危重症“新冠肺炎”患者立下汗马功劳，也创造了医护人员“零感染”、医院运行“零事故”、医疗废弃物“零污染”、重症患者低死亡率的“奇迹”。

火神山医院具有建设标准高、模块化设计、机电及信息化系统量大、标准高、环保要求严、场地条件复杂等特点。同时，工程建设处于春节期间，建筑工人与材料组织难度极大，火神山医院建设高峰期现场有1.2万名建筑工人，施工现场的防疫工作本身就是一个巨大的挑战。此外，建设过程中遭遇多次降雨、降雪过程。在天时、地利都不占优势的情况下，以中建三局集团有限公司、中信建筑设计研究总院、武汉建工集团有限公司等为代表的建设团队，充分发挥先进建造技术的优势，大胆创新、勇于突破，历时9天完成建设任务，再一次向世界展示了“中国建造”和“中国速度”。火神山医院采用的建造技术和项目管理模式也将为国内乃至国际提供应急传染病医院建设的成功范例。

将火神山医院的建设实践进行系统总结梳理、成书出版，很有必要。该书由中建三局集团有限公司牵头，联合中信建筑设计研究总院、武汉建工集团有限公司等多家单位编写。

全书共十个章节，包括工程背景、工程概况、工程特点与创新、建筑结构设计及施工技术、机电工程设计及施工技术、环保设计及施工技术、智能化设计及施工技术、总承包管理、工程维保及思考与启示。其中，在模块化设计、并行工程快速建造、污染防扩散、现代信息技术等方面，展示了火神山医院建设所应用的创新技术和先进管理水平。

该书是一部现代应急呼吸道传染病医院设计、施工及运维为一体的专业参考书，期待在我国构建强大的公共卫生体系中，积极发挥作用。

中国工程院院士　丁烈云
2020年7月5日

前　言
Preface

2020 年新春，新型冠状病毒（后称“新冠”）肺炎肆虐中华大地，湖北武汉深陷疫情中心，牵动着全国人民的心。全国人民投入抗击病毒的战斗中，这是继 2003 年 SARS 病毒之后，针对呼吸传染疾病的又一场全民战役。国家卫生健康委印发了《新型冠状病毒感染的肺炎重症患者集中收治方案》《关于进一步做好武汉市新型冠状病毒感染的肺炎重症、危重症患者集中救治管理工作的意见》《关于进一步做好武汉市新型冠状病毒感染的肺炎重症、危重症患者集中救治管理后勤保障工作的意见》，要求湖北省卫生健康委深入落实“四集中”原则，根据需要增加重症病例定点医院数量，进行集中救治管理，加强重症患者救治力量，尽最大努力提高重症救治成功率。

为应对新冠肺炎的爆发，武汉市政府将武汉市金银潭医院、武汉市肺科医院、武汉市汉口医院等医院作为收治病患的指定医院，并在全市设置 61 个发热门诊部。随着疫情的不断扩散，武汉市内医疗资源相对紧张，医院病床数量不足，出现人等床的问题，大量疑似及确诊人员在家中封闭隔离，间接加重了病毒交叉感染的风险。2020 年 1 月 23 日下午，武汉市城乡建设局紧急召集中建三局等单位进行专题会议，要求参照 2003 年抗击“非典”期间北京小汤山医院模式，在湖北省武汉市蔡甸区的武汉职工疗养院建设一座临时应急救治新型冠状病毒感染者的传染病医院，命名为“火神山医院”。

火神山应急医院建成后，缓解了现有定点医院的压力，使得更多的患者得到了较好的医治。对全国人民而言，建设火神山应急医院是一场与时间赛跑、与死神战斗、挽救生命的战役，越早建成就能抢救越多的生命。建设火神山应急医院是一项党中央下达的任务，全世界都在密切关注着工程的建设进展，责任重大，使命光荣。

火神山应急医院的快速建造并投入使用，及时解决了患者的收治工作，缓解了现有传染性医院的压力，使得更多的患者得到了较好的医治，减少了交叉感染的风险。疫情发生后，中国启动了最严格、最全面、最彻底的疫情防控，行动速度之快、规模之大，前所未有。同时两座应急医院及改造医院的建设展现出了中国力量、中国效率，体现了中国的制度优势。

目　录
Contents

第1章 工程背景

1.1 新冠肺炎疫情下应急医院概念

新冠肺炎疫情下应急医院即呼吸类传染病应急医院，是应对突发性呼吸系统传染病建设的应急医院。传染病医院是指诊断与收治患有《中华人民共和国传染病防治法》规定或新发传染病的专科医院。新冠肺炎是指新型冠状病毒从人体的鼻腔、咽喉、气管和支气管等呼吸道感染侵入而引起的一种传染性的疾病，属于呼吸道传染病的一种。常见的呼吸道传染病有：传染性非典型性肺炎、人感染高致病性禽流感、麻疹、百日咳、白喉、流行性脑脊髓膜炎、猩红热、肺结核、甲型 H1N1 流感、流行性感冒、风疹、流行性腮腺炎等。2020 年 1 月 20 日，国家卫生健康委员会（简称“国家卫健委”）发布 1 号公告，将新型冠状病毒感染的肺炎纳入《中华人民共和国传染病防治法》规定的乙类传染病，并采取甲类传染病的预防、控制措施，将新型冠状病毒感染的肺炎纳入《中华人民共和国国境卫生检疫法》规定的检疫传染病管理。

1.2 新冠肺炎疫情下传染病应急医院建设背景及意义

1.2.1 新冠肺炎疫情下传染病应急医院建设背景

2020 年新春，新型冠状病毒肺炎肆虐中华大地，湖北武汉深陷疫情中心，牵动着全国人民的心。全国人民投入抗击病毒的战斗中，这是继 2003 年 SARS 病毒之后，针对呼吸传染疾病的又一场全民战役。武汉，这一历史文化名城，在继成功举办第七届世界军人运动会得到世界瞩目后，再次成为焦点，武汉市短时间内感染人数快速上升，最终 1 月 23 日武汉宣布封城。

为了阻击新冠肺炎疫情蔓延，2020 年 1 月 23 日下午，武汉市城建局紧急召集中建三局等单位举行专题会议，要求参照 2003 年抗击“非典”时期北京“小汤山医院”建设模式，在武汉职工疗养院内建设一座专科医院——武汉火神山应急医院，集中收治新型冠状病毒肺炎患者。2020 年 1 月 25 日下午 3 点 30 分，武汉市新型冠状病毒感染肺炎疫情防控指挥部召开会议，决定在火神山医院外，再建立一座类似小汤山模式医院——武汉雷神山应急医院。

针对湖北省重症病例较多的情况，国家卫健委印发了《新型冠状病毒感染的肺炎重症患者集中收治方案》《关于进一步做好武汉市新型冠状病毒感染的肺炎重症、危重症患者集中救治管理工作的意见》《关于进一步做好武汉市新型冠状病毒感染的肺炎重症、危重症患者集中救治管理后勤保障工作的意见》，要求湖北省卫生健康委员会（简称“湖北省卫健委”）深入落实“四集中”原则，根据需要增加重症病例定点医院数量，进行集中救治管理，加强重症患者救治力量，尽最大努力提高重症救治成功率。

随后，很多医院通过改造被纳入定点医院，以解决发热门诊就诊排长队、留观床位紧张等问题。1 月 22 日，武汉市公布了首批定点医院，此后一个月内定点医院及床位数不断增加。从武汉市卫生健康委员会（简称“武汉市卫健委”）公布的数据来看，截至 2020 年 2 月 1 日，武汉 23 家定点医院共计开放 6754 张床位，床位使用率（即已使用的总床位数与实际开放的总床位数之比）100.8%，床位严重不足；到 2 月 20 日，改造的定点医院已达 48 家，开放床位共计 20989 张，床位使用率 92.0%，床位不足问题得到缓解。

1.2.2 新冠肺炎疫情下传染病应急医院建设意义

火神山医院、雷神山医院建成后，开放床位共计 2416 张，收治着当时武汉市大约三分之一的重症和危重症患者，缓解了现有定点医院的压力，使得更多的患者得到了较好的医治。对全国人民而言，建设两座应急医院是一场与时间的赛跑、一场与死神的战斗、一场挽救生命的战斗，越早建成就能抢救越多的生命。建设两座应急医院是一项党中央下达的任务，全世界都在密切关注工程的建设进展，工程责任重大，使命光荣。

据新华社消息，1 个月内武汉市改造 86 家定点医院。改造医院和社区隔离点一起，发挥了疏通“堰塞湖”的重要作用。改造医院主要收治确诊重症、危重症和疑似危重症病人，成为诊疗、救治的“主战场”。2020 年 2 月 21 日，武汉市改造医院空床率首次超过 10%，开始出现“床位等病人”的情况。

火神山应急医院、雷神山应急医院及改造医院的快速建造并投入使用，及时解决了患者的收治工作，缓解了现有传染病医院的压力，使得更多的患者得到了较好的医治，减少了交叉感染的风险。疫情发生后，中国启动了最严格、最全面、最彻底的疫情防控措施，行动速度之快、规模之大，前所未有。同时两座应急医院及改造医院的建设展现出了中国力量、中国效率，体现了中国的制度优势。

1.3 新冠肺炎疫情下应急医院的发展现状

在我国，“北上广”等一线发达城市，医疗水平较高，拥有大型传染病专科医院和综合医院传染病区，可以直接应对一般性的传染病大规模爆发流行，但却无法直接应对类似武汉市如此大规模疫情的严重爆发。三四线城市医疗水平一般，传染病床位较少，一般性的传染病大规模爆发流行都难以应对。本次疫情的发生一定程度上暴露了我国医疗体系的不健全及医疗规划的不完善。根据《全国医疗卫生服务体系规划纲要（2015—2020 年）》相关资料，从 2003 年“非典”疫情发生后，我国未针对突发传染病提前进行医疗机构规划布局，尚无针对突发呼吸道传染性疾病建设“平疫结合”医院。纵观国内外应急传染病医院的建设史，发现国外尚无应急传染病医院的建设，而在国内，著名的就是 2003 年为应对“非典”（SARS）疫情，北京临时建设的小汤山医院。在应对新冠肺炎疫情蔓延期间，武汉市参照 2003 年抗击“非典”期间北京小汤山医院模式，修建了火神山、雷神山两座应急医院。为了应对新冠肺炎疫情的蔓延，2020 年 2 月，在 1 个月内武汉市改建成 86 家定点医院，在国内均为首例，没有经验可以借鉴。

在国外，美国、日本、法国等发达国家和地区也没有设置专门的应急传染病医院，也是在综合医院内设定一个专门的区域收治传染病患者。2020 年新冠肺炎病毒全球蔓延，在国外疫情持续爆发的情况下，世界各国纷纷建设传染病应急医院。2020 年 3 月 20 日据莫斯科市政府新闻处发布的消息，为了应对新冠肺炎疫情的进一步扩散，俄罗斯政府正在首都莫斯科的新莫斯科行政区建设一所新的传染病医院，用于收治新冠肺炎病毒感染者。哈萨克斯坦总理在 2020 年 4 月 3 日主持召开国家紧急状态委员会会议，决定在努尔苏丹、阿拉木图和奇姆肯特三地各建一座全预制构造的传染病医院，以应对可能出现的疫情加剧局面。随着疫情在全球的蔓延，在中国的帮助下，塞内加尔、津巴布韦、埃塞俄比亚进行了医院改造。2020 年 3 月，埃塞俄比亚确定爱菲医院为新冠肺炎收治定点医院，并按要求对隔离病房进行改造，中国建筑埃塞俄比亚有限公司无偿承接了爱菲医院隔离病房的改造任务，用 5 天时间完成了改造任务。3 月初，津巴布韦政府确定威尔金斯医院为首都哈拉雷新冠肺炎定点收治医院，用 10 天完成了整个医院的改造。3 月初，塞内加尔卫生部把塞内加尔妇幼医院确定为新冠肺炎定点收治医院，江苏省建筑工程集团配合塞内加尔卫生部，很快完成了医院内部设施的调整及隔离区域改造。

1.4 建设历程

1.4.1 组织历程

武汉火神山医院建设组织历程见表 1-1。

武汉火神山医院建设组织历程　　表 1-1

	1. 2020 年 1 月 23 日 17 点，中建三局收到建设火神山医院任务，第一时间召集在汉二级单位召开医院施工筹备会，筹备各项施工资源，会上确定由中建三局工程总承包公司牵头实施医院建设
2. 2020 年 1 月 24 日上午 9 点，中建三局成立武汉市抗新冠肺炎应急工程建设工作领导小组，由局党委副书记、总经理陈卫国任组长，局领导张琨、魏德胜、李勇任副组长，局各部门负责人和局属参建单位主要领导等担任成员	

续表

	3. 2020 年 1 月 25 日下午，中建三局火神山医院项目举办党员突击队授旗仪式，局领导陈卫国宣布成立中建三局火神山医院项目指挥部临时党总支
4. 2020 年 1 月 26 日晚，郑学选赴武汉火神山医院项目考察慰问，代表中建集团党组对中建三局建设者在极短时间内高效组织力量，克服重重困难，快速推动医院建设，取得阶段性成果表示慰问和感谢	
5. 2020 年 1 月 27 日上午，受习近平总书记委托，中共中央政治局常委、国务院总理、中央应对新型冠状病毒感染肺炎疫情工作领导小组组长李克强来到火神山医院施工现场考察，慰问奋斗在一线的施工人员	
6. 2020 年 1 月 29 日上午，国务院国资委党委书记、主任郝鹏赴中建集团总部调研，通过视频连线武汉火神山医院建设工地现场，慰问春节期间坚守奋战在抗击疫情阻击战一线的建设者	

续表

	7. 2020 年 1 月 31 日下午，中建三局总承包公司在火神山医院建设现场组织召开“火神山医院项目抢建冲刺誓师大会”
8. 2020 年 2 月 2 日上午，武汉火神山医院举行交付仪式，武汉市市长周先旺和联勤保障部队白忠斌副司令员在武汉火神山医院签署互换交接文件，标志着火神山医院正式交付人民军队医务工作者	
9. 2020 年 2 月 2 日下午，受习近平总书记委托，中共中央政治局委员、国务院副总理孙春兰率中央指导组实地察看火神山医院设施设备等情况	

1.4.2 设计历程

2020 年 1 月 23 日 16 点，中信建筑设计研究总院有限公司（简称“中信院”）接到武汉市政府建设武汉版“小汤山医院”的紧急任务，立即召集项目协调人、各专业设计负责人召开项目设计启动会。在项目设计的推进过程中，中信院采用“接力”的方式，人员两班倒，设计不停歇，确保出图时间（表 1-2）。

火神山医院项目设计历程　表 1-2

<table>
<tr><td colspan="2">第一阶段：设计出图</td></tr>
<tr><td>1</td><td>2020 年 1 月 23 日 16 点，召集 60 余名设计人员，开展设计工作
</td></tr>
<tr><td>2</td><td>2020 年 1 月 24 日上午 8 点，完成方案设计，形成汇报文件
</td></tr>
<tr><td>3</td><td>2020 年 1 月 24 日 18 点，完成总平面布局调整，增加 2 号病房楼，建筑面积由 2.5 万 m^2 增加至 3.4 万 m^2。</td></tr>
<tr><td>4</td><td>2020 年 1 月 25 日上午 7 点，完成结构基础图以及室外市政配套总图，并调整完善设计方案</td></tr>
<tr><td>5</td><td>2020 年 1 月 26 日上午 6 点，经过 60 多个小时的连续作战，完成第一版全专业施工图设计文件并交付</td></tr>
<tr><td colspan="2">第二阶段：主要设计变更和调整</td></tr>
<tr><td>6</td><td>2020 年 1 月 26 日，增加抗渗膜和雨水收集池设计变更，雨水排放集中收集处理</td></tr>
<tr><td>7</td><td>2020 年 1 月 27 日，卫计委专家评审设计方案，增加尸体暂存间、衣物消毒间以及焚烧炉</td></tr>
<tr><td>8</td><td>2020 年 1 月 29 日，病区供电方案变更，原有一路市政供电变更为两路市政供电</td></tr>
<tr><td>9</td><td>2020 年 1 月 29 日，调整 2 号住院楼室内系统分区和室外风管排布</td></tr>
<tr><td>10</td><td>2020 年 1 月 31 日，解放军联勤保障部队查勘现场，对医护单元流线提出修改</td></tr>
<tr><td>11</td><td>2020 年 1 月 31 日，武汉市领导开会要求室外增加绿化</td></tr>
</table>

1.4.3 施工历程

医院主体建设自 2020 年 1 月 23 日晚开始，高峰期投入 800 余名管理人员、8000 余名作业人员、1000 余台大型机械设备车辆，争分夺秒，24 小时不间断施工作业，在 2 月 2 日建设完成并向解放军联勤保障部队交付，建设工期仅 10 天（表 1-3）。

火神山医院施工历程 表 1-3

1. 2020 年 1 月 23 日晚，连夜组织挖掘机、推土机等机械进场，开始清表及场地平整	2. 2020 年 1 月 24 日，增加土方施工机械，持续进行场地平整施工

3. 2020 年 1 月 25 日，东侧 2 号病房楼区域场地平整完成，进行碎石、细沙回填，碾压密实	4. 2020 年 1 月 26 日，东侧 2 号病房楼防渗膜铺设、箱式房基础结构开展施工

5. 2020 年 1 月 27 日，东侧 2 号病房楼混凝土基础完成，工程从基础阶段进入箱房安装阶段	6. 2020 年 1 月 28 日，东侧 2 号病房楼箱式房全面展开拼装，施工进程全面加快

7. 2020 年 1 月 29 日，东侧 2 号病房楼箱式房持续拼装，西侧 1 号病房楼、ICU 以及医技楼基础结构混凝土浇筑大面完成	8. 2020 年 1 月 30 日，东侧 2 号病房楼 2 层箱式房大面完成，西侧病房区箱式房、ICU、医技楼活动房进行拼装

续表

9. 2020年1月31日，东侧2号病房楼箱式房全部拼装完成，西侧1号病房楼箱式房、ICU活动房拼装完成，医技楼活动房持续拼装	10. 2020年1月31日，2号病房楼4区室内机电通风管安装

11. 2020年2月1日，医技楼活动房拼装完成，室外吸引站、垃圾暂存间、衣物消毒间等完成，各区室内机电、墙板安装步入收尾	12. 2020年2月2日，武汉市政府与解放军联勤保障部队正式签署移交书，火神山医院建设完成并交付

第2章

工 程 概 况

2.1 工程建设概况

工程名称：武汉市火神山医院应急项目（图 2-1）。

建设单位：武汉市城乡建设局。

设计单位：中信建筑设计研究总院有限公司、武汉市政工程设计研究院有限责任公司。

监理单位：武汉华胜工程建设科技有限公司。

施工单位：中建三局集团有限公司牵头，武汉建工集团股份有限公司、武汉市市政建设集团有限公司、武汉市汉阳市政建设集团有限公司等多家武汉企业共同参与建设。

图 2-1 武汉火神山医院项目图

2.2 建筑概况

火神山医院选址在蔡甸区武汉职工疗养院内，西邻知音湖大道，北接汉阳大道，南接天鹅湖大道，有利于人员物资转运和医院建设的管线接驳。同时，医院位于四环外，远离市区，三面临水，便于封闭隔离。

项目规划用地面积约 5 万 m^2，总建筑面积 3.39 万 m^2，设床位 1000 张，开设重症监护病区、重症病区、普通病区，设置感染控制、检验、特诊、放射诊断等辅助科室，不设门诊。

整体布局主要包括接诊区、负压病房楼、ICU、医技部（图 2-2）。其中负压病房有两组：1 号住院楼为单层，共 8 栋，靠近接诊区的一栋为疑似病房；2 号病房楼为两层，共 4 栋。各区域建筑面积如下：东区病房 13788m^2，西区病房 15579m^2，接诊区 141.12m^2，ICU1494.64m^2，医技部 2480m^2，网络机房 130m^2，供应库房 150m^2，垃圾暂存间 108m^2，救护车洗消间 70m^2。

医院以“洁污分流、医患分流、人物分流”为原则，采用严格的“三区两通道”设计，医护人员按“清洁区—半污染区—污染区”的工作流程布置工作区域。

建筑采用装配式建筑技术，最大限度地采用拼装式工业化成品模块。具体运用集装箱式箱体活动板房和模块化拼接的方式，采用 3m×3m 的模数，最大限度模块化，配合 3m×6m 箱式房搭建。

图 2-2　火神山医院总体布局

2.3 结构概况

本工程地基承载力特征值设计为 60kN/m^2，基础为 C35 混凝土筏板，完成面标高为 −0.450m（绝对标高 23.900m），内配通长双层双向 HRB400 钢筋，其中 300 厚筏板内配 ϕ12@200，450 厚筏板内配 ϕ12@150。筏板底设置 100mm 厚 C15 混凝土垫层，筏板钢筋保护层厚度 40mm（图 2-3）。

筏板上方为集装箱搁置支座，规格为 300×300×8 钢方管。

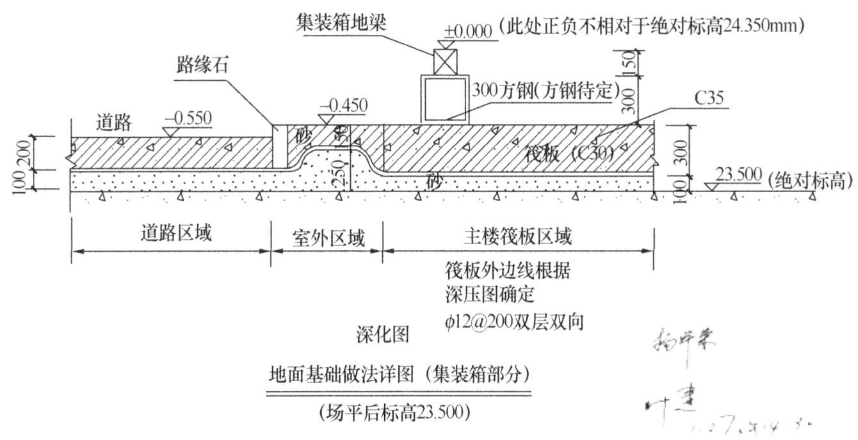

图 2-3　火神山医院地面基础深化图

2.4 机电概况

2.4.1 给水排水工程概况

1. 室外给水排水概况

1）市政管网引入一根 $DN250$ 水管，沿本建筑外形成环网（图 2-4）。

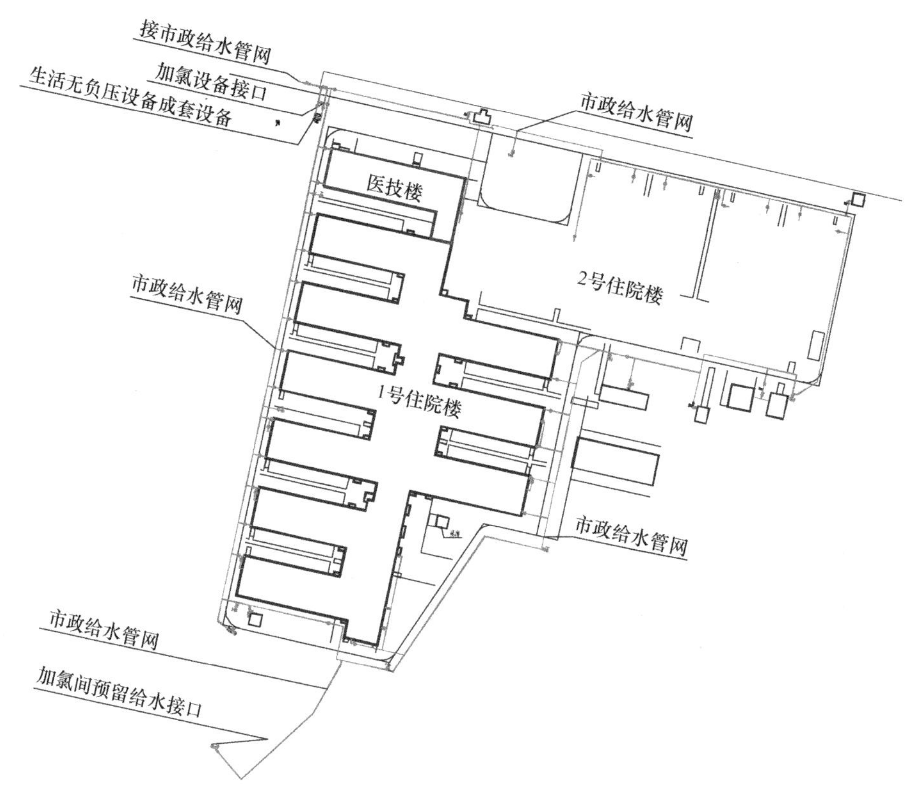

图 2-4　室外给水管平面图

2）室外消火栓为低压系统，与给水管网合并设置，共设置 9 套室外消火栓。

3）室外污水管网按清洁区和污染区分别接收各单体的清洁区污水和污染区污水，污水经接触消毒池一次消毒后排入化粪池，再由污水提升泵站提升至污水处理站，经处理消毒达标后排入市政污水管网（图 2-5）。

4）室外雨水在道路及场地低洼处设置雨水口，收集场地及屋面雨水，排至雨水调蓄池，并经消毒处理达标后，排放至市政管网（图 2-6）。

2. 室内给水排水概况

1）水源：市政管网引入一根 $DN250$ 给水管作为本项目水源。

2）给水系统：竖向不分区，由市政管网直供；热水仅淋浴间采用容积式电热水器制备

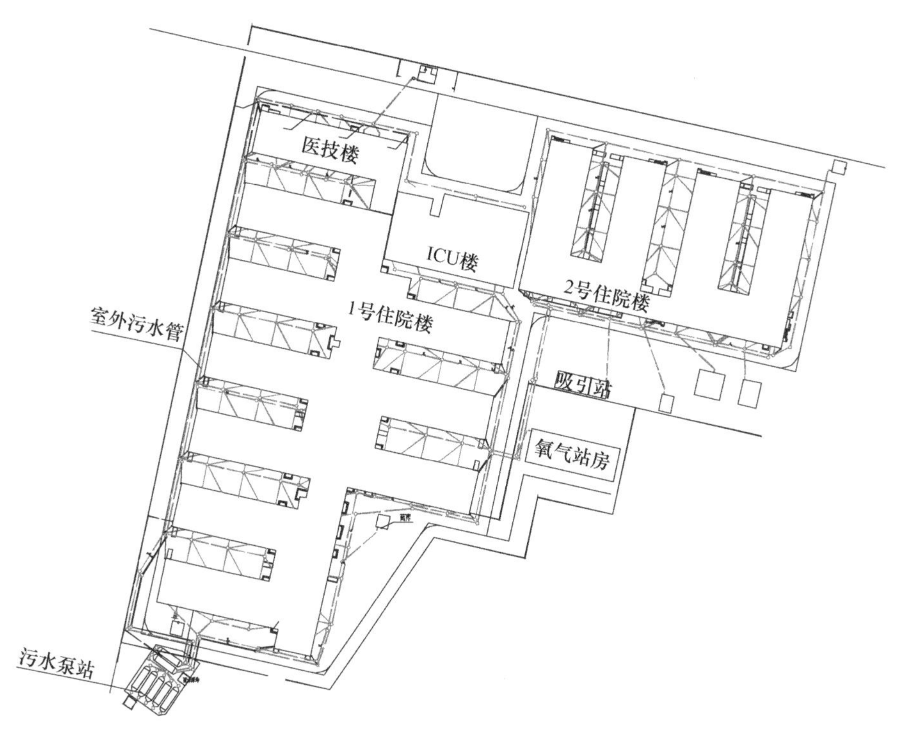

图 2-5　室外污水平面图

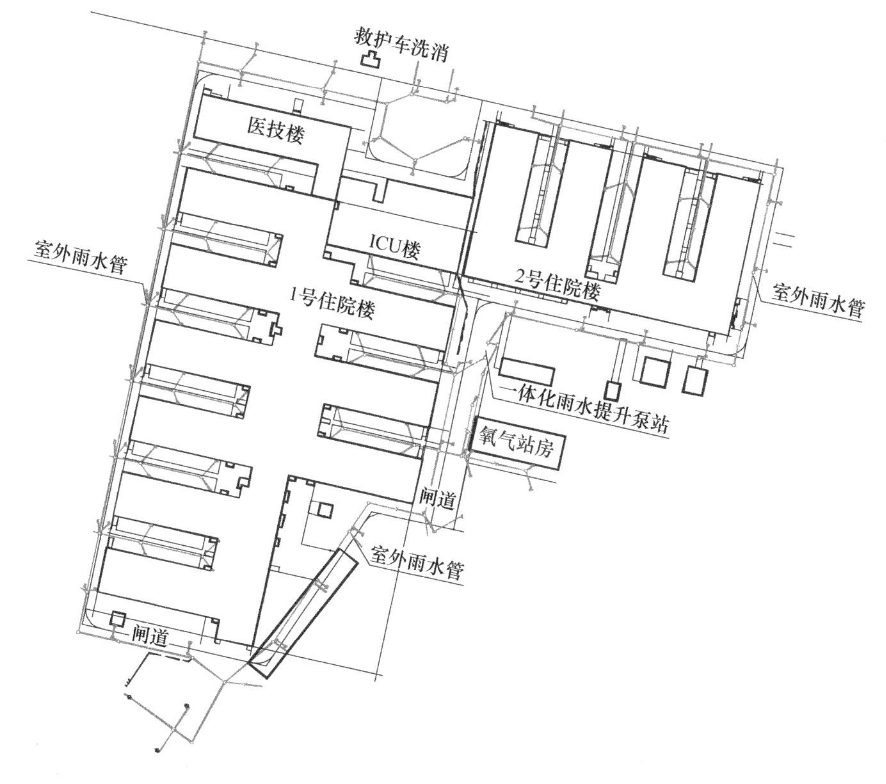

图 2-6　室外雨水平面图

热水。

3）污废水系统：室内污废水采用合流制，重力自流排入室外污水系统。

4）消防水系统：与室内给水系统共用，设置内含 19mm 软管的消防卷盘。

2.4.2 建筑电气工程概况

1. 供电电源

由城市电网引入两路 10kV 电源，两电源同时工作、分列运行，互为备用，任意一路电源失电时，另一路电源可承担全部负荷。

本项目共设置箱式变电站 24 座，箱式柴油电站 16 座。其中 16 个病房医护区各设置 1 座 630kVA 箱式变电站，两两成组，互为备用，每两个病房医护区设置 1 座 600kVA 箱式变电站，可承担两个病房医护区除新风电辅热负荷外的全部负荷；医技楼设 2 座 630kVA 箱式变电站，2 座 600kVA 箱式变电站；ICU 病房、1 号、2 号病房单元电辅热及无负压供水设备设 500kVA 箱式变电站 4 座；9 号病房单元、氧气站及吸引站、污水处理机房、雨水提升泵站、网络中心机房设 2 座 630kVA 箱式变电站。如图 2-7 所示。

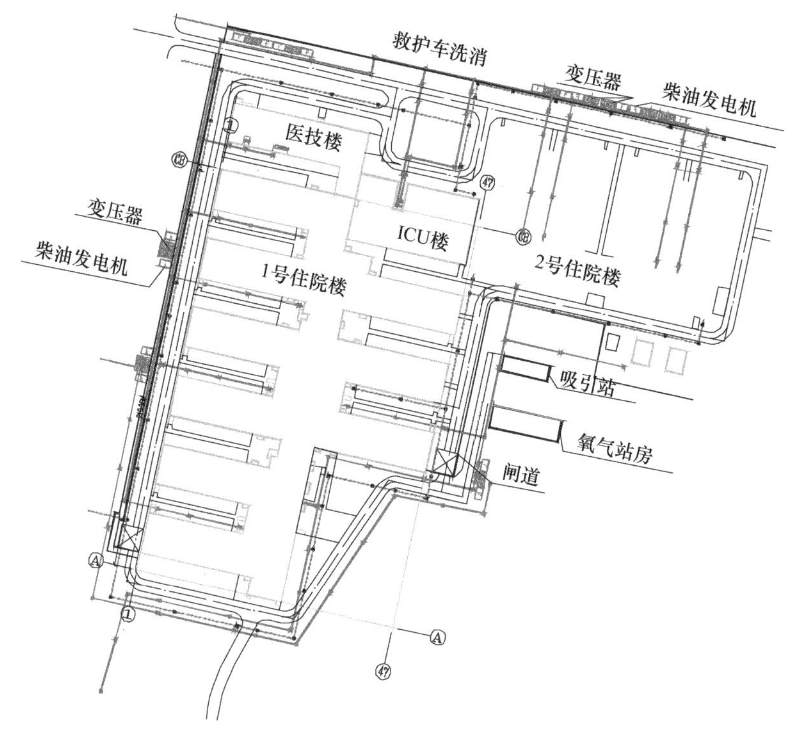

图 2-7 室外变压器及电气管网图

2. 负荷等级

特别重要负荷：ICU、手术室、术前准备室、术后复苏室、麻醉室等涉及患者生命安全的设备及照明负荷。

一级负荷：应急照明、弱电机房、生活水泵及排污泵等重要设备、走道照明、值班照明、主要业务和计算机系统负荷。

二级负荷：其余负荷为二级负荷。

3. 电力配电系统

采用放射式配电方式，设置两级制动转换开关（ATSE）实现两路市政电源及一路应急电源的接入。

4. 防雷接地及安全系统

建筑物防雷：本项目防雷类别属于第二类，利用集装箱金属顶及彩钢板屋面作接闪器，集装箱竖向金属构件作防雷引下线，距离不大于 18m，基础筏板轴线上下两层主筋中的两根通长筋形成基础接地网。

接地及安全：接地系统采用 TN-S 系统，建筑物做等电位联结，带淋浴的卫生间、浴室、弱电机房等设局部等电位联结。

医疗场所接地及安全防护：医疗场所内局部 IT 系统供电的设备金属外壳接地应与 TN-S 系统共用接地装置，1 类及 2 类医疗场所的患者区域内做等电位联结，医用 IT 系统必须配置绝缘监视器。

具体见图 2-8。

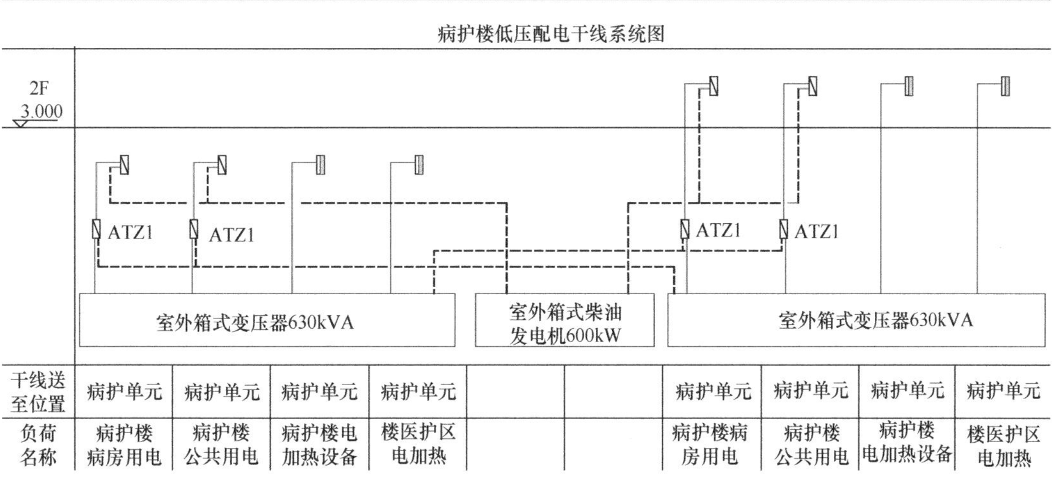

图 2-8　典型低压配电系统图

2.4.3 空调通风工程概况

1. 空调工程

所有无洁净要求区域均采用分体冷暖空调；ICU 病房采用风冷热泵全空气空调系统。

2. 通风系统

病房、试验用房、检查室、医务办公室等房间设置机械送排风系统，分区设置（图 2-9）。通过控制送排风比例维持检查室、试验用房、传染病房等房间负压，医生办公室及护士站正压，有效控制气流流向，形成从洁净区到污染区的气流组织。

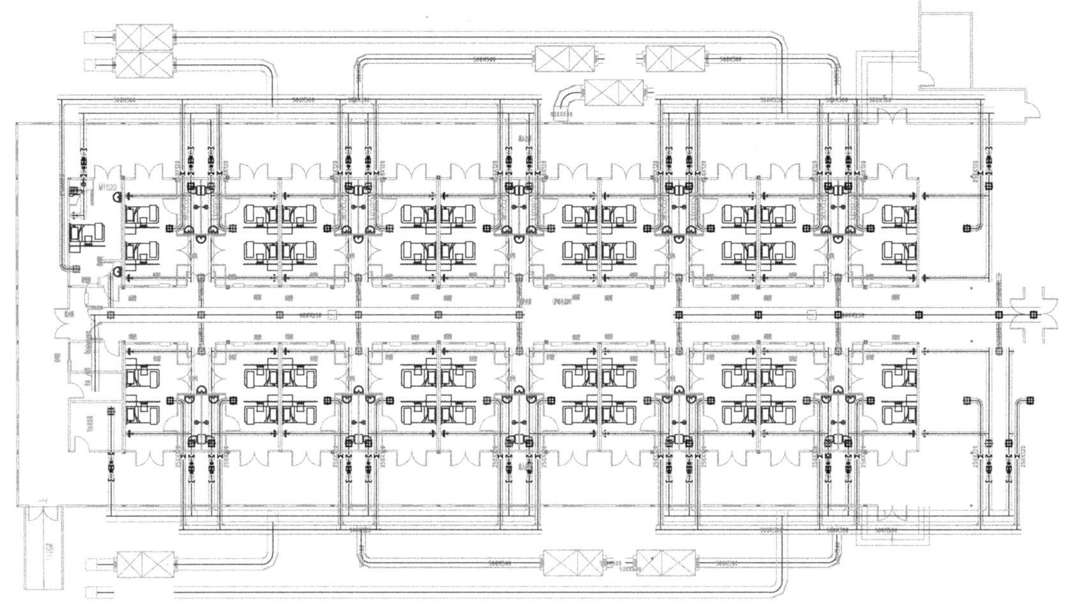

图 2-9 典型病房通风系统

2.4.4 智能化系统概况

1）综合布线系统：分为工作区子系统、配线子系统、干线子系统、设备间子系统，铜缆部分均采用六类双绞线，光缆部分均采用单模万兆光纤。

2）信息网络系统：采用双核心、双链路设计。系统分三层结构，即核心层、汇聚层、接入层，包括网络管理系统、网络安全系统、网络存储和备份子系统（图 2-10）。

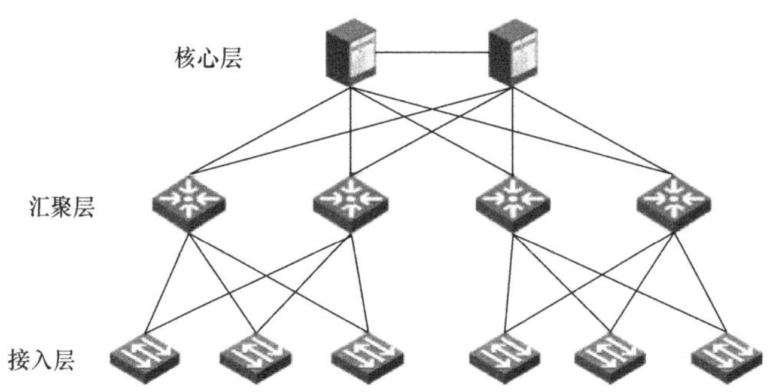

图 2-10 交换机组网架构

3）电话交换系统：在医生办公室、护士站等房间设置电话机，采用虚拟程控系统，在各弱电井内设置 IAD 语音接入网关设备，通过光缆联网，由运营商在局端设置程控主机。

4）有线电视系统：依靠信息网络和综合布线系统所提供的外网网络接入，能够在各病房内的智能电视上观看网络视频。

5）公共广播及应急广播系统：在医院室外公共区域、护理单元医护走廊等区域设置扬声器，系统满足应急广播和背景音乐广播需要，呼叫主机放置于安防控制室，同时在各护理单元护士站设置呼叫分机。

6）会议系统：由视频显示、会议发言、音响扩声、集中控制、音视频信号矩阵切换、远程视频几大部分组成。

7）无线对讲系统：由无线对讲数字中继台、室外八木天线、射频电缆、对讲机等组成。系统通信主机设置在安防控制中心内，提供 2 个同步通话加密频道，对讲机 100 套。

8）机房系统：机房总面积 90m^2，机房内设备众多，包含 18 台超大型机柜，4 台精密空调，1 台大型 UPS，448 块电池，4 台列头柜及配电柜等。

9）视频监控系统：在医院周界、停车场、药房、主要出入口、室内通道、重要功能室等设置 1080P 高清网络摄像机，录像保存 30 天，存储设备采用 IPSAN 架构。

10）求助报警系统：在护士站、医生办公室内设置求助报警按钮。当医生、护士遇到特殊情况时，按下报警按钮可以向安防控制中心发出报警信号。

11）门禁系统：由输入设备、控制设备、信号联动设备、控制中心等组成，系统采用 TCP/IP 传输方式。在主要出入口及功能分区处设置出入口控制装置。

12）呼叫对讲系统：在医院病房设置护士呼叫系统，系统采用数模结合的方式。系统由床头分机、洗手间求助报警按钮、门灯、走廊显示屏、护士站主机及服务器等组成。

13）ICU 病区探视系统：在 ICU 设置探视系统，家属可通过手机 APP 远程呼叫护士站探视管理主机，护士接听后可与家属进行可视对讲，并根据探视请求转接至相应病床。

14）远程会诊系统：在会议室中增加远程医疗会诊平台，实现不同地点的专家集中通过网络对患者进行远程会诊。

15）无线移动监护、移动输液监护系统：在各病区、ICU 内通过设置无线移动监护、移动输液监护系统，尽可能减少医护人员与患者的接触。

16）医院信息化：包含医学影像存贮与传输系统（PACS），临床信息系统（CIS），医院信息管理系统（HIS），放射科信息管理系统（RIS）。实现了火神山医院全程无纸化问诊治疗，保障了医护人员的安全，同时优化了医院的管理流程，提高了医院整体效率。

17）停车场管理系统：在车辆出入口设置道闸，通过车牌识别技术，加强车辆出入控制，使出入车辆能更有效地识别和管理。

第 3 章

工程特点与创新

3.1 工程整体意义

1）这是党中央交给我们的任务。建设火神山医院是党中央下达的任务，我们能不能高效、安全、优质地完成任务，是要面对党中央的，责任重大，使命光荣。

2）这是全国人民交给我们的任务。全国人民、全世界都在密切关注火神山医院项目的建设进展，对我们有着极高的期许，给了我们极高的荣誉，工程建设的同时中央电视台进行24小时不间断同步直播，5000万“云监工”共同见证着这一历史。

3）这是与时间和死神赛跑。我们的使命就是与时间赛跑、与死神战斗，为挽救生命而战斗，多争取点时间早日建成就能多抢救一些患者的生命。

4）这是冒着生命危险在战斗。我们组织成千上万的人在疫情爆发期间进行“大会战”，不知道谁是“B类人”①，每个人都冒着被感染的生命危险，特别是进入维保阶段，所有维保的将士们要进入病区，更是直接面对病毒、面对生命危险在战斗。

5）地方建设，军方接管。火神山医院由湖北省武汉市负责建设，工程验收合格、配备齐全所有的医疗设施、办公家具后由军方接管，军方调派1400名官兵负责检验科、重症监护室及病房等整个医院的日常运营管理。官兵及病患所需的一切后勤服务保障及医疗资源的提供都由武汉市负责。

3.2 工程设计特点

3.2.1 建筑专业

1. 项目选址

传染病医院在布局规划时，“选址”尤为重要。火神山医院选址主要遵循以下原则：

1）选址在人口稀少的地方，并尽量避开住宅及公共活动区域。

2）结合当地自然条件，能够有利于设置消毒隔离区域。

3）医院选址处在武汉市主导下风向区域。

4）邻近市政道路，可直接利用现有便利交通，有助于缩短建设时间。

2. 总体规划布局

火神山医院整体的平面布局呈L形，在尽可能满足更多床位的基础上，与东侧水系保持一定的距离，另一侧则沿南北公路顺序排列，北侧的商品房尚未交付，医院也与公路及商品房区域保留了一定的安全距离（图3-1、图3-2）。

---

① B类人为潜在的感染了病毒的人群。

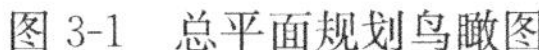

图 3-1　总平面规划鸟瞰图

图 3-2　功能分区图

3. 医院平面设计

采用“鱼骨状”布局技术，每根“鱼刺”都是独立的医疗单元，医护人员与患者在活动空间、交通路线进行分区分流，实现了“三区两通道”设计。清洁区、半污染区和污染区“三区”之间有严格的换气次数及送、排风量控制，在“三区”之间形成 5～10Pa 压力梯度，保证医护通道和病患通道“两通道”严格分离。

4. 护理单元设计

理想的护理单元之间的距离应该在 20m 以上，但是考虑到需要救治的病患较多且时间紧迫，参照小汤山医院护理单元 12m 的间距经验值，此次护理单元之间距离设置为 15m，每个护理单元 50 床，4 个护理单元为一个治疗区。

5. 医技楼设计

为了更好地适应复杂的功能，使空间布置更加灵活，医技部不再沿用病房区 3m×3m 的模数，而是将模数进行减少，改为 1.8m×1.8m（图 3-3）。

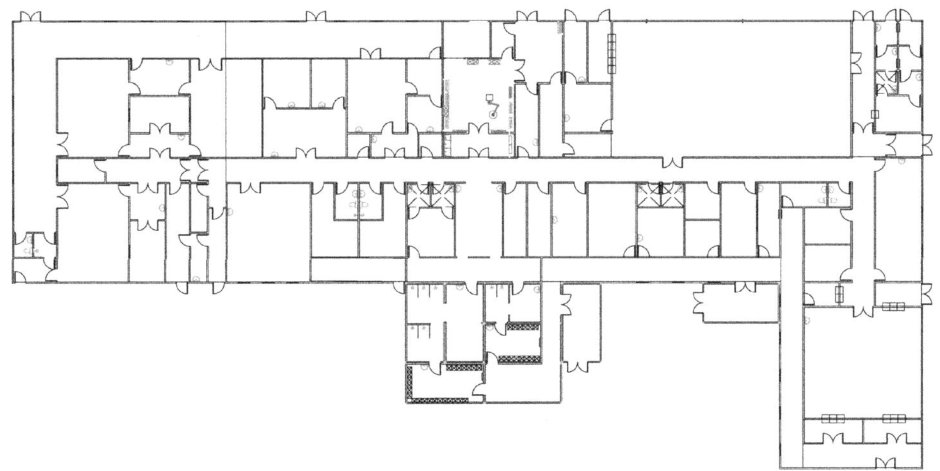

图 3-3　医技楼平面图

3.2.2 结构专业

1. 基础防渗透综合处理技术

首次在民用建筑项目中采用全场地铺设防渗膜、地面雨水全部快速收集经消毒后通过管网排除的技术措施，同时对空调冷凝水进行有组织的收集，并汇入污水管网统一处理，将医院对环境的污染降到最低。

采用浮桥的设计概念，利用轻型钢架摆放在防渗透地面上，再以其为基础装配负压隔离病房。极大地提升了建造速度，且地面与房屋间形成了一定架空空间，为负压病房的隔离换气乃至下送风施工提供了作业空间，同时也为上下水管、电缆线综合布线及建筑物的通风隔潮，提供了第二通道（图 3-4）。

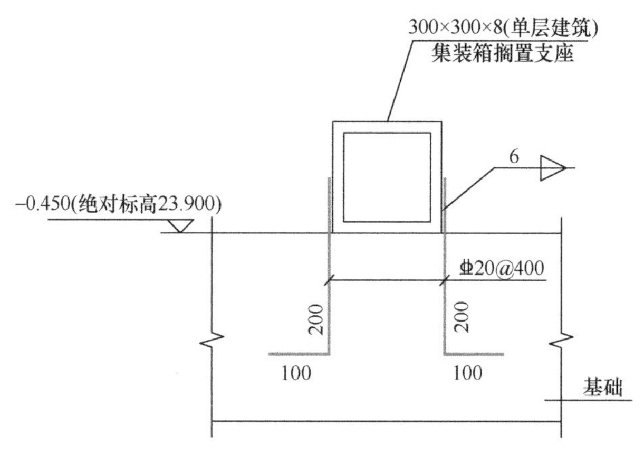

图 3-4　方钢基础大样图

2. 模块化装配设计

集装箱房屋是装配式建筑的一种形式，是将传统房屋以单个房间或一定的三维建筑空间为建筑模块单元进行划分，其每个单元都在工厂内完成预制且进行精装修，各单元运输到工地进行装配连接，是一种新型建筑形式，其现场施工的周期可以大幅度压缩。基于项目的急迫性，整个建筑结构采用模块化设计。

1）建筑模数及集装箱组合方式

火神山医院病房区采用 3m×3m 的模数，便于配合 3m×6m 的集装箱构造、搭建。每个集装箱模块高度集成化，结构及部分管线均在工厂加工完成，现场只需拼装即可完成。三个集装箱单元拼成两间病房，走廊采用与病房垂直的集装箱。如图 3-5、图 3-6 所示。

2）集装箱设计

单个集装箱由预制板材及预制钢柱组成，预制板材尺寸为 3m×6m，钢柱为“L”形的角钢，高度为 3m，角钢和预制板材之间通过螺栓连接（图 3-7）。

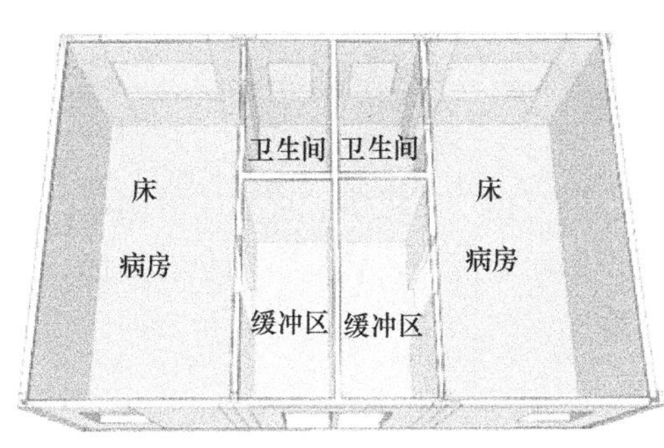

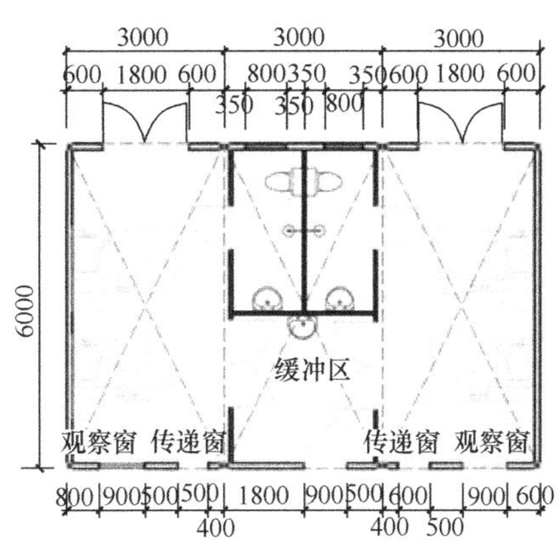

图 3-5　两个病房的组合平面图

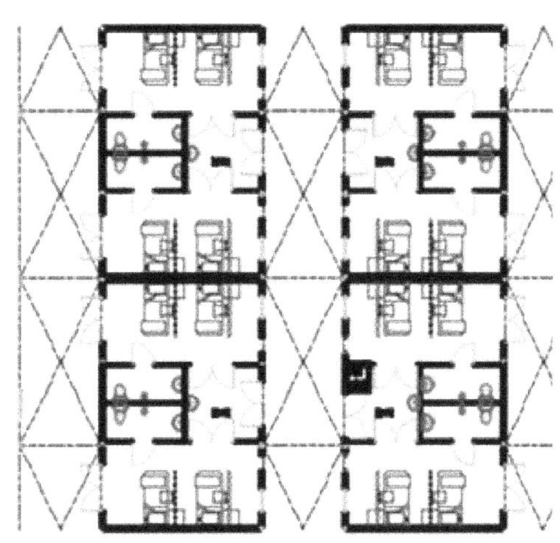

图 3-6　多个病房的组合平面图

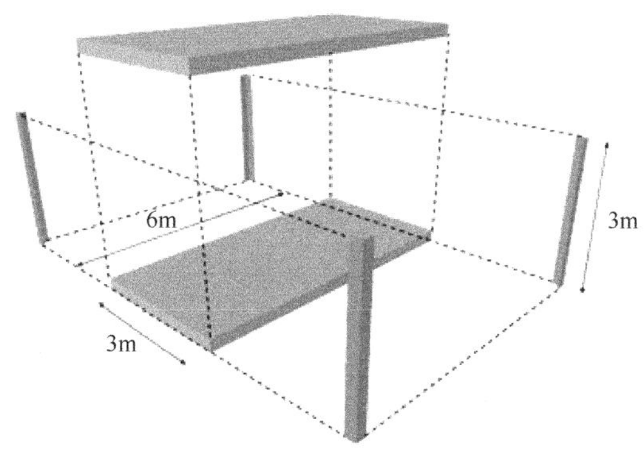

图 3-7　单个集装箱分解图

3.2.3 暖通空调专业

1. 空调系统充分考虑当地气候及应急工程需要

病房医护单元采用分体空调，较中央空调对维护结构干扰更少，应急安装简单。针对武汉冬季气候条件下分体空调化霜时间频繁的问题，每间病房预留辅助电油热汀插座备用。因为新风进风量大，考虑到本项目应急使用期限，新风未考虑预冷措施，在进风段也设置了电辅热装置。

2. 有组织送风排风形成压力梯度防止医患交叉污染

传染病医院平面布局的基本要求是“三区两通道”。“三区”指清洁区、半污染区、污染区。

通风设计按照清洁区、半污染区和污染区设置独立的空气环境机械通风系统，实现各个区域不同空气压力梯度。污染区（病房及病员通道）为负压区，半污染区（护士站、处置治疗室）为微负压区，清洁区（办公室、值班室）为正压区。保证气体流动按照：清洁区→半污染区→缓冲区→污染区→室外顺向流动顺序进行，杜绝逆向流动或乱流，保证负压隔离病房与相邻缓冲间、走廊压差不小于5Pa（表3-1）。其优先级是首先保“质”，也就是压力梯度的关系要正确，其次保“量”，也就是压差关系的数值要基本符合规范要求。

各区压力值表 **表3-1**

服务区域	负压病房	缓冲间	洁净医护走廊	办公/更衣
压力值	−15Pa	0Pa	5Pa	10Pa

3. 依据病房及防护区类型合理选择通风换气次数及过滤形式器安装形式

火神山医院的病房分为三类：30床的ICU病房，48间标准负压隔离病房，其余全部为分区负压隔离病房。依据不同的病房治疗病人对新风量需求选取合适的换气次数，根据方便维护保养的原则将分区负压隔离病房排风过滤器设置在风机端，ICU及标准负压病房设置在系统末端。

3.2.4 电气工程

火神山医院电气设计充分考虑与建筑病房单元模块化设计的匹配，力求按模块化单元快速复制，尽可能做到单元模块之间的用电互不影响，为施工和快速投入使用奠定了基础。

1. 低压配电契合模块化要求

根据本项目建筑特点，每个功能单元设置一台箱式变压器，按使用功能或就近原则两两组合，互为备用，每两单元按总负荷容量配置一台柴油发电机作为应急电源（ICU、医技楼等总负荷容量较大单元，每单元设置1台柴油发电机作为应急电源）。因建设周期短，低压配电采用成品箱式变电站难以实现变电站母联联络，为此本工程对重要负荷采用两级 ATSE，实现双路市政电源和柴油发电机应急电源的接入。

2. 供应资源“冗余度”配备技术

供氧设施、负压吸引等医疗器械均按照“一用两备”的原则进行配置，正负压风机均“一用一备”。供电系统按照“两路市电互为备用”原则，并设置柴油发电机作为第三电源，针对手术室、ICU 等重点区域均配备了应急供电时间 30min 的 UPS 电源，为患者提供更加安全可靠的诊疗环境。

3.2.5 给水排水专业

火神山医院为呼吸类传染病应急项目，给水排水设计尤其是排水设计在保证排水通畅的基础上重点考虑医疗废水的达标处理及分类收集排放，避免有害气体污染。

1. 分类收集、分区排水

火神山医院将医技、病房及 ICU 定义为污染区，在污染区内的盥洗、洗浴废水及卫生间粪便污水均归为污染区排水。医护人员可以只穿工作服的清洁走廊及办公区定义为清洁区，在该区内的盥洗、洗浴废水及卫生间粪便污水归为清洁区排水。污染区的污废水与清洁区污废水分流排放，独立排到预消毒池进行生化处理。

2. 排水系统管道分区独立通气，分区集中收集处理

污染区如病房、医技及 ICU 等与清洁区的卫生器具和装置的污废水与排水通气系统均独立设置。避免污染区带有病毒的废气传播到清洁区，造成感染。

3. 场地雨水全收集集中消毒排放

场内雨水有污染可能，为避免雨水下渗，与地下水系统发生交换，带来地下水污染风险，项目用地内满铺 HDPE 防渗膜与知音湖水系完全隔离。室外场地雨水的径流（雨水排水方向）组织为快速排向雨水口，通过管道集中收集消毒排放，减少地表雨水径流对知音湖水体的污染风险。

4. 强化污水消毒处理达标排放、污水处理设施尾气集中收集消毒处理

火神山医院属于传染病医院，污水处理应为二级生化处理工艺流程，但该工艺流程的生化处理设备调试运行周期长，不能达到立即投入使用的要求。项目按二级生化处理工艺进行配置实施，但是前期按预消毒＋化粪池＋消毒的处理工艺流程运行，污水达到排放标准后排入市政管网。后期通过运行调试，培养二级生化处理工艺的微生物，达到规范要求后，按二级生化处理工艺流程进行污水处理，达到排放标准后排放到市政管网。

5. 二级生化污水消毒处理流程

1）污水处理设置预消毒工艺，并设置在化粪池前，预消毒池的水力停留时间不小于2h；污水处理站的消毒池水力停留时间不小于2h。

2）污水处理从预消毒工艺至污水处理站尾水消毒工艺全流程的水力停留时间不小于2d。

3）化粪池和污水处理后的污泥回流至化粪池后总的清掏周期不小于360d。

4）消毒剂的投加根据在线余氯监测情况确定，但pH不大于6.5。

3.2.6 智能化系统

采用“信息化”运维技术，利用5G及云平台，布置5大类17个信息化系统，如医护对讲、视频监控、综合布线、网络与WIFI，以及医院信息系统（HIS）、医学影像管理系统（PACS）、放射科信息管理系统（RIS）、VR/AR远程医疗系统、APP在线互动平台等，为医院的快速运营提供了坚实的软硬件基础。

3.3 工程建造特点

3.3.1 建造要求

火神山医院建筑面积达3.39万m^2，病床数近1000张，设备数量和工程量是常规医院工程的1.5倍以上，与17年前的小汤山医院相比，规模更大、仪器更先进、应急保障更完善、环保标准更高、信息化程度更高、对医护人员保障更高。10天内完成一所先进、全功能、高标准的大型呼吸道传染病专科医院的全部建造内容。

3.3.2 建造条件

1. 时间条件

1）工程启动急。工程无准备时间，参建人员心理准备不足，而建造过程中的实际难度、逐步加重的疫情都给建造人员造成了极大的心理压力，每个人都冒着被感染的危险在现场作业。特别是维保阶段，所有维保人员要进入病区，更是直接面对病毒、冒着生命危险在战斗。

2）建造时间特殊。工程施工正处于春节和疫情爆发的特殊时期，工人返乡过年，供应商停止供货，武汉市机场、车站、高速通道、公交系统全部封闭（图3-8），武汉市外物资、作业人员进入武汉困难，长期合作的核心分包资源及物资资源无法及时到位，各类资源无挑选条件。施工人员作业技能及组织纪律与成建制的队伍相比差距大，材料品质控制难度大。

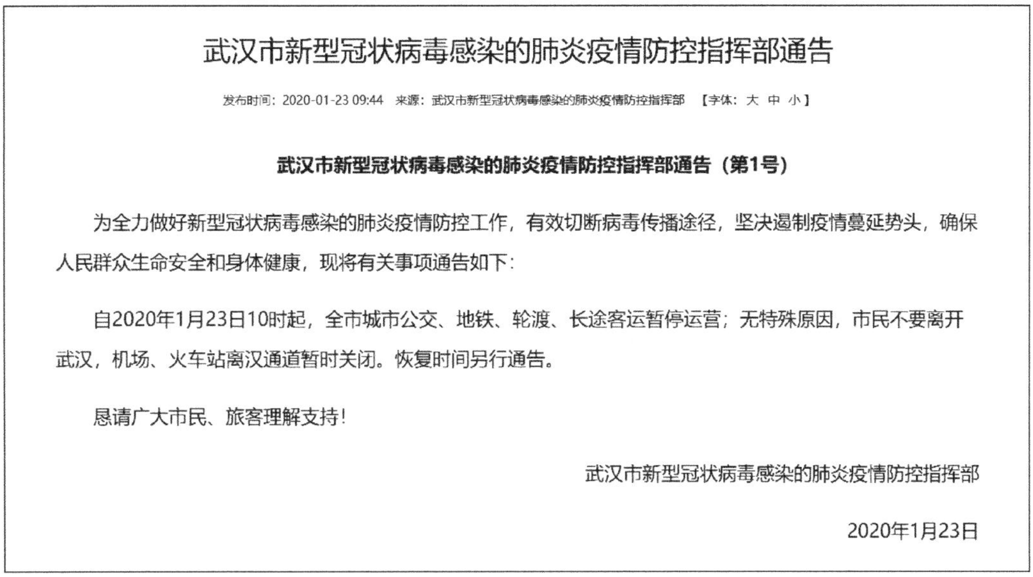

武汉市新型冠状病毒感染的肺炎疫情防控指挥部通告

发布时间：2020-01-23 09:44　来源：武汉市新型冠状病毒感染的肺炎疫情防控指挥部　【字体：大 中 小】

武汉市新型冠状病毒感染的肺炎疫情防控指挥部通告（第1号）

为全力做好新型冠状病毒感染的肺炎疫情防控工作，有效切断病毒传播途径，坚决遏制疫情蔓延势头，确保人民群众生命安全和身体健康，现将有关事项通告如下：

自2020年1月23日10时起，全市城市公交、地铁、轮渡、长途客运暂停运营；无特殊原因，市民不要离开武汉，机场、火车站离汉通道暂时关闭。恢复时间另行通告。

恳请广大市民、旅客理解支持！

武汉市新型冠状病毒感染的肺炎疫情防控指挥部

2020年1月23日

图 3-8　文件指令

2. 场地条件

1）工程所在地市政配套不尽完善，周边无排污管，无施工电源，均需重新施工，严重影响整体组织。

2）场内有山坡、沟壑、泥塘等多种复杂地形，最大高差约 10m，需清理的杂物多，场地平整量大。

3）场内有多处房屋，随建筑平面的反复修改反复确定是否拆除，影响后续工作开展。

4）场内有管道和高压线，反复迁改，导致场地土方施工和场地平整无法连续，无法为后续工程提供完整工作面。

5）整个医院院区设计空地少，施工材料堆放区域少，增加施工难度。

具体见图 3-9。

图 3-9　施工场地示意图

3. 交通条件

1）周边交通受限。知音大道加油站处道路仅有一个狭窄入口，靠疗养院一侧有高压线及燃气管道，土方车辆进出困难，回填砂石的车辆效率低。

2）进场道路狭窄。进场仅有一条单向单车道道路，若有一辆车进场顺序有误，未能及时卸货离场，就会造成拥堵。且车辆进出与室外施工互相干扰，降低效率。

3）场内车辆繁多。运货车辆进场后，需在卸货完成退出后，下一车货物才能进场，造成了现场长期等材料的情况，尤其是集装箱板房吊装作业需要同时卸货、吊装，效率低下。

4. 天气条件

1）受 2020 年 1 月 22～26 日连续 5 日降雨影响，给土方施工又增加难度，且施工人员组织难度加大，施工效率大大降低（表 3-2）。

武汉历史天气预报 2020 年 1 月 **表 3-2**

日期	天气状况	气温	风力风向
2020 年 01 月 22 日	小雨/小雨	6℃/2℃	北风 3～4 级/北风 3～4 级
2020 年 01 月 23 日	小雨/小雨	7℃/3℃	北风 3～4 级/北风 3～4 级
2020 年 01 月 24 日	小雨/小雨	7℃/4℃	东北风 4～5 级/东北风 4～5 级
2020 年 01 月 25 日	雨夹雪/雨夹雪	5℃/1℃	北风 3～4 级/北风 3～4 级
2020 年 01 月 26 日	雨夹雪/阴	3℃/1℃	北风 4～5 级/北风 4～5 级

2）气温寒冷造成施工人员困乏、体力透支。尤其是后期室外电缆、给水排水工程施工阶段，施工人员全部冒雨通宵作业，难度极大，效率降低。

3.3.3 建造重难点

1. 时间紧任务重

1）工程体量大。本工程建筑面积达 3.39 万 m^2，病床数近 1000 张，规模上相当于一家三级甲等医院，建筑面积比类似工程多 1 万 m^2。且为了设置更多病房，2 号病房区为两层结构，这在应急传染病医院中是前所未有的，极大地增加了建设的难度。

2）机电系统复杂。所有病房为负压病房，风管安装精度高，调试难度大。供电采用三路电源，市政供电一用一备，并配备发电机备用电源，确保供电万无一失。所有雨水、污水集中收集处理后再排放，室外管网及站房复杂。

3）资源组织困难。工程施工正处于春节和疫情爆发的特殊时期，春节期间作业工人均返乡过年，供应商停止供货，这给劳动力组织、材料及设备组织带来极大挑战。由于疫情爆发，武汉机场、车站、高速通道、公交系统全部封闭，武汉市外物资、作业人员进入武汉困难，给工程快速施工带来极大不利影响。

4）工期极短。本工程工期超短，设计、采购、施工、调试、验收及移交总计仅 10 天，没有任何准备时间，设计须考虑能组织的货源情况以及现场场地平整情况，依货源及地势进行设计，设计与采购、施工须无缝对接、同步开展。

5）天公不作美。十天工期头四天都在下雨，道路、现场泥泞不堪，给施工额外增加不少难度。

2. 高效快速建造

本工程建设牵头方为武汉市住房和城乡建设局，设计单位为中信建筑设计研究总院，施工单位由中建三局牵头，武汉建工、武汉市政、汉阳市政共同参与，此外还有众多分包商及市政配套施工方。

1）现场需要高效决策、高效指挥，建立三级指挥系统，各单位在城建局及中建三局的统筹策划下，高效联动，死守关键节点，终于不辱使命，按期保质保量地完成了这一艰难而光荣的历史使命。

2）施工方与设计方无缝对接。施工方派技术人员全程参与设计工作，采购团队第一时间将能采购到的设备和物资情况反馈给设计单位，本着“有什么用什么”的原则，设计单位根据现有材料设备进行设计，不同厂家的材料规格不一，需要根据实际尺寸进行深化设计。

3）市政配套施工单位全天候服务，现场燃气、高压电线改迁一天完成。

4）党旗在工地上高高飘扬。这场攻坚战，拼的是意志和作风，参战的全体将士凭着坚定的信念、顽强的意志、务实的作风，24 小时甚至 48 小时，更或 72 小时连轴转，困了累了在现场打个盹、眯一会，正是凭着这股不服输的倔劲和韧劲，如期交付满意的答卷。

3. 安全风险巨大

现场设备、机具及人员众多，安全风险巨大。一是疫情防控安全风险大。工程施工正处于疫情爆发期，高峰期现场作业人员近万人，疫情防控是重点也是难点。二是现场生产安全风险大。现场几百台各种机械设备同时作业，点多面广，有起重吊装、电动切割、焊接动火等各种作业，由此带来设备安全、用电安全及消防安全管理难度巨大。三是交通安全风险大。各类物资在极短的时间内需要组织进场，各种进出场车辆种类多，流量巨大，而进入现场只有一条主干道，有时观音湖大道滞留车辆长达几公里，由此带来的交通疏导及安全管理难度极大。

4. 变更是常态

火神山医院从开工建设到交付使用之后，变更始终伴随着整个过程。武汉市城建局负责建设，但提出使用要求的是卫健委系统，国家、省、市卫健委的要求、军方的需求及专家会的要求并不是一步到位，而是在建设的过程中一点点逐步提出来的，最被动的一次大变更是 2020 年 1 月 31 日提出的，是涉及平面布局和使用功能的，改动的范围接近总面积的三分之一，当时的现场都已经按原设计要求差不多做好了，准备 2 月 2 日交付，但只剩下一天多的时间，现场却要拆了重做。工期虽短，但图纸出了十几个版本，有时一天都要出几个版本，上午、下午、晚上、凌晨都在不停地变动。工程交付后，又在屋顶加盖了钢结构的斜坡屋面。

5. 质量标准高

本工程工期极短，无法按照常规程序进行质量检查及验收，必须“随施工、随检查、随发现、随整改、随验收”，将施工过程中出现的质量隐患消灭在过程中，以过程质量确保工程交付质量。只有确保工程交付质量，才能实现医院的基本功能，特别是负压房间的气密性及负压的保证，才能有效保障医护人员的安全，同时降低医院运营期间维修频次，进而降低维保人员感染风险。虽然后来明确设计使用年限 1 年，但当时都是按照正式工程、要使用几十年的工程标准来设计和验收的。

6. 后勤保障是关键

“兵马未动，粮草先行”，现场近万人作业，解决好所有参战人员的“吃、喝、住、行”是工程能否顺利交付的关键因素之一，只有解决好后勤保障，让参战人员无后顾之忧，才能最大限度保证战斗力。

3.4 维保工作特点难点

常规的医院工程调试需要 2～3 个月的时间，才可以接收病人，但这个项目非常特殊，从开工建设到交付使用，总共才 10 天时间，所有的工作都是“抢”完的，抢完后马上就要接收病人，各种机电系统、医疗系统都不允许有充足的调试时间。为了应对后期使用过程中可能出现的各种故障及问题，我们专门组建几十人的维保小组，24 小时待命。同时，我们做好各种应急预案，如供电系统故障应急预案、排水管道破裂渗漏应急预案、风机电机更换应急预案等，并组织现场演练，确保万无一失。

3.4.1 防疫要求高、风险大

医院投入使用后，病区都收治了确诊的冠状病毒肺炎中重症患者，维保人员经常需要进入病房进行维保，为确保维保人员的人身安全，尽可能地降低感染风险，对维保人员的防护要求必须像医护人员一样进行防护。

3.4.2 维保工作要求高、效率低

为了尽量减少维保对医患的干扰、对医院正常工作的干扰，同时也要节省宝贵的防护资源，院方要求尽量少进人，在最短的时间内，把所有需要维保的工作都做完。为此，院方提了具体的工作指标，如每天只能进入病区 1 次，1 次只能进入 3 个人，每次只能工作 3 小时。所以我们选派的都是经验丰富、操作娴熟的高级技工作为维保工人，即使这样，工人穿着厚厚的防护服工作很辛苦，效率非常低。

3.4.3　维保工作压力巨大

维保工作有有形的压力和无形的压力，这些巨大的压力来自以下几个方面：一是担心机电系统故障发生，因为机电系统毕竟没有经过充分的调试，但这种低概率事件一旦发生，后果很严重，必须十万火急、立即处理；二是担心操作失误或不小心而导致更严重的后果；三是担心极个别病患的干扰，因为有的病患心理脆弱、耐受力差，对维保工作不配合，甚至故意设置障碍；四是担心被感染的心理压力。

第4章

建筑结构设计及施工技术

4.1 建筑设计
4.2 结构设计
4.3 测量施工技术
4.4 场平施工技术
4.5 基础施工技术
4.6 深基坑施工技术
4.7 坡屋盖施工技术

4.1 建筑设计

4.1.1 装配式技术运用

不同于正常时期，疫情期间应急传染病医院的建设是在与时间赛跑，必须在最短的时间内投入使用，因此在方案设计之初确定的结构方案就是装配式。设计团队在第一时间将施工方纳入其中，以便充分掌握装配式实施可行性的相关信息，由于处在春节假期，施工单位能够最快、最大量提供的就是几千套不同规格的箱式房或活动板房。经检验各种板房的用材、结构安全相关的技术参数、燃烧性能、热工性能、防水性能、气密性能、拼装方式、不同组合的灵活性、连接构造等主要技术要素，确定以箱式房为病房楼主要的建设用材，对于使用上必须满足医疗设备和医疗工艺要求的较大空间用房则采用轻钢结构+标准规格钢制复合板的拼装式板房，施工除基础外全部采用装配式。

设计以 6m×3m×2.9m 的模块拼接形成标准单元，其优点是可在工厂预制加工，现场拼装速度快。同时，箱式活动板房上部荷载较轻，对地基承载力的要求较低，大大简化了地基处理和建筑基础的设计施工，节省了建设周期，最大限度实现了项目的模块化、工业化、装配化，提升工程建造速度。实践证明，在火神山医院开工的第四天就已经开始现场安装，一个护理单元 1～2 天就可拼装完成。火神山医院的建设让更多人看到了装配式建筑在中国的潜力。

4.1.2 医疗及流线的优化

由于新型冠状病毒肺炎来势凶猛，传播快、范围广，且无特效药，所以武汉火神山医院作为应对新冠肺炎的应急医院在医疗及流线上做了比普通传染病医院更严格的措施。

1. 病人进入病房的方式优化

武汉火神山医院的新冠肺炎患者经救护车或转运车送至每个护理单元的病人入院专用入口处，通过该专用入口进入护理单元内部的病人走道（即污染走道），再进入房间。而且根据接管的部队医院对新冠肺炎防控等级的建议和使用要求，该通道采用全封闭模式，且为了防止交叉感染保证该区域和病房之间的压力差，在设计中采用带高效过滤的风机对外排风，这一做法同时也保护了室外空间的相对安全。

2. 护理单元内部分区并不完全相同

武汉火神山医院因为新冠病毒的不确定性，经与接管部队的院感专家沟通，在污染区、半污染区、清洁区的基础上作了进一步的细分，将半污染区分成潜在污染区和半污染区。其中位于病房单元中间的医护人员走道为半污染区，而位于病房单元和清洁区之间的医护人员工作区定义为潜在污染区，在这两个区域之间医护人员进入的通道处设置缓冲间，医护人员离开的通道处设置脱隔离衣和防护服的专用卫生通过室，从而加强了病房单元与潜在污染区之间的隔离防护，将传统意义的半污染区划分为两个区域，更大程度上保护了医护人员在工作区的安全。如图 4-1 所示。

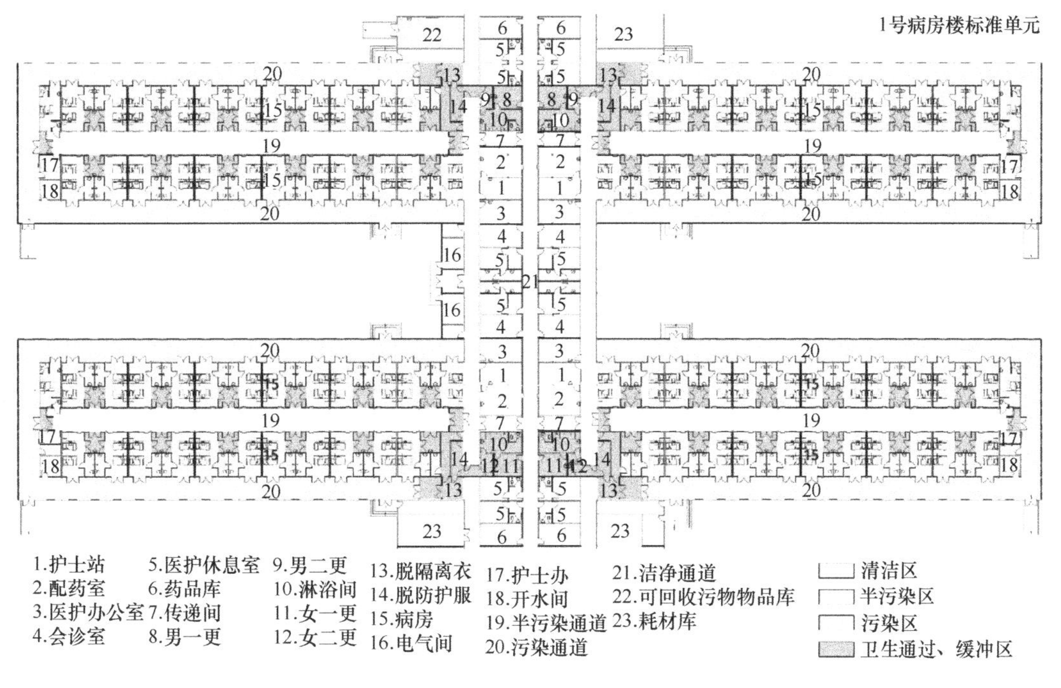

图 4-1　病房楼标准单元

3. 医护人员进出病区的卫生通过方式不同

相比普通传染病医院，火神山医院增加了医护人员进出病房的卫生通过室，用于脱隔离衣和防护服。因为对于医护人员来说，脱隔离衣和防护服是避免传染的重要环节之一，且由于新冠肺炎传播认知还存在不确定性，通过与接管的部队院感专家沟通，认为当医护人员离开病房区域（污染区）进入医护人员工作区（潜在污染区），首先就应该将受污染最严重的隔离衣脱掉，然后经由缓冲走道才能进入医护人员工作区（潜在污染区），此时医护人员穿着防护服、戴着口罩和护目镜在该区域内工作。当医护人员下班离开或由潜在污染区工作界面进入清洁区工作界面时，则需再次通过脱防护服的卫生通过室将防护服、外层口罩和护目镜脱下，再经由缓冲间返回至清洁区的卫生通过。

脱隔离衣的卫生通过室经缓冲间直通污染走道，且脱防护服的卫生通过室与它之间设置一扇平时不开启的常闭门，便于被污染的隔离衣和防护服由医护人员专业打包后，经污染走道收走，降低了将污染物带入潜在污染区的可能，也避免了将污染物带入清洁区卫生通过的可能，更好地防止了交叉感染，从而保护抗战在一线的医护人员的安全。最终形成的卫生通过方式如下（图 4-2）：

进入：清洁区→两次更衣卫生通过→穿防护服→潜在污染区（医护工作区）→穿隔离衣→缓冲间→半污染区（病房单元中的医护走道）→污染区（病房及病人走道）；

离开：污染区→脱隔离衣卫生通过室→缓冲走道→潜在污染区→脱防护服卫生通过室→缓冲间→脱工作服→洗浴→一次更衣→清洁区。

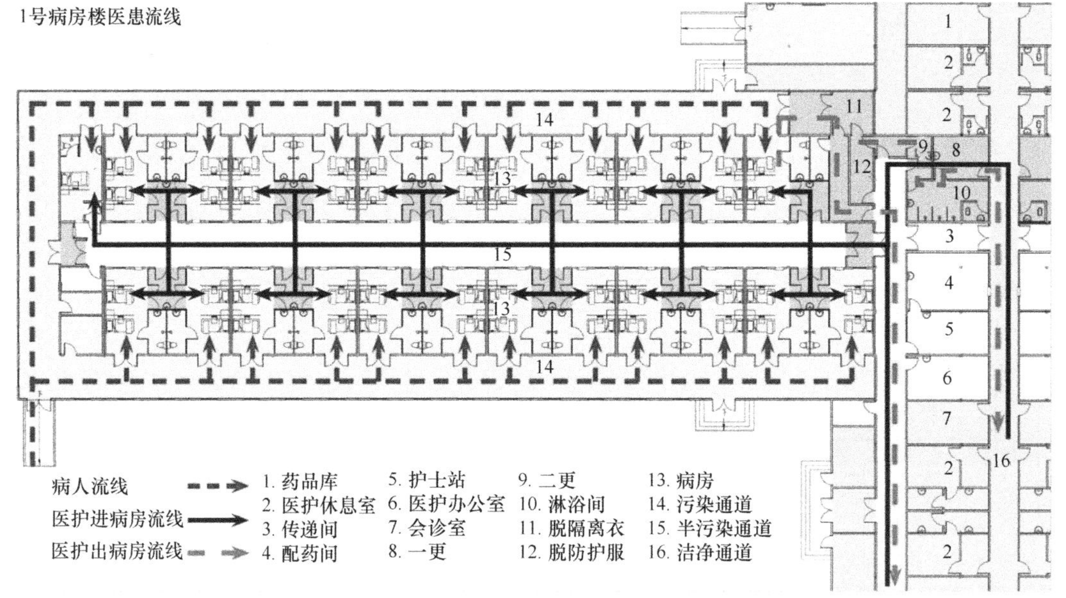

图 4-2　1 号楼流线分析

4. 清洁区通风分区控制，保证各分区的气压稳定性

武汉火神山医院设计中以每个病区为标准单元模块，结合位于中部的医护人员工作区及医护人员清洁通道的形式组合，使得医护人员能够通过清洁通道到达任何一个病区。但是由于清洁通道连接的病区护理单元数量较多，使得清洁通道长度较长，容易导致清洁区通道压力的不稳定。为了解决这一问题，设计结合病区标准单元的划分，在清洁通道上增加若干分区门，虽然只是小小的改变，但却可以实现通风分区控制，以保证各分区走道气压的稳定性。

综上所述，火神山医院单体设计中，经过与接管的部队院感专家沟通后，在满足其医疗救治功能基础上，增加了防止交叉感染的重要设计细节，为新型冠状病毒肺炎应急医院中医护人员防护安全这一最重要环节提供了有力保障。

4.1.3 贯彻环保理念

本工程东侧临湖，北侧与西侧为住宅，如何防止医院对周边环境的污染，也是设计从一开始就重点考虑的问题。

为减少对周边住宅小区的影响，在总体布局时，就加大了对周边小区的退距，北侧住宅在建设过程中，暂无人居住，因此与北侧住宅退距控制在 20m，以提高医院的有效使用面积。西侧住宅已有人居住，为减少对住户的影响，加大了与西侧建筑的退距，最远处退道路红线 40m，退周边住宅小区 120m，形成安全的防护距离。

医院污水的收集、处理是常规医院设计都会关注的问题，但对于本项目，除此之外，设计过程中还需特别关注雨水与空调冷凝水的处理。

用地东侧毗邻知音湖，为防止场地内雨水流到知音湖，设计在临湖周边筑起防护堤坝；为防止场地雨水下渗，设计最先考虑的措施是将场地整体硬化处理，但是整体硬化施工和养护时间太长，无法在预定时间内完成，因此调整设计思路，采用柔性防渗措施，在项目用地内满铺防渗膜，对雨水进行全面的收集，在雨水收集池处理达标后再排放到市政管网（图 4-3）。

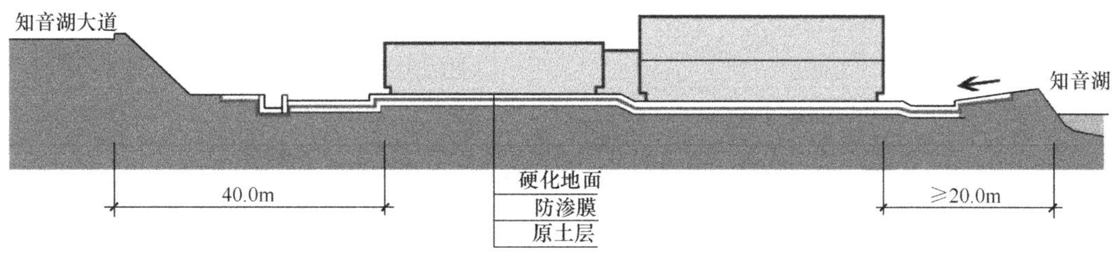

图 4-3　防渗环保示意图

由于病房为污染区，空调的冷凝水有可能也带有污染性，因此设计方案没有让空调冷凝水室外散排，而是进行了有组织的收集，并汇入污水管网，统一处理。

4.1.4 快速建造的对策

10 天的建设时间，多个施工单位同时施工，对项目组织是个巨大的考验，同时也造成了较大的不确定性和施工误差，这也需要在设计时预先考虑，并准备相应的对策。

首先，是场地的高差问题。场地为原始地貌，高差较大，最开始考虑将场地整体平整至统一的标高来设计，这样使用上最为便利，但现场情况是边平整边施工，为节约时间，先平整的用地已开始施工，为此设计也调整策略，将场地分为两个台地，同时将建筑也按用地分成两大部分，交界处留出足够的间距，仅用通道连接，以对应现场的不确定性，后来两个台地的高差根据施工情况多次调整，但没对设计造成影响（图 4-4）。

图 4-4　医院航拍图

其次，是集装箱拼装的问题。设计采用的集装箱是6m×3m的标准模块，但由于时间紧迫，现场需要的1600多个集装箱，基本是利用各公司的现有库存产品，不是统一标准，集装箱之间存在一定的误差；同时为满足施工进度的要求，集装箱的安装也无法完全达到设计的精度要求；针对这一情况，设计将集装箱进行分类，同一型号的集装箱尽量在一个区域内使用，同时将最初的条形基础方案调整为单元筏板基础，并将基础扩大。在集装箱接缝处，也考虑不同缝宽的节点详图（图4-5），来应对施工误差；由于这些设计的预判措施，使得施工能按计划实施。

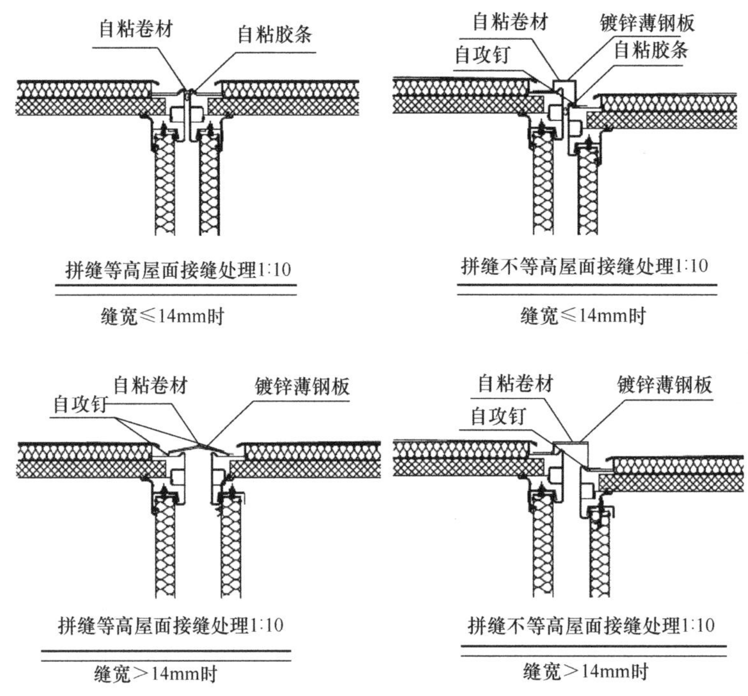

图4-5　集装箱拼接详图

4.1.5 地域气候的对策

武汉冬季气候湿冷、多雨，湿润的气候条件可利于病毒的生存和传播，因此针对项目特点，提出特有的防排水措施。

在筏板基础上，按集装箱大小在短边布置钢基座，再将集装箱置于钢基座上架空处理，避免极端天气下的场地积水对病房的影响；架空层同时可快速安装雨污水的排水横管，避免在筏板基础内预埋管线，提高施工的可实施性；在室外场地，设计加多了雨水口的数量，也加大了场地对雨水口的坡度，减少场地积水的隐患。如图4-6、图4-7所示。

作为一个传染病医院，送排风也是设计的一个重要关注点，而集装箱内部净高只有2.7m，为保证室内空间高度，大量的风管需要迁到室外组织。常规设计是在屋面开洞，将风管伸到屋面组织。但考虑武汉多雨的气候，在集装箱板房屋面大量开洞，会造成较大的漏水隐患，因此在设计最初就与通风专业讨论，将主要风管布置在建筑两侧，采用侧面开洞的

图 4-6　方形钢管基础施工

图 4-7　现场风管安装照片

方式来组织风管，尽量减少在建筑屋面的开洞。事实验证了这一策略的有效性，大雨天气时，医院整体仅局部集装箱接缝处存在渗漏，大部分区域都运行良好。

4.2　结构设计

4.2.1　设计原则及设计标准的确定

火神山医院是一个应急医疗项目，它最大的特点就是“急”。从结构选型及技术层面来讲，时间不允许我们按照常规项目的常规建设程序进行。因此，在设计之初，根据工程特点首先需要明确如下设计标准：结构的设计使用年限，耐久性年限；结构的安全等级；构件的安全等级；活荷载、风荷载、雪荷载取值；结构抗震设防重要性类别及抗震设防的有关要求；钢结构防腐措施、钢结构防火措施。同时需要考虑规范规定、工程的实际情况、施工可行性。

根据上述原则我们确定了火神山医院的结构设计标准：

1）建筑物应定性为临时建筑。

2）根据临时性建筑相关规定和要求：本工程结构的设计使用年限确定为5年。但考虑本工程建设的周期极短、建设人员相对不足等各种不利的因素，确定本工程耐久性年限按1年考虑。

3）虽然本项目为一个临时建筑，但考虑其性质为医疗建筑，结构安全等级确定为二级，结构重要性系数不宜小于1.0，部分重要构件可取1.1。

4）结构荷载作用，应按现行国家标准《建筑结构荷载规范》GB 50009的规定执行；风荷载和雪荷载，按50年一遇取值计算结构荷载作用。

5）结构设计应满足正常使用状态和承载力极限状态的相关要求。

6）根据相关规范规定，临时建筑通常可不考虑抗震设防，但考虑本工程是医疗建筑，确定不进行抗震计算，但满足本地区抗震构造措施。

7）由于设计周期及建造时间极短，故此在设计过程中充分考虑材料供应、施工进度等不利因素的可变性及可行性。

4.2.2 选址、地基处理及基础设计

由于本次疫情是由传染性疾病引起的，故在选址上要有一定的针对性，对选址及场地地质条件提出了一些原则性的意见和建议。

1. 选址方面

1）要考虑交通便利。

2）要考虑对周边人群的影响：尽量远离人口密集区，如住宅区、学校、商场办公楼等，尽量使之位于人口密集区域的常年主导风向的下风区。

3）尽量靠近并利用现有市政设施。

4）避开易燃易爆和有害气体生产和储存区域。

2. 建筑场址地质条件要求

1）宜地势平坦，工程地质、水文地质条件较好。

2）地下水宜与周边水域无水力联系或水力联系较弱。

3）上部土层工程力学性质较好。

4）宜避开湖塘软土地段、填土较厚地段、山坡沟坎起伏地段，以及其他需要较复杂的地基处理的地段，应避开地质灾害发育区域。

本项目最终选择武汉市职工疗养院旁，基本符合上述原则及要求。

3. 地基处理

1）医院的建设场地位于知音湖畔，原貌为丘陵和农田菜地，属山坡地形，有较大的高差（最大高差达到 10m）。建筑在进行场平设计时，充分利用场地的现状条件进行设计，使场区挖、填土方达到自平衡，最大限度地满足紧迫的建设周期要求。

2）由于建设周期极短，不可能按常规设计的思路——先由地勘单位提供详细勘察文件后再做基础设计，因此设计单位先期派设计人员进行实地踏勘并了解周边地质情况，同时安排设计代表进驻工地现场，在场平阶段就严格控制填土方式，使处理后的地基承载力能满足设计要求（图 4-8）。

图 4-8　场平施工

3）对场区的填土进行如下几种方式处理：

（1）原为山坡的区域，地质条件较好，采用黏土分层回填夯实；

（2）原为农田菜地的区域，将原有腐殖土进行清理，采用砂夹碎石进行回填夯实；

（3）对局部有水塘的区域，采用块石抛回填 1～2m，再采用砂夹碎石进行回填夯实。

4）通过上述方法，可以把场地平整与地基处理合二为一，避免了回填后再开挖处理的情况，大大节约了时间及造价。保证处理后的地基承载力特征值满足设计要求。

4. 基础设计

1）考虑到本工程建设周期非常短，结合现场踏勘情况，首先确定了基础设计原则：不考虑桩基、复合地基等需要复杂处理的基础形式，基础选型应采用天然地基，主要选择筏板基础、条形基础及独立基础。

2）本项目为了防止病毒和消毒喷洒液通过雨水渗透到土壤中，建筑专业提出了在场地内全面铺设防渗膜的工艺要求，再通过雨水回收系统集中回收处理，达到保护环境的目的。防渗膜做法要求：在场区先铺 150mm 厚细砂层→设防渗膜→再铺 150 厚砂层→设混凝土刚性层。

3）原基础最初按条形基础进行设计，由于建筑防渗膜工艺要求，还需要在条形基础之间的其他部位设置混凝土刚性层，以避免机械在施工过程中对防渗膜造成破坏，这样增加了基础开挖及条形基础支模的时间，对施工周期有较大的影响。为确保对防渗膜的保护及施工工期要求，经各方商议，设计最终采取钢筋混凝土筏板。

4）住院楼集装箱装配式建筑在现场拼装完成，设备专业（特别是水专业）管道需从房屋内铺设至室外，考虑时间紧迫，同时无法完全在筏板内准确定位。经过反复斟酌，采取了将筏板基础面标高降低300mm，上设钢梁支撑集装箱单元的方式处理。这样既解决了房屋受力的问题，同时也解决了管道铺设的问题，并且也大大缩短了施工周期。

通过采取筏板及加钢梁支撑这两项技术措施，大大加快了工程的进度。在场平完成后，立即进行筏板基础施工，待筏板基础施工完毕24小时后，就开始安放钢支座及拼装集装箱。使得整个工地可以分段施工，循环作业，大大加快了施工的速度。

本工程施工期间气温较低，为保证在施工不到24小时内就进行集装箱房屋的安装及施工机械通行，通过适当提高基础混凝土强度，以保证在短时间内达到设计所需要的强度及施工安装的要求。

4.2.3 主体结构设计

在应急情况下，结构选型首先要考虑快速建设的需要。因此选用什么结构形式，是由设计、施工、制作方共同商讨。在质量可靠的前提下，制作快（有现成的更好）、运输方便、安装快捷是设计原则。

经过讨论，很快就否定了装配式混凝土结构，只能采用装配式钢结构。因为装配式混凝土结构的制作、运输和安装满足不了工期需求。在装配式钢结构中，根据当时了解到的材料类型、数量及运输距离等各项因素很快确定了其中两类：箱式房和活动房。

病房部分结构形式为模块化钢结构组合结构（简称“集装箱结构”），采用箱式房的规格：长×宽×高＝6055mm×3000mm×2900mm的标准集装箱，现场可以直接拼装，提高了建设效率；通过查阅厂家提供的产品说明书，其结构构件承载力及楼面使用荷载限制条件可以满足设计的相关要求（图4-9、图4-10）。

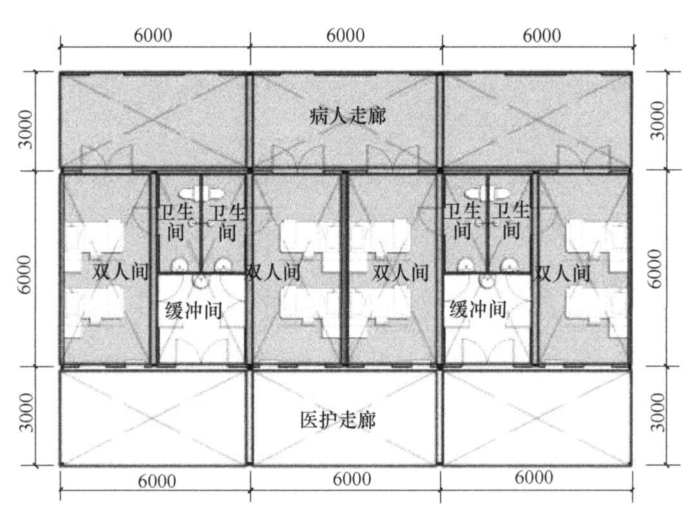

图4-9　箱式板房平面布置标准单元

图 4-10　现场实际拼接主体构件

医技楼及 ICU 楼由于医疗工艺的要求，存在大空间、大跨度用房，若采用标准集装箱拼装则无法满足使用要求，最终采用活动板房建造方式，即主体结构采用钢排架和门式钢架，外墙采用夹芯彩钢板房相结合的结构形式（图 4-11、图 4-12）。

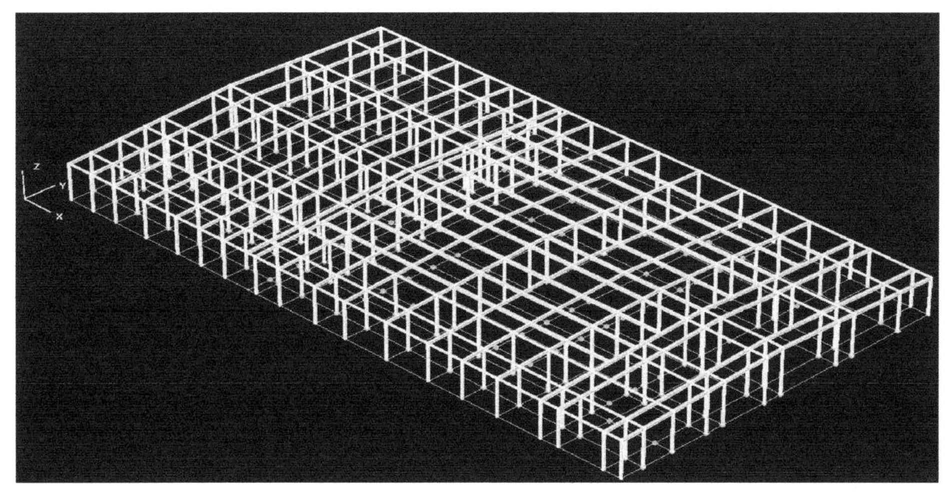

图 4-11　ICU 模型计算

在设计过程中，由于施工单位在春节期间能寻找到的库存材料基本为小截面的矩形钢管（型号为□140mm×80mm×5mm 和□120mm×80mm×4mm），若采用其他截面的钢材，在规定时间内组织到位存在极大困难。故此，我们就按施工单位提供的材料，按组合截面进行计算和设计。组合截面在工厂焊接为主要受力构件（梁、柱），运到现场进行拼接组装，省去了二次采购和再加工制作的时间，提高了工作效率。但是若有条件的情况下，建议首选常规的钢结构截面进行设计。

图 4-12 医技楼现场拼装过程情况

4.2.4 应急工程设计的一些思考

1）本工程是一个应急医疗项目，时间要求紧，需要将多种常规设计做法通过平时较少采用的组合方式进行设计。在确保安全的情况下，因地制宜、就地取材，以施工便利、快速为主要诉求。按平时设计思路觉得很好的方案，若不能快速施工完成则不是最优的方案。

2）应急项目的设计要充分考虑施工单位能筹集到的材料，比如医技楼和 ICU 楼的钢屋架的梁和柱，就是根据施工企业提供的材料，在工厂焊接组合而成。

3）对于这种时间要求非常紧的应急工程，基础设计应采用天然基础，虽然可以采用条形基础及独立基础，但需要进行挖槽、支模等工序，施工工序较为复杂。从本工程来分析，不论建筑专业是否存在全面铺设防渗膜的工艺要求，采用筏板基础是最好的选择，它能满足施工便利、快速的需求。

4）风荷载、雪荷载取值考虑：

虽然应急工程房屋使用时间较短，其荷载从规范的角度可以依据 10 年一遇取值，或者按临时建筑，50 年一遇取值的基础上乘以 0.9 的调整系数进行设计，但考虑到建造的时间是在冬天，建设的地点非常空旷，虽然在 1～2 年的使用期内，出现 50 年重现期对应的大风概率会比较低，但为了保证医院能正常使用，我们认为再花一个不大的代价，就能达到一个好的效果，这个代价是值得的。所以，我们还是采用了 50 年重现期的荷载值进行设计。实践证明我们的选择还是比较正确的，在火神山医院使用期间，武汉出现了雨、雪、大风天气，特别是在 2020 年 2 月 13 日左右，刮了一场 8～10 级的大风，这个风力就相当于 50 年重现期的基本风压。房屋均在气候恶劣的情况下正常使用，这说明设计最初的选择是安全可行的。

5）对抗震设计方面的考虑：

应急医疗建筑临时工程的抗震设防类别确定和是否要进行抗震设计，在现行的规范中并没有明确，有人认为这种特殊时期的敏感建筑，还是要进行抗震设防，进行抗震设计。对于这类工程，抗震设防类别确定争议比较大，有人认为应该定为乙类，有人认为应该是丙类，还有些人认为应该是丁类。依据《建筑工程抗震设防分类标准》GB 50223—2008，乙类：地震时使用功能不能中断或需尽快恢复的生命线相关建筑，以及地震时可能导致大量人员伤亡等重大灾害后果，需要提高设防标准的建筑；丁类：指使用上人员稀少且震损不致产生次生灾害，允许在一定条件下适度降低要求的建筑。综合考虑，我们认为抗震设防类别定为丙类比较合适，既保障了房屋一定的抗震性能，也没有随意夸大抗震设计要求而造成此类临时建筑成本的增加。

对本工程抗震设计方法进行分析。

（1）临时建筑基本上均是钢结构建筑，根据《建筑抗震设计规范》GB 50011—2010（2016 年版）规定：六度设防，钢结构，不进行抗震作用计算。

（2）根据《建筑抗震设计规范》8.1.3 条，对于小于 50m 的钢结构在六度地区，钢结构不需要采取抗震措施。

（3）按照同样的超越概率，对于不同的设计基准期的地震动参数与 50 年的基准期之间进行了一个换算关系，见图 4-13。

烈度概率分布形状参数								
地震动设计参数	1	2	3	4	5	6		
基本烈度	6度	7度	7.5度	8度	8.5度	9度		
	(0.05g)	(0.1g)	(0.15g)	(0.2g)	(0.3g)	(0.4g)		
k	9.7932	8.3339	7.4788	6.8713	6.0132	5.4028		
50年罕遇地震超越概率	0.92	1.18	1.25	1.45	1.96	2.86		
地震动设计参数选择	4	8度	(0.2g)					
结构的实际设计基准期	5	年						
设防烈度	8	度						
k	6.8713							
50年罕遇地震超越概率	1.45							
			对应于50年设计基准期的超越概率$p(I \geqslant i/T=50a)$					
多遇地震重现期	5.0	年	0.999954					
设防地震重现期	47.5	年	0.651322					
罕遇地震重现期	342.3	年	0.135895					
			峰值加速度		影响系数最大值		β	2.25
多遇地震等效烈度	4.241	度	14.8	gal	0.033239			
设防地震等效烈度	6.408	度	66.3	gal	0.149239			
罕遇地震等效烈度	7.805	度	174.7	gal	0.393187			

图 4-13　地震动参数与基准期换算

通过分析：如果临时建筑的使用年限为 1 年，则完全不用进行抗震设计，既不需要做计算，也可不采取抗震措施。如果是 5 年，则 6 度、7 度地区的临时钢结构，不需要进行抗震设计，8 度、9 度地区，钢结构的抗震等级为四级。所以，我们的设计是安全可靠的。

6）在模块化钢结构组合结构（简称“集装箱结构”）方面的思考：本次疫情发生在我国的春节期间，建设周期要求也非常紧。故此在住院楼部分基本上选用一般施工期间工地所采用的集装箱房屋，在此基础上进行改装而成。在使用过程中还是遇到了一些问题：

（1）一般这种集装箱主要是施工管理人员作为办公室和宿舍使用，使用期间主要是人员走动，并未考虑重型荷载的情况。而本次医院虽然在住院区域没有重型设备，但在经常采用推车运输医疗物资的走廊处还是出现了走道板局部下凹的情况，说明其强度还是较弱。

（2）集装箱的屋面板，产品本身仅仅是作为防雨、防雪的维护结构进行设计。而医疗建筑一般会在屋面配置风机和风管等设备，对于这些较重的设备，其屋面板的强度是无法承受的，同时其荷载也会造成屋面板变形而产生漏水。这对一个病房而言，是绝对不允许出现的情况。故此，对于这种集装箱的建筑，若有荷载较重的设备，建议应尽量放置在室外地面或采取其他方式搁置。若一定要搁置在楼、屋面处，应对集装箱结构进行复核加固。

（3）由于是医院建筑，每个房间均有大量的设备管线穿越，集装箱的改造工作量巨大，对集装箱墙地面材料破坏较大，间接对房屋的整个结构安全度有一定的损伤。针对上述不利因素，建议在有条件的情况下应专门开发用于医院的集装箱式房。

7）关于钢结构防腐及防火的思考

关于防腐措施，就是除锈和喷涂防锈漆，耐久性年限不少于 5 年。装配式房屋在出厂前已涂装完毕。其他现场钢结构也均可满足这方面要求。如果按照耐火等级二级进行设计，则钢柱的耐火极限 2.5h，钢梁的耐火极限 1.5h，楼板的耐火极限 1.0h，按照《灾区过渡安置点防火标准》GB 51324—2019，所有构件的耐火极限均不小于 1.0h。

若按上述耐火等级要求，钢柱要采用厚涂型（非膨胀类）防火涂料，钢梁及楼板要采用薄涂型防火涂料。这个在运输和安装过程中很容易损坏，而且节点连接构造很难处理，费用增加很多。同时采用薄涂型涂料（膨胀型），医护专家均表示反对，因为膨胀型防火涂料在火灾发生时产生的毒烟和毒气很大，不能接受。

根据《施工现场临时建筑物技术规范》JGJ/T 188—2009 第 6.0.7 条：“每 100m^2 临时建筑应至少配备两具灭火级别不低于 3A 的灭火器，厨房等用火场所应适当增加灭火器的配置数量。”说明临时建筑物可通过加强管理，配置足量的灭火装置来处理防火问题。所以，我们建议通过增加灭火装置、加强巡查及管理等措施来降低火灾带来的影响。

火神山医院从 2020 年 1 月 23 日开始启动设计，2 月 2 日交付使用，2 月 4 日收治首批 45 名患者到 4 月 15 日闭院。在短短的 73 天时间里完成了它短暂而有意义的使命。我们也会在今后的时间里不断思考如何更好地设计和建造应急建筑。

4.3 测量施工技术

4.3.1 测量概况

火神山医院东面是知音湖，南接武汉职工疗养院，西临知音湖大道，北面是观湖园别墅区，占地面积约 5 万 m^2，火神山医院测量有如下特点：

1）建设单位未提交测量控制点：本工程为应急工程，建设单位不能及时提供测量控制点，增加了工程测量整体精度控制的难度。

2）测绘图纸与现场地形不符：建设单位和设计院使用的地形图，时间间隔久，与现场极不相符，实际场区地形图需现场重新复核，时间紧，任务重。

3）地形复杂影响测量视线：场区西高东低，高差达 10m，面积约 1 万 m^2，有 9 栋其他工程项目的工人生活区板房、3 处废弃砖房、1 栋 3 层民宅，植被较多，西边有较高大的树木。这些构筑物、树木植被会对测量视线有遮挡，严重影响测量施工进度。

4.3.2 测量总体工作流程

测量工作内容主要包括控制网的建立，场区地形、地物测量，建筑物放样测量、竣工及后续测量等。

测量施工原则：先控制、后细部，从整体到局部，由高级到低级（图 4-14）。

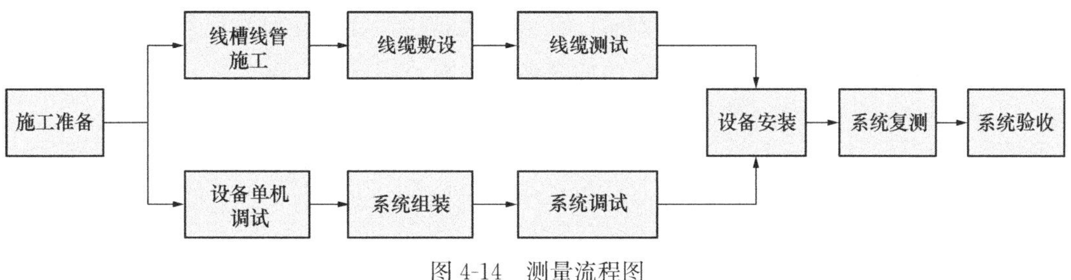

图 4-14　测量流程图

4.3.3 测量工作要点

1. 施工测量控制网的建立

火神山项目建筑物单体较多，参建单位多，要想保证建筑物单体相互之间定位精度，首先就是要建立工程整体测量控制网。

因建设单位没有提交测量基准点，鉴于火神山项目的位置与中法武汉生态示范城新天南路及地下综合管廊项目间隔不远，确认两个项目施工测量坐标系统一致后，在火神山项目北侧加油站、知音湖大道人行道、南侧的桥头三处位置，布设三个测量控制点 A、B、C，引用中法武汉生态示范城新天南路及地下综合管廊项目测量控制点，用 GPS 静态测量的方法，将坐标数据引测到火神山项目场区。A、B、C 三点作为场区测量控制网点，所有参建单位均采用统一的坐标数据，为现场施工提供定位依据。

按 A、B、C 三个控制点数据，测量火神山项目范围内多个房屋的角点坐标及高程，并与从地形图上标注的坐标进行比较复核，满足精度后开始下一步工作（图 4-15）。

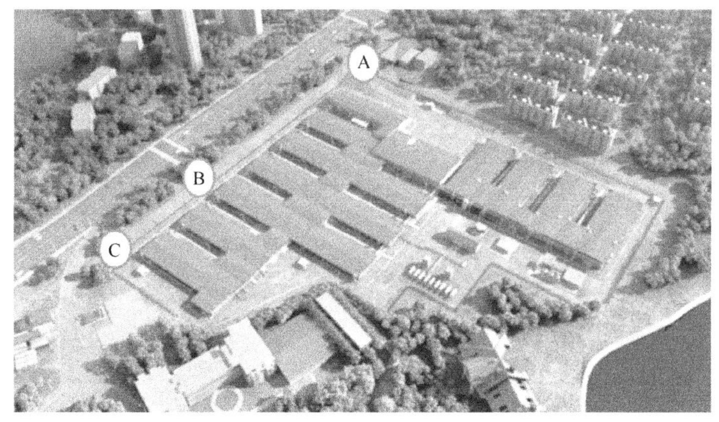

图 4-15　测量控制点布置图

2. 地形、地物的测量

施工测量控制网建立后，进行施工场区内的地形、地物点三维数据的采集。由于设计院所用的地形图比较老旧，施工场区内的很多地物在地形图上没有反映，如部分房屋、围墙、电杆、道路等，以及知音湖的轮廓地形，需重新测量补充完善地形图，及时反馈给设计院。

采用“千寻”GPS-RTK 方式，解决视线遮挡难题，对有构筑物及树木遮挡部位，提前拆除，以免影响现场进度。采集点数据时，在数据代码栏，要准确地注释代码，避免混淆，如“房屋、围墙、电杆、道路”等。点名的命名方式则采用日期命名方式，如 1 月 24 日测的第一个点，则命名为 0124001。测量数据成图时，选用具有展点功能的绘图软件。

3. 建筑物施工测量

在基础施工时，采用坐标放样法放出基础轴线交点。随着现场施工的进度，在基础长边方向增放若干个中间点。采用的方法是 GPS 接收机手簿软件的直线或道路放样法，定义了直线起点和终点后，偏距为零的任意点则都是中间点。这种放线方法的特点是以两点定义全场任意点。相当于是建立了一个以起点为原点，以起点到终点方向为 X 轴正方向的施工平面直角坐标系。

在基础混凝土浇筑完成后，为了方便板房的定位施工，根据板房标准尺寸模数，在基础筏板上全面放样“3m×3m”的所有网格线。其优势是可提供全面的平行、垂直线条；现场定位作业几乎不需要分尺量距，特别是不需要大于 5m 的量距；纵横方向排布的微调，也不需要再定位放样了，直接平移即可。这种放线方法虽然放线多、工作量大，但是解决了时而不停的反复放线和工人分长尺量距的麻烦，提高测量效率。

4.3.4 测量工作总结

1）应用先进的测量仪器及方法。采用 GPS-RTK 测量仪器及“千寻”网络 RTK 测量方式，水准仪配合测量，解决了视线遮挡问题，提高测量精度及效率。

2）根据板房标准尺寸模数特点建立矩形控制。火神山医院应急工程建立了施工坐标系，采用放网格线的方式放出尽量多的平行线和垂直线，减少工人分尺量距工作量，降低出错机率，提高工效。

3）注重提高内外业测量结合。（应急）工程的地形、地物测量数据，要统一编码，统一数据记录方式，以便于数据的可读、可理解性。同时，利用专业测绘软件对测量数据进行成图处理，以提高工作效率。

4.4 场平施工技术

4.4.1 施工概况

火神山医院位于武汉市蔡甸区武汉职工疗养院内，东临知音湖边，场地西侧为知音湖大道，在知音湖大道上设置两个出入口。占地面积约 5 万 m^2，原始地貌整体西高东低，最大高差约 6m。场地植被较多，有少量水塘，有 9 栋生活区板房、3 处废弃砖房、1 栋 3 层民宅待拆除。对本工程土方进行内转整平，内转土方约 15 万 m^3（图 4-16）。

图 4-16　项目平面位置图

4.4.2 施工流程

场地平整的整体施工流程详见图 4-17。

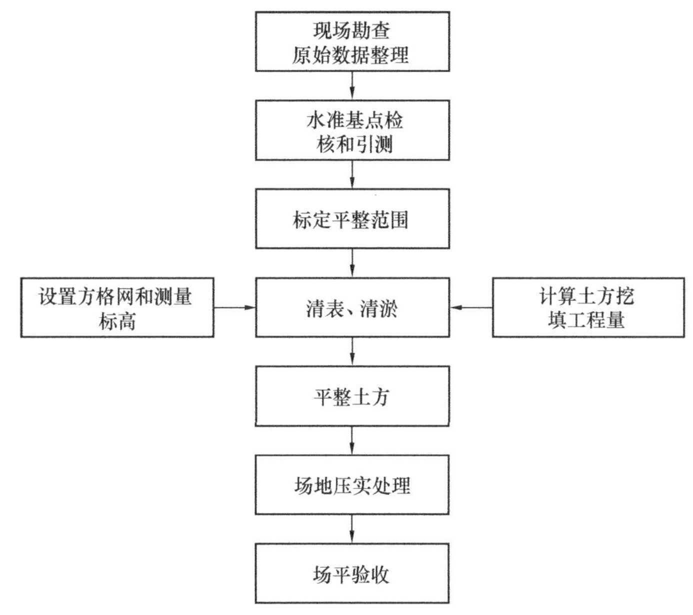

图 4-17　场地平整流程图

4.4.3 施工要点

1. 勘探及测量要点

测量人员进行现场勘察，了解场地地形、地貌、周围环境、平面控制和高程控制基点，采用 GPS-RTK 测量仪器及“千寻”网络 RTK 测量方式，水准仪配合测量。建立施工测量控制网后，进行施工场区内的地形、地物点三维数据的采集。

场平施工准备阶段复核平面控制点和高程控制基准点，加密测设基准点，平面控制桩和水准控制点采取可靠措施加以保护，定期复测和检查。

2. 土方开挖及回填

按照基础结构施工流水方向有序组织场地平整，采用机械开挖、人工配合的方法进行。现场配置大挖机 80 台、小挖机 20 台、自卸汽车 200 台、推土机 50 台及压路机 20 台。

土方开挖从上至下分层分段依次开挖，边开挖边修坡（图 4-18）。施工管理人员和测量人员现场同步控制，提前测量标出开挖边坡线，做到一次开挖成型，严禁超挖，扰动地基土层。边坡支护采用放坡＋喷锚的形式，坡顶设截水沟，坡底设排水沟。

图 4-18 土方开挖示意图

夜间施工期间，施工场地安装充足的照明设施，在危险地段设置明显标志，土方开挖时，每台挖机配备 1 名管理人员进行指挥作业，由高到低、由西向东逐步推进，开挖出来的土方及时运至回填区进行回填处理，开挖与回填同步展开。事先已做好土方平衡计算，确定了开挖区与回填区标高，场内土方达到自平衡，将工作量最小化，节约了工期。

土方回填过程中应分层压实，保证压实度满足要求。回填土含水率控制在最优含水率时回填（含水率偏差－6%～＋2%）。土方虚铺厚度控制在 300mm 以内，碾压时先静压一遍，压路机碾压时按规划方向进行，每遍碾压叠合 15～20cm，行行相连；在水塘、淤泥质土等不良地质区域，不能直接回填，须在图纸中标注具体位置并做好现场标志，联系设计、地质勘察单位确定处理方案。根据施工流向，分区报监理单位验收。

3. 施工现场排水

场平期间（1 月 23 日晚～1 月 25 日）遇到了雨水天气，对现场周边原有排水系统整修、疏导，同时在场地周边设置临时排水沟、集水井，及时进行积水抽排；在边坡坡顶设置临时截水沟，拦截坡顶雨水流入场平施工区域；现场各分区设置临时集水坑，将场内积水汇集并及时抽排。

场内主道路双侧设排水沟，及时疏通保持排水畅通。场地支路出现湿滑泥泞，铺垫砖渣、碎石，保证车辆正常行驶、不塌陷。

4.4.4 施工总结

1. 做好土方平衡计算，减少土方外运

此类应急工程工期紧，难以第一时间寻找到合适的弃土场且会增加前期工作量，考虑场内土方的自平衡，做好土方平衡计算，土方开挖首先满足场内自平衡，挖方区土方转运至填方区回填压实，填方区场地达到设计要求标高后，将多余土方转运至场外。场内土方达到自平衡，将工作量最小化，节约工期。

2. 合理规划施工流向，有序组织施工是重点

火神山医院占地面积大，场平工期紧，做好场平施工策划，优化边坡支护形式，按照基础结构施工流水方向有序进行场地平整。场内机械设备众多，合理组织交通，提高场平效率。

3. 场平压实度控制要求高，确保符合设计要求

火神山医院为应急传染病医院，地基土的压实度确保达到设计要求，避免地基不均匀沉降导致 HDPE 抗渗膜拉裂，引发环境污染。

4. 做好边坡支护，为后续工序插入提供条件

当场内需要设置高差分级时，应提前考虑好高低差处支护形式，在基础施工阶段一并支护完成，避免后期大面施工时工作面无法展开。

4.5 基础施工技术

4.5.1 设计概况

火神山医院集装箱基础若采用常规混凝土条形基础，基槽开挖、钢筋绑扎和模板支设等

工序多且施工时间较长，无法满足工期要求。经与设计单位商定采用浮桥的设计概念，确定筏板+方钢条形基础的基础形式。一是施工灵活、高效，方钢可以根据集装箱的排布进行灵活调整，化解拼装累积误差所带来的尺寸偏差；二是地面与集装箱之间形成架空空间，保证集装箱的通风隔潮，为负压病房的隔离换气、水管和电缆线综合布线提供了作业空间，此设计方案极大地提升了建造效率。

基础形式采用钢筋混凝土筏形基础，地基承载力特征值取值 60kN/m²，筏板厚度大范围为 300mm，小范围为 450mm，筏板底设置 100mm 厚级配砂石垫层，基础混凝土强度 C35，钢筋 HRB400，采用双层双向通长布置（图 4-19）。箱式房与钢筋混凝土基础之间设置□300mm×300mm 方钢架空，一方面起到防潮作用，另一方面为后续水、暖、电专业的插入留下灵活的空间。

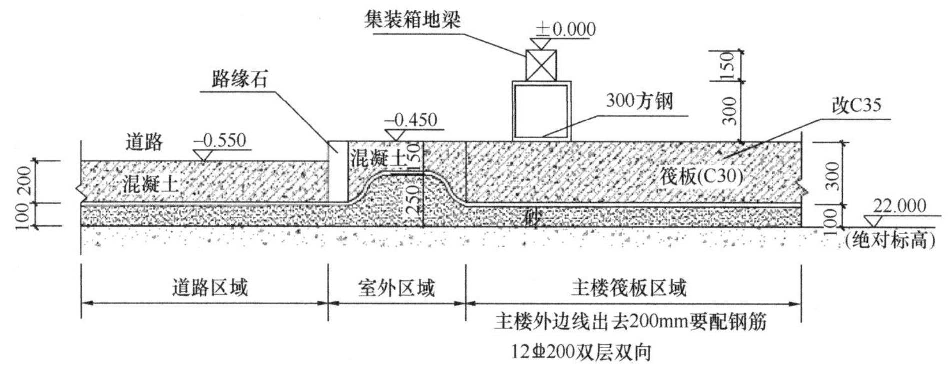

图 4-19 地基基础做法详图

4.5.2 施工流程

基础施工流程见图 4-20。

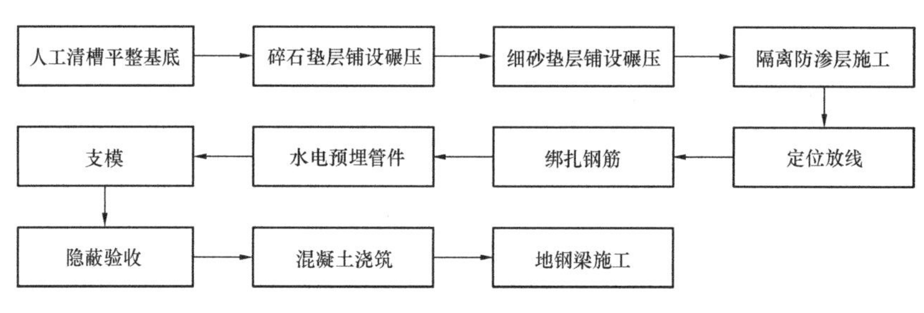

图 4-20 基础施工流程图

4.5.3 施工要点

1. 土方开挖边坡及软弱地基的处理

1）土方开挖前，将施工区域内的地下、地上障碍物清除和处理完毕。

2）建筑物的位置和场地的定位控制线（桩）、标准水平桩及开槽的灰线尺寸，经过检验合格并办完预检手续。

3）在机械施工无法作业的部位修整边坡坡度、清理槽底等，均配备人工进行。

4）氧气站周边区域存在 1.5～3.0m 深度的淤泥质软弱地质情况，及时与设计及地质勘察单位沟通协商，采用级配砂石换填处理。

2. 钢筋绑扎

按照施工部署的施工流向有序组织钢筋绑扎，绑扎前清扫模板内杂物，模板上弹好水平标高线。基础钢筋在模板支设前绑扎，严格按图施工，做好隐蔽验收相关工作。如图 4-21 所示。

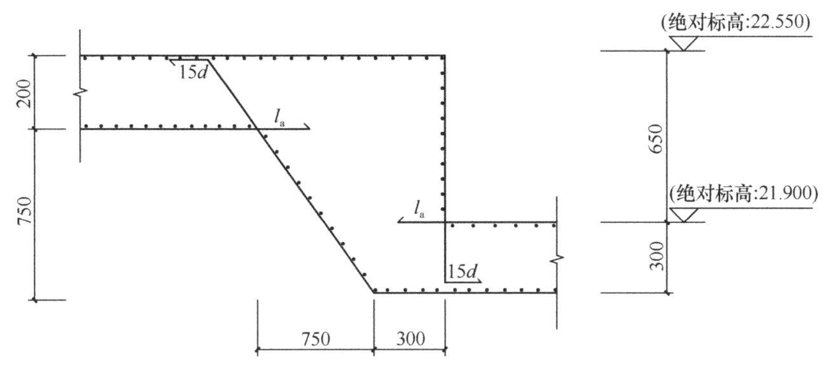

图 4-21　筏板变截面处的节点

3. 基础模板安装

本工程采用 300mm 高木跳板作为支撑侧模，具体加固示意图如图 4-22 所示。

4. 混凝土浇筑

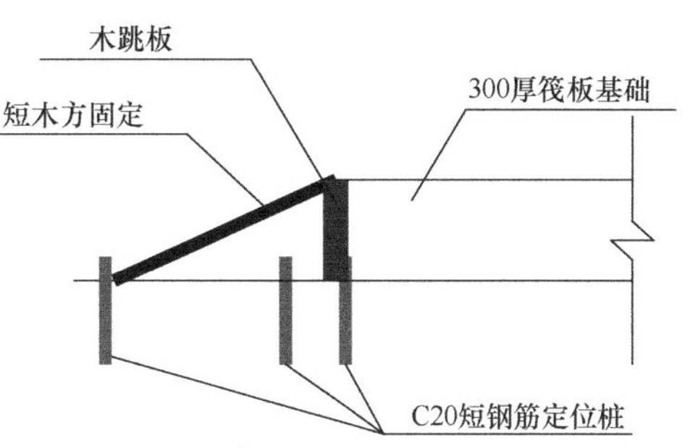

图 4-22　基础模板支设剖面图

筏板混凝土采用分段浇筑的方式，严格控制施工流向和浇筑质量，按照混凝土浇筑时自然形成的坡面一步一层地向后退行，直到浇筑完毕。

筏板混凝土施工采用二次振捣、二次抹面的方法，每个浇筑点采用 4 台插入式振捣器振捣。混凝土一次抹面是在混凝土二次振捣完成，主要是将混凝土中的脚窝、凹凸及因二次振捣产生的混凝土下陷补平，使混凝土表面平整；二次抹面是在混凝土终凝前进行，主要是将混凝土表面产生的明水及网格钢筋出现的下陷、裂纹抹平，确保浇筑质量及平整度。

5. 方钢布置

混凝土强度等级达到一定程度后，测量放线标注钢梁具体位置，采用汽车吊配合人工安装方钢，方钢与基础固定方式采用基础预埋钢筋焊接固定（图 4-23）。

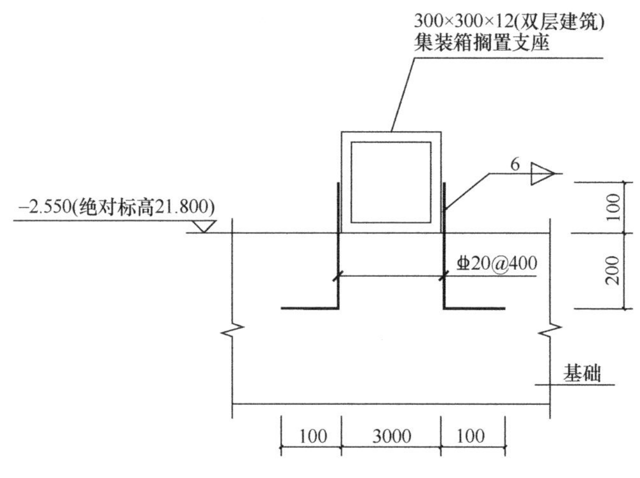

图 4-23 方钢布置剖面图

4.5.4 施工总结

1. 设计优化

根据现场情况对方钢布置做出优化、深化，6m 长方钢地梁施工需采用汽车吊配合放置指定位置，但场地限制汽车吊的布置数量。经与设计沟通，结合机电安装的排水管道设置对方钢进行分段优化，将 6m 长方钢优化为每段 1.5m，人工搬运至指定位置，提高了施工效率。同时，多段灵活布置方式为集装箱下排水管线布置提供方便，提升了与安装专业的施工融合。

2. 施工过程控制

随场地平整进度，各区及时插入基础结构施工，同步进行机电安装管线预留预埋，同时插入室外给水排水、强弱电管网施工。基础施工过程为机电安装单位提供穿插施工作业面和作业时间，在基础混凝土浇筑前对水电管预埋定位进行复合，经检查无误后浇筑混凝土。

氧气站对地基条件要求高，汽化器埋件工序复杂、预埋精度要求高。现场基础开挖完成后，对基槽进行验收确保达到设计要求，对汽化器埋件定位、标高、高差进行多次复核；救护车洗消间基础设计了排水沟，冲洗槽构造及工序多，加强定位及尺寸复核，一次性浇筑成型，确保满足使用要求。

4.6 深基坑施工技术

4.6.1 设计概况

雨水池、化粪池位于场地南侧，总面积约为 3500m^2，周长 253m，基坑顶场平标高为 23.00m，雨水池基坑开挖深度为 8.00m，化粪池基坑开挖深度为 8.80m（图 4-24）。

雨水池、化粪池基坑开挖均采用土钉挂网喷锚的支护形式。根据开挖深度及周边环境的不同，雨水池基坑区域采用两级放坡支护，坡率按 1∶0.5 设置；化粪池基坑区域采用两级放坡支护，坡率按 1∶0.75 设置。为防止基坑顶雨水倒灌及顺利排出基坑内积水，分别在基坑顶设置截水沟，基坑底设置排水沟。

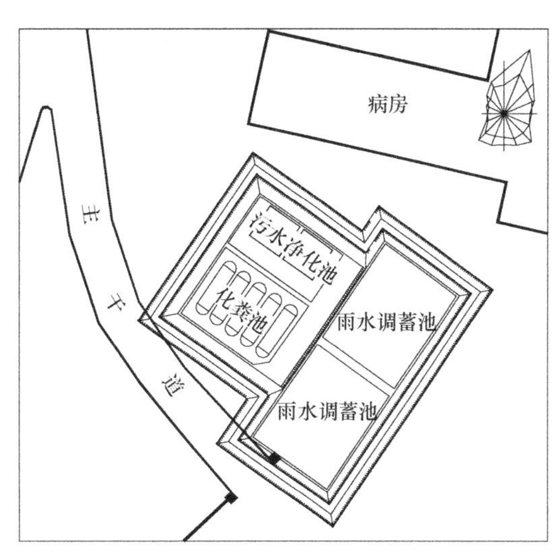

图 4-24　基坑平面布置图

基坑支护中的土钉为直径 25mm 的 HRB400 级钢筋，长 1m。钢板网规格为 ϕ6.5@200mm×200mm，面层喷射 80mm 厚 C20 细石混凝土。喷射混凝土水灰比为0.40～0.45，砂率 45%～50%，水泥与砂石重量比为 1∶4～1∶4.5。喷射混凝土内掺速凝剂，喷射混凝土所用水泥为 P·O42.5 普通硅酸盐水泥，喷射混凝土内粗骨料最大料径不超过 15mm。

4.6.2 施工流程

参见图 4-25。

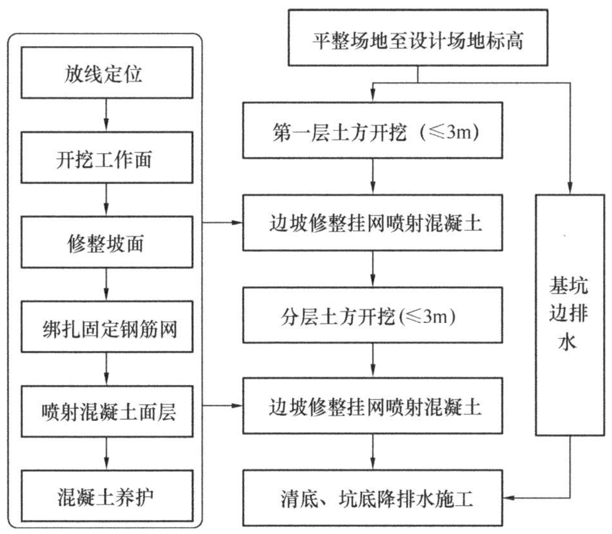

图 4-25　基坑开挖喷锚支护流程图

4.6.3 施工要点

1. 土方开挖施工要点

1）水平分区

基坑开挖在平面上分为化粪池和雨水池两个区，土方开挖总量共计约 2.9 万 m^3。

2）竖向分层

根据基坑支护设计特点，综合考虑安全、高效、合理的原则，竖向分三层开挖，每层开挖深度不大于 3m，基坑底预留 300mm 厚土采用人工清底（图 4-26、图 4-27）。

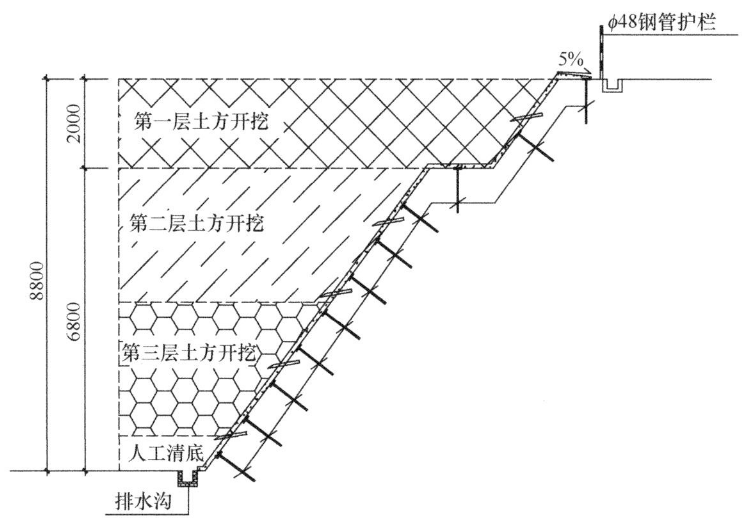

图 4-26 竖向分层示意图

图 4-27 现场开挖实景图

3）开挖安排

主要进行化粪池区和雨水池区基坑开挖，为避免化粪池单独开挖影响场地南侧的主干道通行，将两个功能区合并为一个基坑整体开挖，土方开挖顺序及部署如表 4-1 所示。

土方开挖顺序及部署 表 4-1

序号	开挖区域	开挖深度	工期（天）	土方量（m^3）
1	化粪池第一层土方开挖	2m	0.5	1500
2	雨水池第一层土方开挖	3m	0.5	5500
3	化粪池第二层土方开挖	3m	0.5	2300
4	雨水池第二层土方开挖	3m	0.5	8300
5	化粪池第三层土方开挖	3m	0.5	2300
6	雨水池第三层土方开挖	2.7m	0.5	7500
7	化粪池第四层土方开挖（人工清底）	0.8m	1	600
8	雨水池第四层土方开挖（人工清底）	0.3m	1	900

4）开挖注意事项，参见表 4-2。

开挖注意事项　　表 4-2

类别	内　　容
机械开挖	（1）基坑大面土方采用斗容 1.2m³ 的反铲挖掘机进行开挖，10m³ 后八轮渣土车外运。 （2）受场地面积限制，基坑开挖不能设置下基坑坡道，因此开挖深度在 3m 以下的土方采用挖机接力转土，渣土车在基坑顶装车外运。 （3）基坑底采用小型反铲结合人工清底，并开挖基坑内中间部分的排水沟。土方开挖完成后及时进行了验槽并浇筑垫层混凝土，避免基底土长时间暴露。 （4）为保证进出车辆不带泥上路污染城市路面，采取了如下措施：将土方集中在基坑西侧临时堆土点，加快渣土车装土速度，在场地出口处 24h 设置洒水车对渣土车轮胎及道路进行冲洗
人工清底	（1）人工清底之前，做好标高标志来控制基底标高和平整度。具体做法是用水准仪每 4m 左右测设一根钢筋标桩，标桩用直径 $\phi12$ 的钢筋打入地下约 600mm 深。 （2）基坑边角部位及一定数量的基底土方由人工用铁铲或铁锹清除，用斗车运至基坑上指定地点堆放。人工清槽施工时，注意天气变化，提前准备足够的彩条布、塑料布在下雨前及时覆盖。人工清底完成后，立即开始混凝土垫层施工封闭基底，以防雨水对基底造成侵蚀或破坏
技术要求	（1）分段分区对称开挖时，每层土方开挖面的高差应控制在 3m 以内，严格按设计坡比放坡。在基坑开挖过程中，确保边坡留土的稳定性，慎防土体局部坍塌，造成现场人员损伤和机械损坏。 （2）土方开挖宜采取机械开挖和人工开挖相结合的方式，一般情况下采取机械开挖，坑角土方宜采取人工开挖。基坑开挖距坑底 30cm 时，宜改为人工清理坑底，严禁超挖。 （3）开挖时在基坑顶设置水平位移及沉降观测点，每日早晚对基坑变形进行监测，监测数据必须做到及时、准确和完整。发现异常现象，应立即通知设计单位并加强监测

2. 土钉挂网喷射混凝土施工要点

土钉挂网喷射混凝土施工要点　　表 4-3

序号	工序	内　　容
1	放线定位	采用经纬仪和 50m 钢卷尺以结构外边线作为控制线定出具体开挖边线。以设置的水准点进行标高控制，定出大致的基坑内外边线，以便基坑开挖
2	基坑开挖	确定好基坑的开挖线后，按设计要求分层开挖土方（每层 2～3m），为保证工序上的搭接，土方必须分段开挖，每段开挖长度控制在 30m 左右，待喷锚施工完毕后再进行下一段开挖，严格控制每层的开挖深度
3	人工修坡	在确保边坡面和边界线符合设计要求的情况下，尽量保持边坡面的平整度，保证喷射混凝土施工速度
4	喷射混凝土层	喷射混凝土时应分段、分片依次进行，喷射枪手应具备足够的喷射施工经验，能适时调整混凝土的水灰比，保证混凝土表面平整、湿润、光泽，无干斑、滑移、流淌现象。同一段施工工作面内必须自下而上进行喷射，射流应垂直喷射面，射距宜控制在 0.8～1.5m 范围之内。严禁长距离喷射，必须保证射流有足够的压力，保证混凝土面层的强度
5	混凝土养护	喷射混凝土终凝 2h 后，应洒水养护；本工程工期短，应持续养护至土方回填

4.7 坡屋盖施工技术

武汉市 2～4 月将持续出现春季阴雨天气，5 月迎来汛期。火神山医院原设计为集装箱平顶屋面，如遇特大降雨，存在渗漏水隐患。为提高屋面整体的防排水功能，保障火神山医院的正常运行，2 月 16 日，根据中央指示，在原有屋面基础上新增坡屋盖结构，彻底解决渗漏水隐患。

4.7.1 设计概况

火神山医院屋盖采用双坡屋面，坡度为 5%，屋盖由扣件式钢管脚手架＋方钢檩条＋彩钢瓦构成。屋面架体为钢管架体，结合集装箱设计模数，立杆布置按照 3m×3m 布置；屋面檩条方管规格为 40mm×2mm，檩条间距 1.0m；屋面瓦采用 0.7mm 彩钢瓦，宽 840mm；屋面瓦与方管采用燕尾钉连接，水平间距 250mm，横向间距同檩条间距（图 4-28、图 4-29）；屋面设置排水天沟雨水斗及落水管排水；钢管架外端部设置缆风绳与地面、集装箱底部固定（表 4-4）。

图 4-28　火神山医院屋面

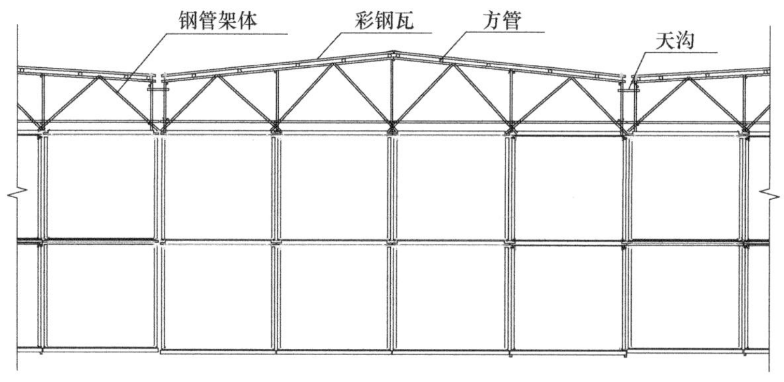

图 4-29　屋面典型剖面图

屋盖主要设计概况表　　表 4-4

序号	分项名称	主要内容
1	结构体系组成	扣件式钢管脚手架（含钢丝绳）＋方钢檩条＋彩钢瓦
2	搭设设计参数	钢管脚手架立杆纵横距 3000mm，高度最低为 1200mm，最高高度 1800mm。 钢管架两端悬挑 500mm，彩钢瓦悬挑 800mm，遇风管位置钢管悬挑 1250mm，彩钢瓦悬挑 1500mm。 钢管架外端部设置缆风绳与地面、集装箱底部固定，缆风绳间距 3m。 檩条间距 1000mm，沿长度方向布置。 横向八字撑满布，长度方向八字撑仅两侧和中间布置
3	防排水形式	采用双坡屋面，坡度为 5%，其中 1～4 号楼与连廊交界位置布置檐沟，檐沟双向找坡，坡度 2%，两端布置 *DN*100 排水管
4	固定连接方式	立柱与屋面钢梁焊接；立杆和横杆采用扣件固定；檩条方钢与钢管点焊固定；屋面瓦与方管采用燕尾钉连接，水平间距 250mm
5	细部节点设计	1）出屋面竖向风管采用镀锌钢板＋自粘防水卷材和硅酮密封胶进行防水细部处理。 2）屋面平铺风管影响架体搭设，局部设置门式架，侧面采用彩钢板集合硅酮密封胶处理。 3）屋顶设置专用屋脊瓦，屋脊瓦与屋面瓦空隙采用聚氨酯发泡胶填塞。 4）屋面南北侧面设置彩钢瓦和百叶窗，均采用角钢与钢管架体点焊固定。 5）排水沟内满铺自粘防水卷材，屋面瓦射钉位置采用发泡胶处理
6	主要材料参数	1）屋面架体钢管采用 Q235 钢材，壁厚不小于 2.8mm。 2）檩条方管规格 40mm×2mm。 3）屋面瓦采用 0.7mm 彩钢瓦。 4）天沟采用 1.3mm 厚镀锌薄钢板。 5）防水卷材采用铝箔丁基防水卷材。 6）缆风绳钢丝绳 10 号，绑扎固定扎丝为 8 号和 12 号钢丝。 7）燕尾钉直径 2.5mm
7	防雷接地设计	本工程防雷类别属于第二类；竖向金属通风管用直径 12mm 热镀锌圆钢设置接闪器，且高度高于风帽及金属顶端不小于 1m。用直径 12mm 热镀锌圆钢作引下线与接闪器或屋架相连，并直接接入接地装置

4.7.2 屋面施工重难点

1）疫情形势严峻，建筑材料资源组织困难，火神山医院工期极短，选择合适的屋盖体系提高建造速度是难点。

常规建筑防水屋面设计采用压型钢板金属屋面，材料采购、加工制作、运输、施工效率周期较长，难以满足整个项目的施工交付要求。通过设计与招采深度融合，采取“有什么材料用什么”的原则，考虑钢管资源充足且调运方便，选择扣件式钢管脚手架＋彩钢瓦结构形式，施工工艺简单，施工质量可控，建造效率高。

2）在原有屋面基础上新增坡屋盖结构，屋面管线系统复杂，钢管合理排布及确保屋盖结构安全是重难点。

考虑屋面下部支撑箱体结构受力特点，结合集装箱设计模数及屋面管线排布，立杆按照3m×6m的原则布置，同时增加屋盖抗风性节点施工措施，有效保证整体结构安全。

屋架体系涉及多种材料的固定连接，确保连接牢固。屋面管道较多，消防风险较大，尽量减少焊接作业。外围一圈立杆与集装箱顶部焊接固定，内部立杆与集装箱顶部吊装孔采用钢丝固定。焊接和钢丝绑扎固定质量是重点。

3）保证屋盖防排水使用功能，确保屋盖细部防水施工质量是重点。

火神山医院采用双坡屋面，病房楼与连廊交界处布置檐沟及排水管，保证了坡屋面的排水，结合现场实际情况优化防水细部节点，同时对细部节点的施工质量严格管控，减少渗漏水的隐患。

4.7.3 屋面施工实施

根据设计方案和现场实际情况，结合各道工序的特点，屋面施工流程如图4-30所示。

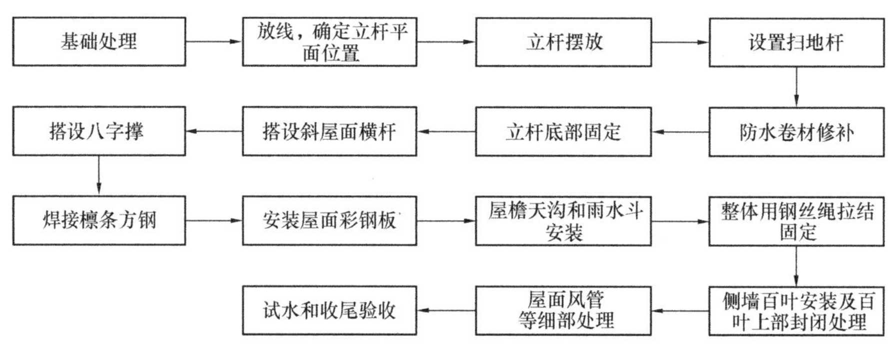

图4-30 屋面施工流程图

1. 立杆的平面定位布置

充分结合集装箱设计模数，立杆按照3m×3m的原则布置。钢管脚手架立杆纵横距3000mm，高度最低为1200mm，最高高度1800mm。

钢管架两端悬挑500mm，彩钢瓦悬挑800mm，遇风管位置钢管悬挑1250mm，彩钢瓦悬挑1500mm。立杆平面定位注意需找出集装箱钢梁位置以及吊装孔位置，立杆排布、搭设需严格按照设计图纸准确放置，避开风管、风机、氧气管道等管线。架体搭设严格按照方案施工，减少对集装箱屋面原防水层的破坏，降低渗漏风险。

2. 减少焊接量，尽量采用机械连接

火神山医院屋面管线系统复杂，特别是氧气管道附近不宜采用焊接工艺，经优化，将中间立杆原有的焊接连接改成钢丝绑扎，将檩条与钢管的焊接改成扣件+绑扎连接；钢管立杆

均设计为标准规格的钢管，避免现场切割，降低消防安全风险。

1）外围立柱：屋面外围一圈立柱与集装箱焊接牢固（图 4-31）。

2）屋面中间立柱及外围不能焊接的立杆与集装箱连接节点：

中间立柱及外围不能焊接的立柱：柱脚与集装箱吊装孔采用 8 号钢丝双股两道（共四道）“X” 形绑扎（图 4-32）。

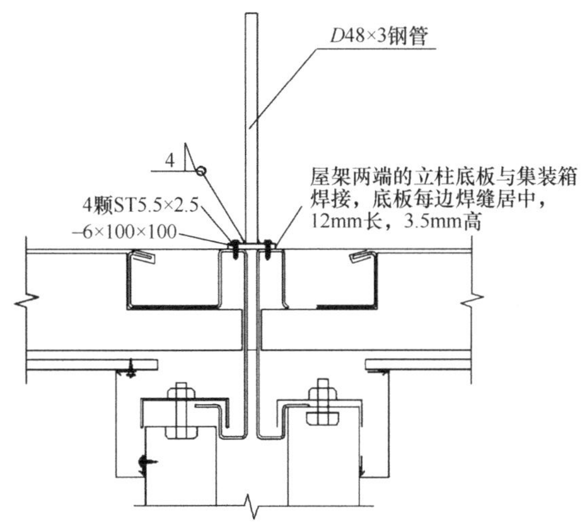

图 4-31　外围立杆与集装箱连接大样图

图 4-32　中间立杆与集装箱吊装孔连接节点

3）檩条与架体节点

屋面檩条采用 12 号钢丝双股两道（共四道）“X” 形绑扎，并在檩条与钢管相交位置采用扣件进行限位（两下一上）。

4）檩条与钢管通过角钢采用自攻螺钉连接固定，避免焊接作业。

3. 屋盖抗风性节点施工

1）斜向钢丝绳布置

在屋架内部每榀架体的两端跨和中间跨均设置交叉型斜拉钢丝绳与集装箱顶部吊装孔拉结固定，增强屋架水平抗侧移性（图 4-33、图 4-34）。

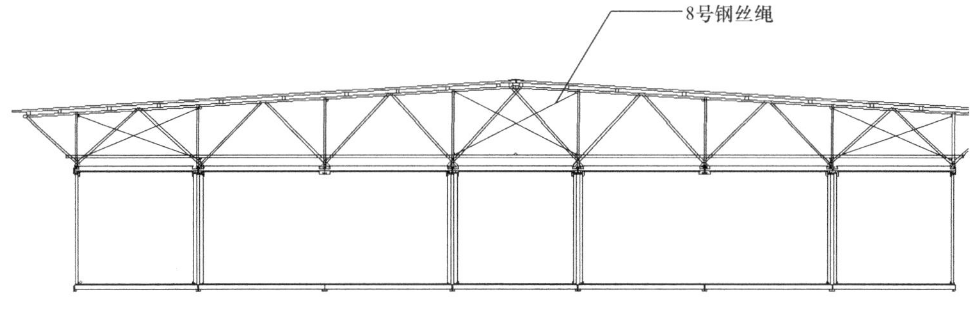

图 4-33　钢丝绳布置剖面图

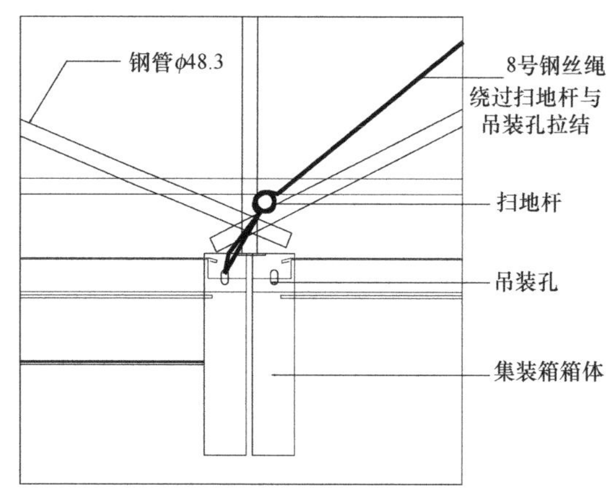

图 4-34　钢丝绳拉结详图

2）缆风绳节点

屋架外侧设置缆风绳与地面或者集装箱底部吊装孔拉结；另外，在屋架内部每榀架体的两端跨和中间跨均设置交叉型斜拉钢丝绳与集装箱顶部吊装孔拉结固定，增强屋架水平抗侧移性（图 4-35、图 4-36）。

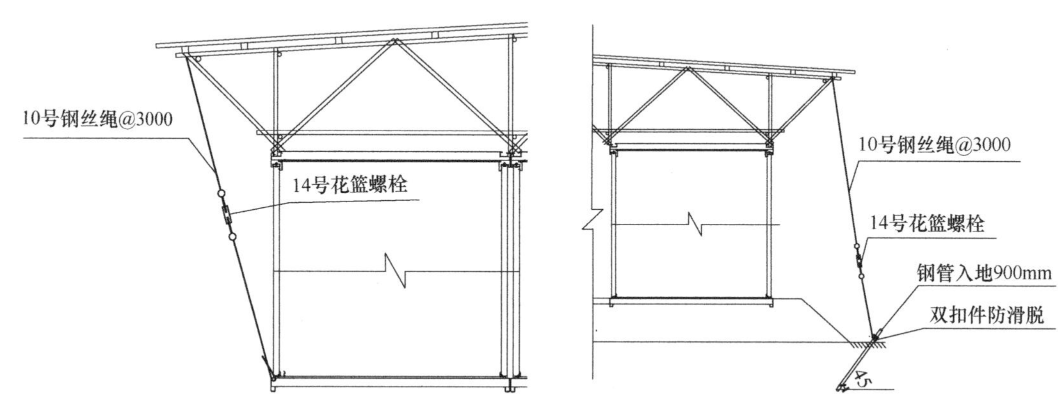

图 4-35　与集装箱底部吊洞拉结处节点

图 4-36　无可靠钢立柱拉结点处节点

4. 集装箱屋面拼缝处理

单个集装箱屋面自带找坡与排水措施，通过顶部四周边梁上的沟槽将水引入四个角点，然后再通过安装在四根立柱中的排水管将水排出。集装箱屋面拼缝处的防水措施采用镀锌薄钢板封盖，然后铺设自粘卷材，施工方便。集装箱顶部设计有整体坡屋面，这种拼缝处的处理措施可以作为密封处理。

5. 屋面瓦的施工控制

1）屋面瓦采用 0.6mm 彩钢瓦，宽 860mm；屋面瓦与方管采用燕尾钉连接，水平间距 250mm，横向间距同檩条间距；

2）屋面瓦竖向搭接长度不小于 200mm，采用射钉连接，间距 400mm；接缝处和射钉位置需打胶处理；

3）屋面瓦应从屋面或墙面安装基准线开始铺设，并应分区安装；

4）屋面瓦宜逆主导风向铺设；

5）当铺设时，宜在屋面瓦上设置临时人行走道板及物料通道；

6）安装时，现场剪裁的屋面瓦应切割整齐、干净，安装完成的屋面瓦表面保持清洁；

7）屋脊瓦与屋面瓦的搭接采用燕尾钉可靠连接，连接接缝和空隙处采用聚氨酯发泡胶封堵完善。

6. 屋盖细部防水做法

细部防水控制要点主要为彩钢板搭接处及出屋面风管细部防水处理，对搭接部位及射钉连接处采用密封材料处理，极大地降低渗漏水隐患。

出屋面竖向风管采用镀锌钢板＋自粘防水卷材和硅酮密封胶进行防水细部处理；屋面平铺风管影响架体搭设，局部设置门式架，侧面采用彩钢板集合硅酮密封胶处理；屋顶设置专用屋脊瓦，屋脊瓦与屋面瓦空隙采用聚氨酯发泡胶填塞，并在接口处采用密封胶处理。

1）出屋面风管施工要点

火神山医院屋面局部风管高度 1.4～1.9m，对此部位屋盖局部加高，侧面采用蓝色 3mm 厚镀锌钢板封闭（图 4-37）。

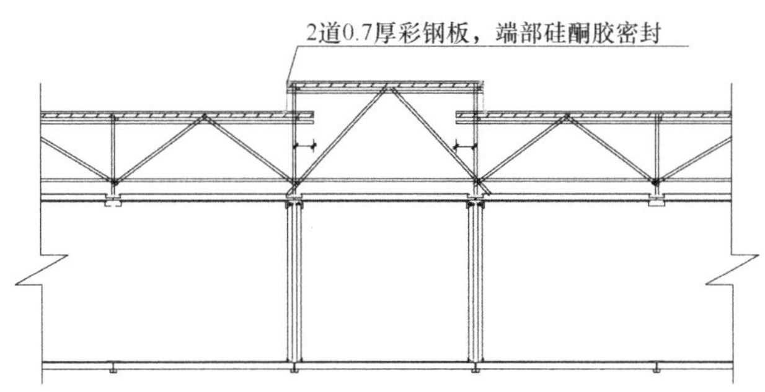

图 4-37　局部超高风管位置详图

2）出屋顶风管防水处理节点

出屋面竖向风管采用镀锌钢板＋自粘防水卷材和硅酮密封胶进行防水细部处理。

3）天沟施工

天沟下方的支撑横杆搭设完成后开始成品排水天沟的安装，搭接采用自攻螺钉固定，接缝处采用硅酮密封胶封闭；天沟端头设两个直径 50mm 溢水孔（距顶 100mm）；沟内满铺铝箔丁基防水胶带（图 4-39）。注意控制沟内坡度，排水坡度 2%，确保排水畅通。

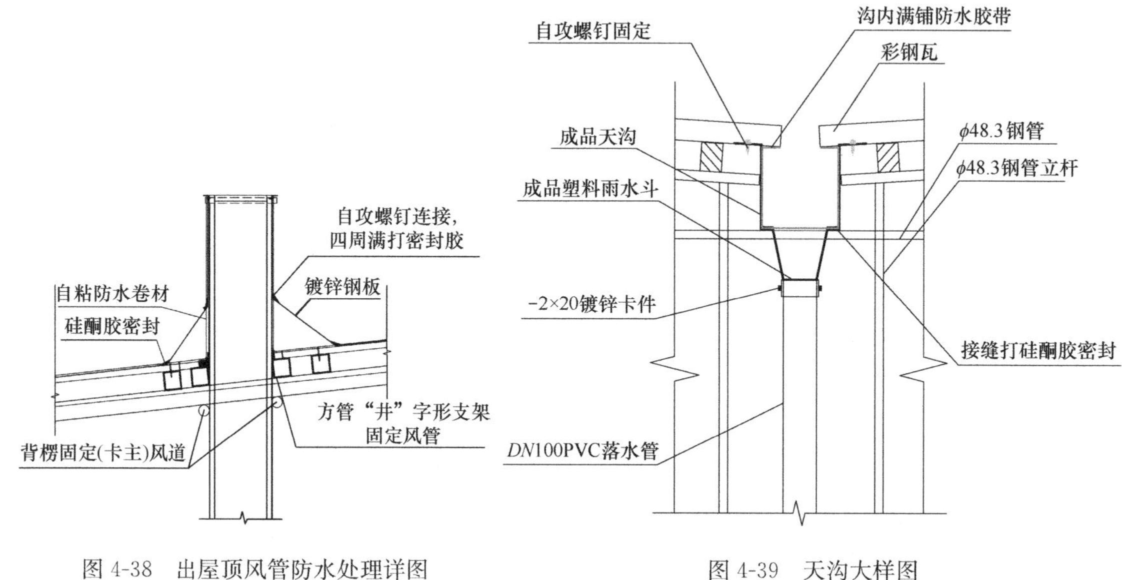

图 4-38　出屋顶风管防水处理详图

图 4-39　天沟大样图

7. 施工过程加强成品保护

火神山医院在原有集装箱屋面基础上新增坡屋盖结构，且屋面管线系统复杂，施工过程中注重对屋面原有防水层、风管及相应设备的成品保护，采取防护措施，避免返工、返修，耽误施工进度。

4.7.4 结论

1）通过设计与招采、施工的深度融合，大幅提升建造效率，确保火神山如期交付使用。

火神山医院屋盖实施过程中，通过设计与施工的深度融合，确定合理设计方案，大幅提升建造效率。结合临建板房和满堂架的思路，选择当前能快速组织的建筑材料，选择扣件式钢管脚手架及彩钢瓦结构形式，施工工艺简单且高效。采用施工现场“零”动火和“零”加工的理念，构配件均采用工厂加工，现场装配式作业，建造速度快。

2）优化细部节点做法，保证施工质量，彻底解决火神山医院渗漏水隐患。

火神山医院屋面管线系统复杂，特别是氧气管道附近不宜采用焊接工艺，减少焊接量，尽量采用机械连接。经优化，将中间立杆原有的焊接连接改成钢丝绑扎，将檩条与钢管的焊接改成扣件+绑扎连接；彩钢瓦与彩钢瓦、彩钢瓦与檩条以及排水沟与排水沟之间等连接节点采用射钉、燕尾钉和自攻螺钉的连接方式，操作简易、质量可控。屋面檐沟取消交界处檐沟中间排水立管，仅屋面排水管两边找坡2%，排水沟搭接长度不小于500mm，从而降低渗漏水风险，保证了火神山医院的正常使用。

第5章 机电工程设计及施工技术

5.1 暖通空调系统设计

5.1.1 工程概况

武汉火神山医院总建筑面积约 3.39 万 m^2，总床位数 1000 床（其中 ICU 中心床位数为 30 床）；由 1 号楼与 2 号楼组成（图 5-1）。1 号楼为单层建筑，呈“丰”字形布局，由 9 个单层的护理单元、医技楼及 ICU 中心组成，每个护理单元设 23 间病房。病房楼为集装箱结构，中心区域为防护区，分为清洁走廊（清洁区）与护士走廊（潜在污染区）；指廊区域为病房区，分为医护走廊（半污染区）、病房（污染区）与病人走廊（污染区）三个区。

图 5-1 武汉火神山医院效果图

1 号楼内的医技楼设一间标准Ⅲ级手术、负压检验室与三间 CT 室。ICU 中心设于 1 号楼与 2 号楼之间。医技楼与 ICU 中心为钢结构板房。

2 号楼为两层建筑，呈“E”形布局中，分 4 个组团，由 8 个护理单元组成，每个护理单元设 23 间病房。其清洁走廊与护士走廊的配置模式与 1 号楼相同，只不过为单边配置，病房区的配置模式与 1 号楼相同。

室外氧气站房、负压吸引机房、垃圾暂存间、太平间及焚烧炉设于场地东南角。

5.1.2 主要设计依据及指导原则

1. 主要设计依据

本项目为第一个应对新型冠状病毒的临时应急型传染病医疗建筑，设计阶段并无专门针对性的规范或技术导则，故主要执行的规范还是《传染病医院建筑设计规范》GB 50849—2014、《医院负压隔离病房环境控制要求》GB/T 35428—2017、《综合医院建筑设计规范》GB 51039—2014。

2. 设计的重点及优先级

作为工期异常紧张的临时应急型传染病医疗建筑，设计首先要考虑的问题是：项目的可快速建设性、设备的可得性、系统的可靠性、运行维护的低风险性。我们不能设计出一个系统过于复杂、设备材料不可得、难于实施、调试工作量大、运行维护困难的系统。

医疗建筑区别于其他建筑最大的特点，就是隔离和防护。所以，保证各功能区之间压力关系的正常、防止交叉污染是暖通专业设计的重中之重。本项目潜在的交叉感染分为两类：医护人员与患者之间的感染、患者之间的感染。考虑到本医院收治的是同一类病人，所以将预防“医一患”之间的交叉感染放在首位，而预防“患一患”之间的交叉感染则通过细化分区来实现。其优先级是首先保“质”，就是压力梯度的关系要对，即气流从清洁区→潜在污染区→半污染区→污染区流动方向要完全正确；其次保“量”，也就是压差关系的数值要符合规范要求，即相邻相通不同污染等级房间的压差要不小于5Pa（图5-2）。

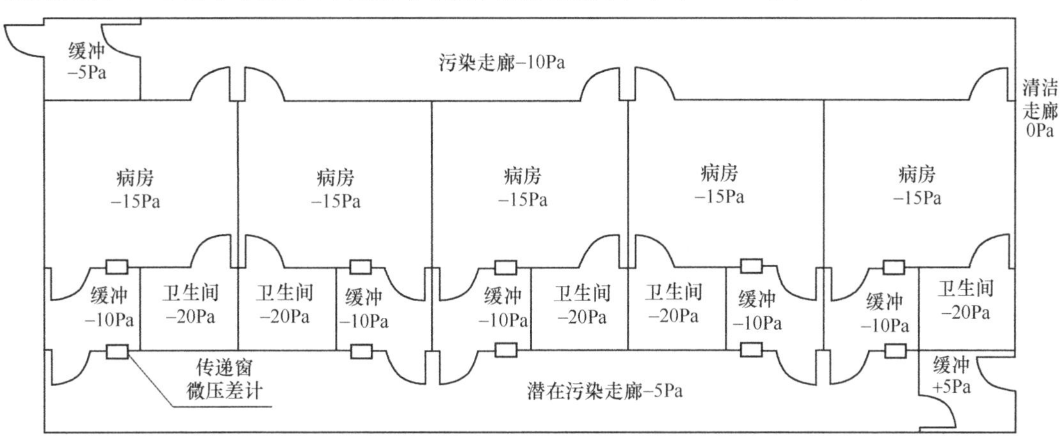

图5-2 典型传染病房压力梯度要求

上图为《医院负压隔离病房环境控制要求》GB/T 35428—2017中的标准模式。与此相比，武汉火神山医院在清洁区与潜在污染区之间另设了一个“潜在污染区”，也就是护士走廊，形成了4廊：清洁走廊、护士走廊、医护走廊、病人走廊（污染走廊）；3区：清洁工作区、医护办公区（穿隔离服）、病房工作区（穿隔离服与隔离衣）。

3. 主要设计指导原则

1）要综合考虑系统的可快速建设性、设备的可得性、可维护性及操作的低风险性。

2）保证各功能区之间压力关系正常、压力梯度合理，防止交叉污染。

3）通风系统中含有病毒污染物的气体采取集中高空排放，排风应经过粗、中、高效三级过滤。

4）室内温度要基本达到标准规范要求，病人是弱者，适宜的室内环境有利于病人的康复。

5）防排烟系统按被动技术考虑，尽量采用自然排烟。对于内走廊（一般为医护工作区、病人不可到达），可借用消防避难走廊的模式，采用正压送风（由直流新风系统兼用）。同时，在管理上提出建议与要求，如明确标识所有可手动开启的外窗、配置适当数量的安全锤，便于破窗排烟。

6）因本项目的特殊性，采用了新风电加热、围护结构保温性能［集装箱体传热系数约为1.0W/(m^2·K)，但地面架空层，保温性能较差］等不能完全满足节能标准方面相关要求。

7）还有最重要的一点，项目建设工期超短，且处于春节长假期间，能采买到哪类设备和材料？哪些设备的材料是必须要采买到的？哪些是不可能在短时间内买到的？这在很大程度上左右了技术选择的方向。

4. 设计工作开展的思路

本项目的特殊性决定了设计者不能把它当成一个常规的医疗建筑项目，设计者需要总体考虑使用者、施工者、调试者、运行维护者、医护人员、病人等各个角色的需求，设计方案要做到：设计指标要达标、施工快速可实施、系统简单、调试工作量小、运行维护简单、防护隔离安全可靠。从某种意义上来说，这不仅是应急项目，更是一场战争；为了上述目标，需要适当灵活地应用规范，广泛听取业内专家意见。

5.1.3 通风空调系统设计要点

1. 负压病房

1）通风量的计算与选取

《传染病医院建筑设计规范》GB 50849—2014 第 7.3.1 条规定："呼吸道传染病的门诊、医技用房及病房、发热门诊最小换气次数（新风量），应为 6 次/h。"第 7.4.1 条规定："负压隔离病房宜采用全新风直流式空调系统。最小换气次数应为 12 次/h。"对应的病房最小送风量分别为 400m^3/h、800m^3/h。北京小汤山医院建设时，该规范还未实施，小汤山医院每间病房排风量是 350m^3/h，送风送至公共内走道，折算下来每间病房送风量 225m^3/h。另外，从空调舒适性角度出发，本项目投运初期武汉市室外最低温度在 0℃以下，过大的新风量对室内温度的维持不利且能耗巨大，有可能对能源条件提出过高的要求。

考虑到本次疫情的特殊性，经过对比分析，并参考小汤山医院暖通设计团队的意见，本项目最终按照三类场合确定送风量、排风量，分别是：分区负压隔离病房 12 次/h 排风，8 次/h 送风；标准负压隔离病房 16 次/h 排风，12 次/h 送风；ICU 24 次/h 排风，12 次/h 送风。按照规范要求，排风量与送风量的差值不小于 150m^3/h；考虑到本项目建筑特点，围护结构密闭性不佳，为了充分保证压力梯度，故差值按照 300m^3/h 选取。

项目投入运行之后，病人走廊对病房空气压差为 6Pa，与规范要求的 5Pa 接近；医护走廊对病房空气的压差在 12～15Pa 之间，也在非常合理的范围内，验证我们的风量取值是正确合理的。随着后期运行过滤器阻力增加，系统的送风量与排风量均将会有所下降，相应压差会在一定范围内波动。

2）病房送排风口位置

病房送、排风口设置需要基于保护医护人员、有利于污染物快速排出两大因素来考虑（图 5-3～图 5-6）：

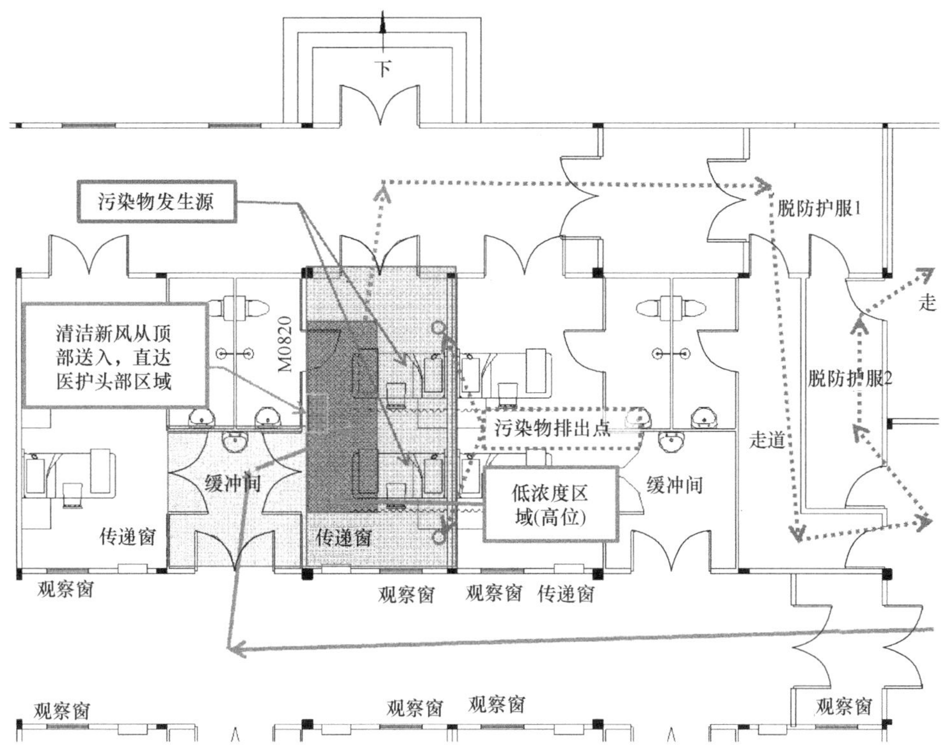

图 5-3　病房送风口、排风口设置示意图

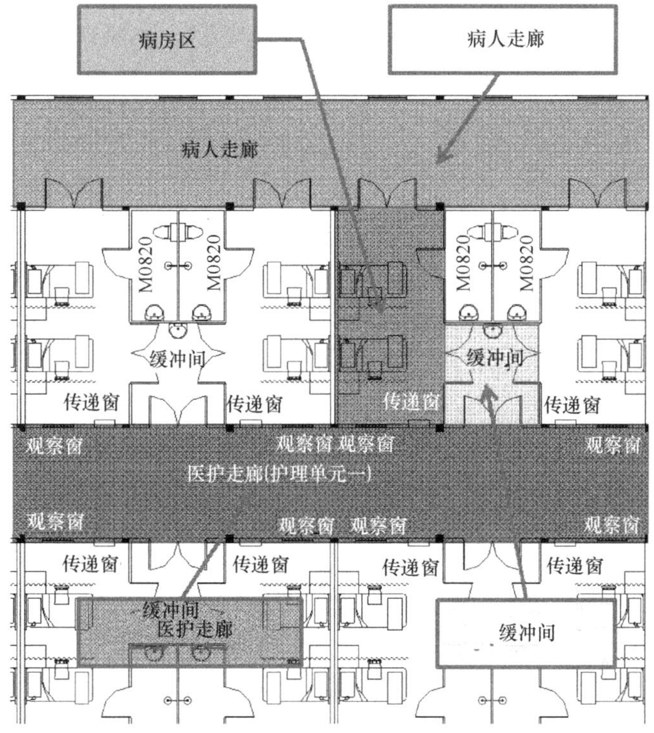

图 5-4　医护走廊、病房、缓冲区

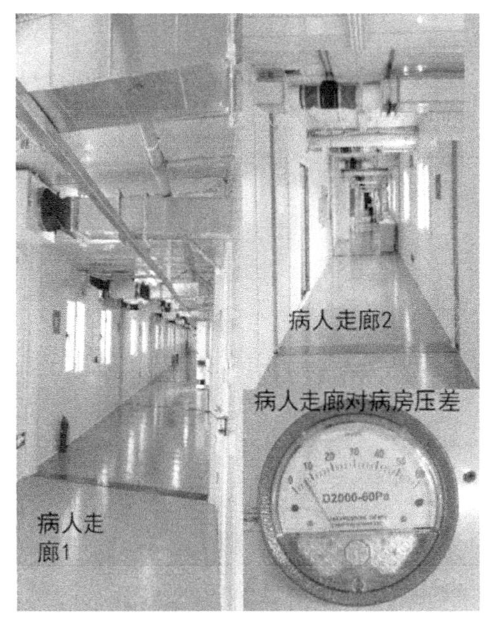

图 5-5　现场病人走廊对病房

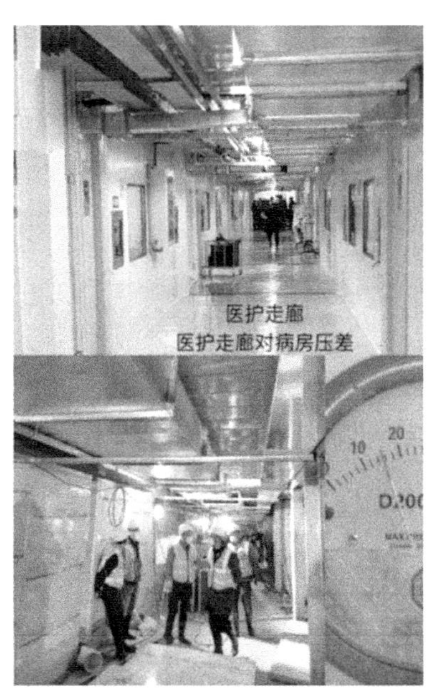

图 5-6　医护走廊对病房空气压力差值

从保护医护人员的角度，需要确保医生处于洁净气流上游，病房内医生站立工作，故其头部气流的洁净极为重要，需保证高位空间空气的洁净。从污染物扩散角度，污染物主要来源于病人床头，因病人长时间卧床呼吸，床头低位浓度高，同时地板有污染。

国内、外现行规范，都是要求“高送低排，定向气流”。本项目结合实际情况并参照规范要求，采取床尾顶送且靠近病房门口，床头下部排风。

3）医护走道通风量

医护走道的送排风量的选取主要基于两点考虑：一是维持合理的压力梯度，以实现与污染区的隔离；二是要给室内供应足量的新风。规范要求最小换气次数（新风量）为 6 次/h，从新风量供应的角度来说是足够的。而要维持室内合理压力梯度，则需要结合围护结构气密性来综合考虑。按照门缝渗透风量计算公式，对 5～10Pa 压差下的渗透风量进行了计算，结果则算到换气次数为 2～3 次/h。因本项目采用的是集装箱房，房间气密性可能难以保证，设计按 8 次/h 来选取送风量。

4）医护走道是否送风的问题

医护走道是否设置排风系统是需要考虑的一个问题：如果不设置排风系统，那么将无法从排风侧调节室内空气压力，理论上存在超压的可能性；如果设置排风，可以依据运行时压差情况，适时地调整排风系统以保证压力在合适范围内，但是增加系统复杂程度，且存在误操作的可能性。最终考虑到围护结构气密性不佳，从简化系统避免误操作角度出发，在医护走道不设置排风系统。系统投运之后，现场测试医护走廊对病房压差为 12～15Pa。考虑到后期送风与排风系统因为过滤器阻力加大，风量会出现一定衰减，压差会在一定范围内波动，目前这一压差比较合理。后期有类似项目，在施工周期、运行条件允许的前提下，建议在医护走道设置手动、方便操作的对外泄压调节阀，实现室内压力的调节。

5）缓冲间是否送风的问题

缓冲区是病房入口与医护走道之间的过渡区域，该区域不设置送风，其实是有利于保持医护走道对病房的压差，但是前提是走廊的密闭性要很好；如果走道气密性能较差，那么在缓冲区也增加送风，通过调节或封堵医护走道送风口来减小走道送风，提高缓冲间的风量，从而保证缓冲对病房的压差在设计范围内。最终考虑到如果集装箱房密闭性欠佳，可以考虑只对缓冲间送风，至少维持缓冲间对病房的压差，设计方案最终选择在缓冲间送风(图 5-7)。

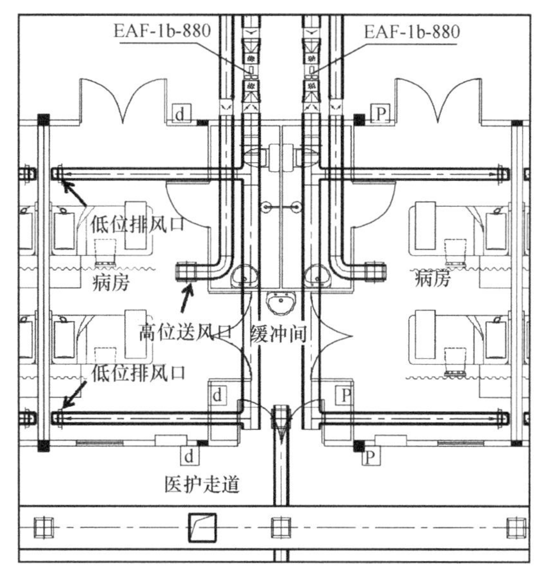

图 5-7　医护走廊、病房、缓冲区通风平面（局部）

6）风量平衡控制策略

常规项目主要是采用定风量阀、电动风阀等阀门来实现风量的平衡，本项目几乎没预留调试时间；定风量阀数量较多，库存与供货周期难以保证，现有产品参数很难与设计吻合，而且调试工作量大。而电动风阀除了采购问题之外，还有电力接线工序，其调试较为复杂，需要专业人员，且容易出现误操作。

鉴于以上原因，本项目采用最简单可靠的风量平衡策略：风管系统采用同程设计，并通过细化通风系统（每个集中通风分区负责 6～12 间病房），减小单个系统风口数量，提高系统的自平衡能力。病房排风系统也采用动力分散型，分房间设置独立一级排风风机，既有利于风量控制，又能有效避免房间之间的污染；另外，适当降低通风主管风速，减小输送距离造成的压力差值；并在统分支管上设置手动调节阀，作为最后的保障调节手段。

2. 过滤器设置及院区污染物排放模拟

1）病房排风过滤器设置方式

《传染病医院建筑设计规范》GB 50849—2014 第 7.4.2 条要求：“负压隔离病房的送风应经过粗效、中效、亚高效过滤器三级处理。排风应经过高效过滤器过滤处理后排放。”第 7.4.3 条要求：“负压隔离病房排风的高效空气过滤器应安装在房间排风口处。”本项目过滤器如果分别设置在病房内，数量将会非常多，带来设备采购、安装、维护方面的诸多问题；更为重要的是过滤器如果设置在病房内，维护人员感染风险较大。规范之所以要求将过滤器设置在病房排风口处，我们的解读是因为传染病有很多种，规范重在防护不同疾病、不同病情之间交叉感染。而武汉火神山医院，包括后来武汉新建的多个方舱医院收治的均是同一类型的病人，同一医院内病人病情相似，患患之间的交叉感染相对风险较低；在通风系统构造上通过进一步细化排风系统，采用小系统内串联排风，可以避免病房之间的空气混流，将过滤器集中设置于室外，可避免后期在病房内对过滤器进行消杀与更换，大大降低维护人员感染的风险；设备数量的减少也节省了采购、安装的时间，总体来说是利大于弊。

2）新风引入口、排风口位置与高度

《传染病医院建筑设计规范》GB 50849—2014 第 7.1.1 条要求："排风系统的排出口应远离送风系统取风口，不应临近人员活动区。"其对于新风引入口、排风口距离要求是参照《民用建筑供暖通风与空气调节设计规范》GB 50736—2012 第 6.3.9 条第 6 款关于事故通风的要求，也就是水平间距不小于 20m。当水平距离不足 20m 时，排风口高于进风口，垂直高差不小于 6m。

本项目设计之初，我们就对送排风口的平面位置进行了一个统筹排布，进、排风口水平间距均保持在 20m 以上。

关于排风口高度的设置要求，《医院负压隔离病房环境控制要求》GB/T 35428—2017 要求排风口高出屋面 3m（15m 范围内）；从污染物扩散的角度出发，同样的室外参数条件下，排风口的高度越高，越有利于污染物扩散稀释，污染物对地面的影响也越小。

排风口安装高度需要满足污染物稀释到安全浓度的必要高度。根据江亿等人的研究，对于 SARS 病毒，稀释 1 万倍后不再具备传播性。本项目设计中得到清华大学陆新征教授团队的大力支持，参照顾栋炼、陆新征等人的研究，排风口高度 6.5m 时，最不利风向条件下，新风口附近污染物浓度为 49×10^{-6}；而当排风口高度提高至 9m 时，最不利风向条件下，新风口附近污染物浓度为 25×10^{-6}。项目设计期间对于新冠病毒的传播机制的认识还不充分，还需考虑过滤器衰减甚至可能失效的风险，最终在项目实际条件允许的前提下，将排风口设置高度确定为 9m。

3）室外污染物扩散数值模拟

清华大学陆新征教授团队以开源流体力学计算软件 FDS 为基础，采用大涡模拟（Large Eddy Simulation，LES）污染物扩散过程，研发病房排放的有害气体对环境影响的快速模拟方法，实现快速建模、基于云计算平台的 CFD 模拟和参数分析以及有害气体流动监测及结果可视化，为临时医院设计提供技术支持。

设计过程中，陆教授团队针对本项目排风口分布与设置高度，利用快速模拟方法进行了室外污染物扩散数值模拟。得出不同排风高度条件下有害气体浓度分布情况，并给出优化建议。

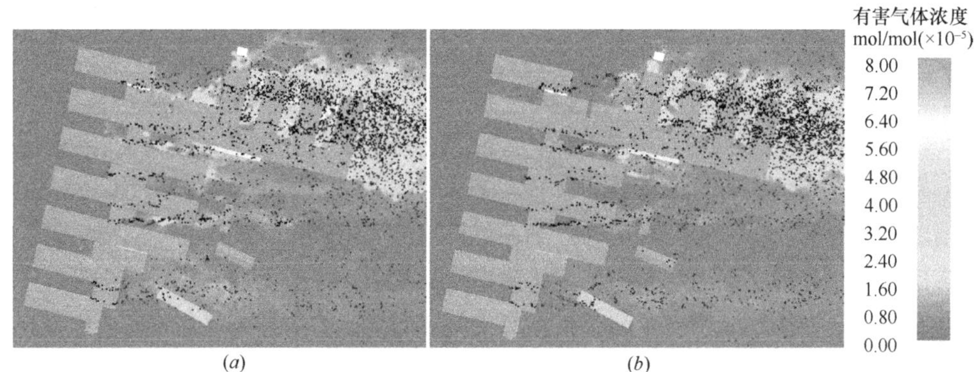

图 5-8 不同排风口高度下有害气体浓度分布图（西风，1.9m/s）

（a）原方案；（b）优化方案

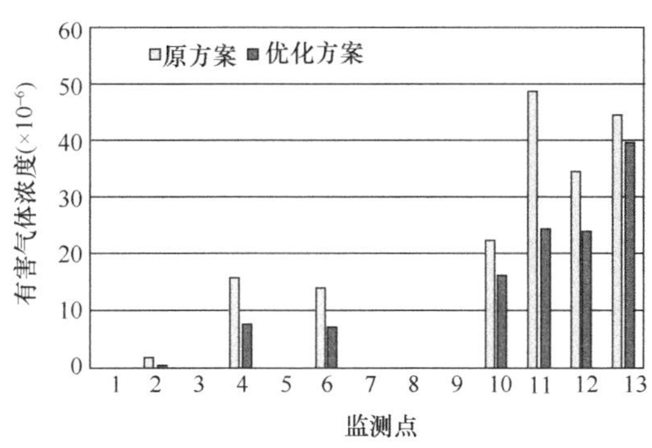

图 5-9　不同排风口高度下监测点的有害气体浓度（西风，1.9m/s）

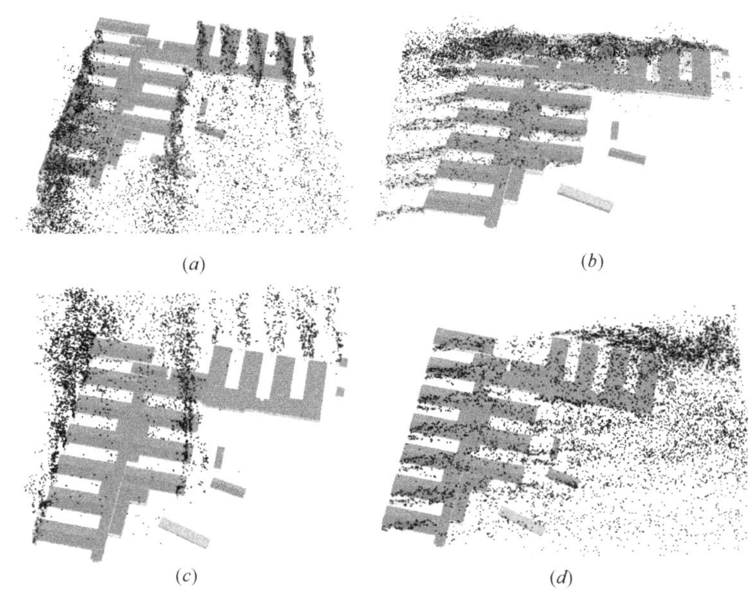

图 5-10　最终设计方案不同风向下有害气体扩散模拟结果

（*a*）1.9m/s 北风；（*b*）1.9m/s 东风；（*c*）1.9m/s 南风；（*d*）1.9m/s 西风

主要结论及与建议：将排风口高程从 6.5m 提高到 9.0m 后，可显著降低新风口污染空气浓度；目前，排风口设置高度条件下，新风口附近污染物浓度远远超过了稀释 1 万倍的要求，通过该模拟进一步论证了设计方案的可靠性与合理性。

3. 卫生通过设计要点

医护人员从洁净区进入污染区，都要先经过一个迷宫式的缓冲区，这个缓冲区域就是卫生通过。卫生通过作为潜在污染区与清洁区之间的缓冲屏障，其基本功能是保证人员安全通过，所以其通风设计的效果直接关系到防护的成败。了解卫生通过需要先了解护理单元“3 区 4 廊”之间的关系，以及医护人员进入及退出病房流线。

1）护理单元“3 区 4 廊”

“3 区 4 廊”构成了本项目最基本的护理单元（图 5-11），其中“3 区”指的是：清洁工作区、医护办公区、病房工作区，而“4 廊”指的是：洁净走廊、护士走廊、医护走廊以及病人走廊。

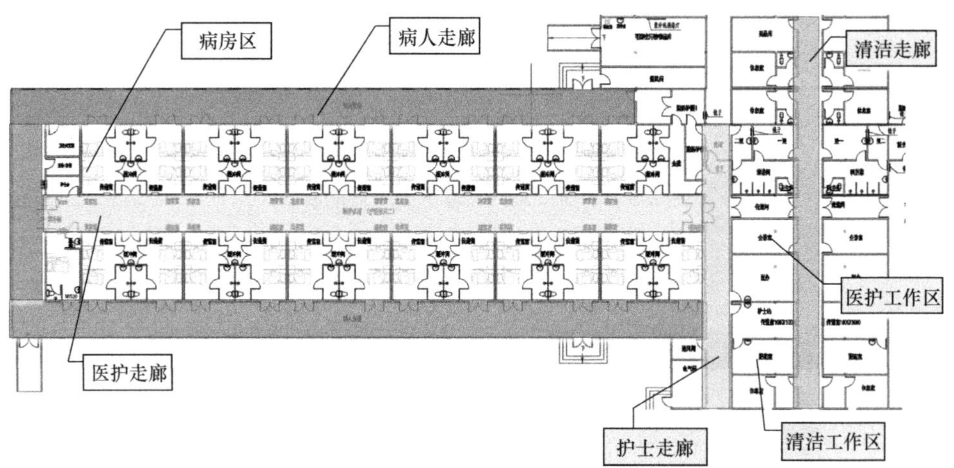

图 5-11 护理单元“3 区 4 廊”平面示意图

2）医护人员进入及退出病房流线，见图 5-12。

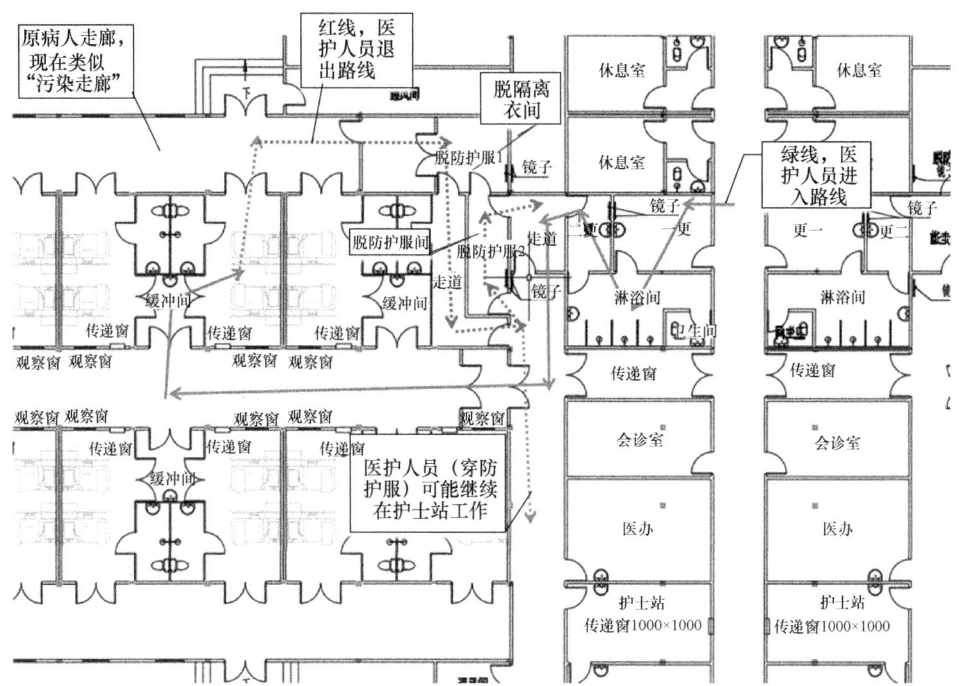

图 5-12 医护人员进入及退出病房流线

3）卫生通过通风设计，见图5-13。

卫生通过既要保证人员安全通过，又要防止污染气体侵入清洁区；为实现这一功能，传统做法是通过自动控制系统精确调校送风量与排风量来实现，这在武汉火神山医院超短建设工期内是不可能的。所以，在本次设计中，灵活借用并优化“人防工程防毒通道”作为卫生通过出口、借用消防前室“加压送风”、复用“防毒通道”作为卫生通过进口，并采用大小风机混用、带阀短管及小风机接力的简洁复合技术解决了这一难题，达到了低成本、高可靠、快安装、免调试的效果。图5-13为“卫生通过”通风设计要点总览，该设计方案已经作为武汉方舱建设标准。

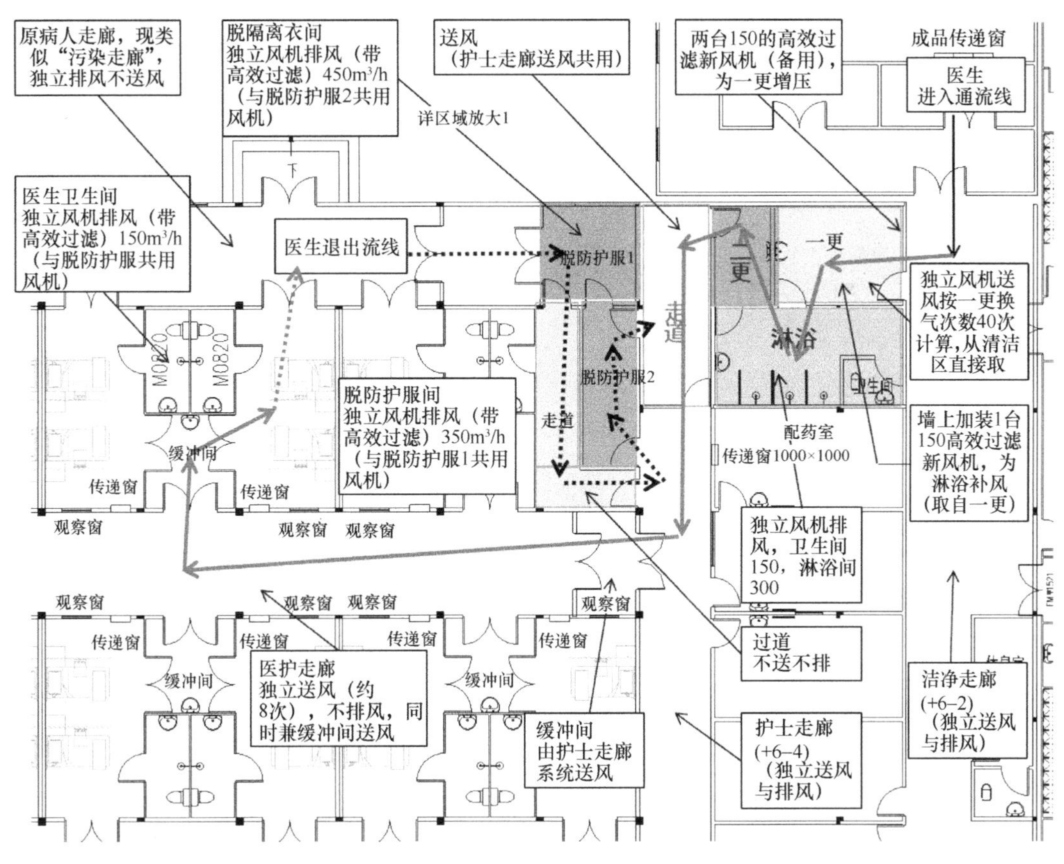

图5-13 “卫生通过”通风设计要点总览

4. 清洁区与潜在污染区

清洁区设置独立送风、排风系统，按照换气次数送风6次/h、排风2～3次/h。潜在污染区设置独立送风、排风系统，按照换气次数送风6次/h、排风3～4次/h。卫生间设独立排风，作为调节之用。正压缓冲与相邻洁净区共用送风系统，负压缓冲区设置独立排风系统，零压缓冲区不送不排。

5. 空调及卫生热水

本项目投运初期武汉市室外最低温度在0℃以下，这与2003年小汤山医院不同，所以需要设置空调供暖系统（图5-14）。病房楼与医生防护区均按房间设热泵式分体空调器，室外机安装于屋顶或地面，室内机采用壁挂式，设于病房外面上方。医技楼的手术室及ICU楼，严格按国家相关标准执行，设置热泵式净化空调系统，在风量的取值中，额外增加20%～30%的安全系数。卫生热水全部采用分散式电热水器。

图5-14　屋面空调及通风设备

负压隔离病房置分体空调其实并不适合，但是在当时的条件下，没有其他选择，只有分体空调才能实现。新风系统设置了电加热装置，同时病房内还预留了一定功率的电热汀暖气插座，以备极端气候条件下使用。后期随着气温的上升，可以适当提高新风温度，减少分体空调的使用。

6. 协同施工

1）通风设备与风管安装位置

考虑到集装箱房顶结构不足以承受大量设备与风管的重量，屋顶如要放主要设备与管线，则需要加固，将会影响工期；另外，大量人员在屋面作业与堆放设备，容易导致过度受力，引起箱体变形甚至会有踩塌的风险（其他项目确有发生）；另外，钢结构屋面机电设备的减振隔声也是一个难以处理的问题。所以，我们将绝大部分通风设备设置于室外地面，既减轻了屋面承受载荷，又有利于减振降噪，同时还为风机的维护、过滤器的定时更换提供了宽阔的检修空间。

2）屋顶开洞与防水问题

屋顶洞口的防水问题，常规建筑都是难题，而对于箱体式装配建筑，更是难上加难。有鉴于此，设计过程中我们尽量避免通风管道穿越屋面，不开洞、少开洞；病房主风管悬挂于箱房侧面，支管从侧面接入房间；病房空调冷媒管从侧面穿出，再接入屋面；中间医技区域受条件限制风管必须出屋面，则采取分区域集中设置主立管穿屋面，尽量减少开洞数量，减小防水封堵工作量。如图5-15所示。

图5-15　病房通风管道安装现场图片

7. 病房楼通风系统设计总览

通过与管理方几轮讨论和调整，在满足危重症病人、重症病人救治和考虑设备的可采购性、系统的可维护性情况下，火神山医院的病房分为三类：30床的ICU病房、48间标准负压隔离病房、分区负压病房（图5-16、图5-17）。

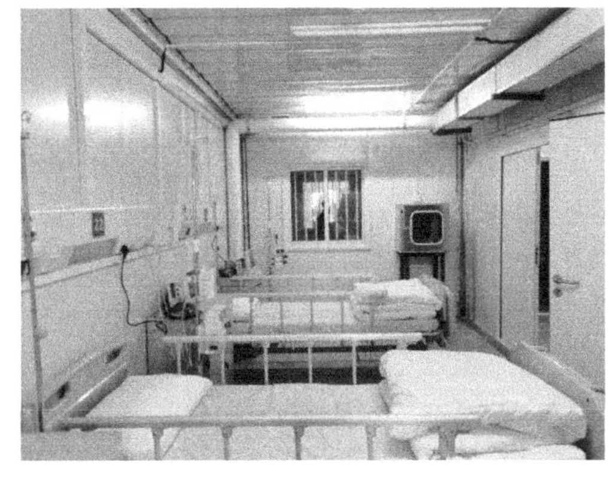

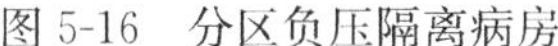

图5-16　分区负压隔离病房

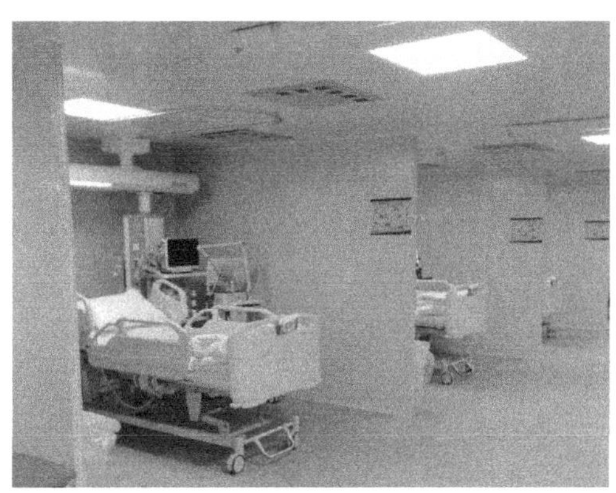

图5-17　ICU病房

标准负压隔离病房设计总览、分区负压病房设计总览及通风平面见图5-18～图5-20及表5-1、表5-2。

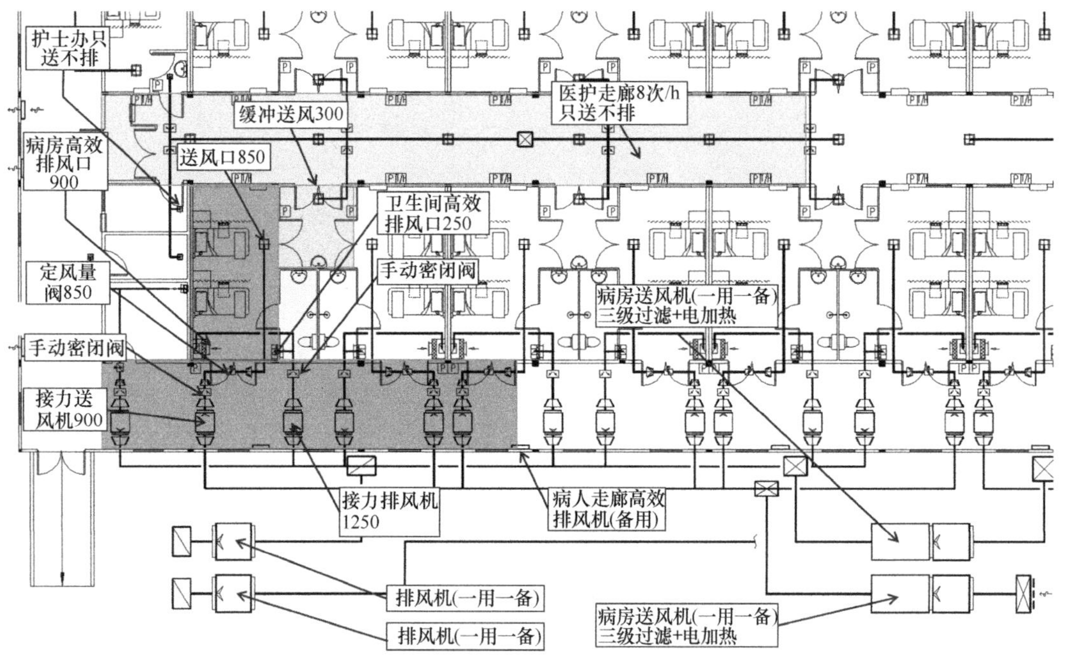

图 5-18　标准负压隔离病房设计总览

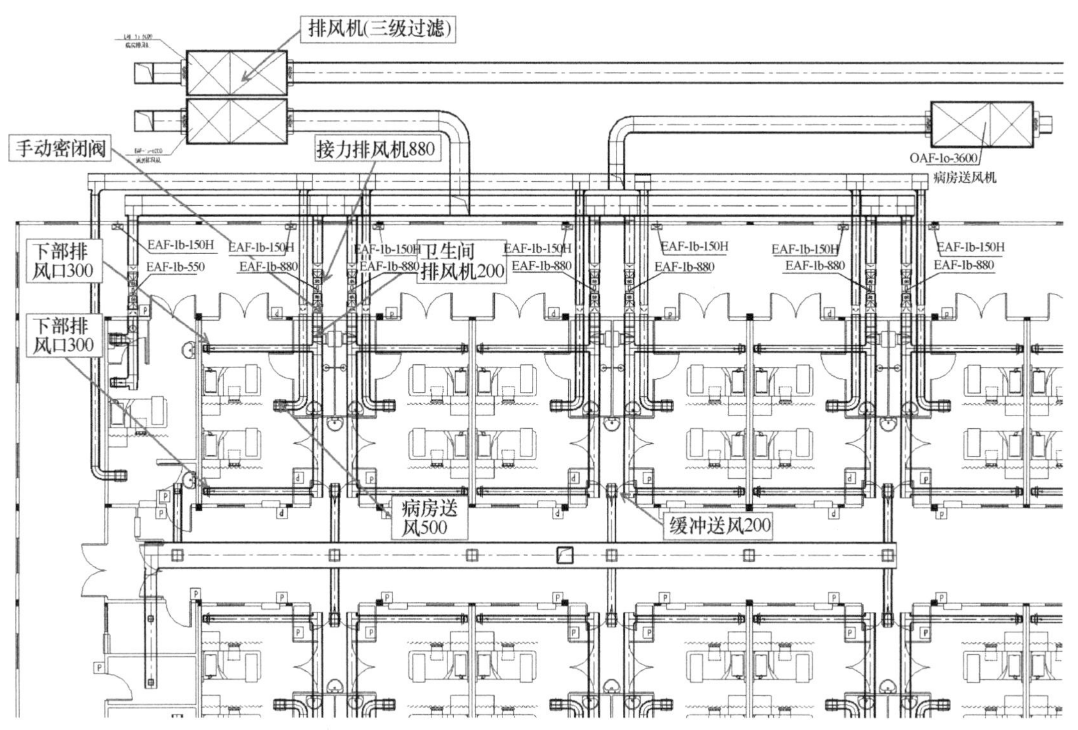

图 5-19　分区负压病房设计总览

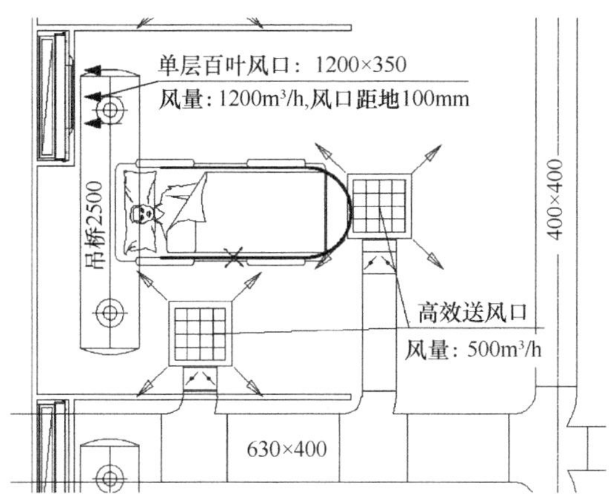

图5-20　ICU病房送排风大样图

病房区通风系统配置表　　**表5-1**

功能区	房间名称	排风		送风（直流新风）		要点说明
防护区	清洁区（清洁走廊）	2～3次/h； 2号楼外门外窗很多	独立分区配置系统； 普通排风口。 实际运行时很可能不能开，(集装箱房密闭性的可靠度待验证)	6次/h	独立配置系统； 普通送风口。 兼与“护士走道”相邻缓冲间送风	排风机与送风机集中设于室外地面，低位进风，高位排放。 送风机设三级过滤与电加热； 每个单元为一个系统
	潜在污染区（护士走廊）	3～4次/h	独立分区配置系统； 普通排风口。 实际运行时很可能不能开启（集装箱房密闭性的可靠度待验证）	6次/h	独立配置系统； 普通送风口。 兼与“医护走道”相邻缓冲间送风	排风机与送风机集中设于室外地面，低位进风，高位排放。 送风机设三级过滤与电加热； 每个单元为一个系统
	卫生通过区（清洁区至护士走廊）	淋浴间与卫生间设独立排风； 风量按风平衡计算确定	风机设于屋顶	一更设独立送风机送风，风量按“一更”换气次数40次计算（风源取自清洁走廊）	另设两台150m³/h的高效（H11）壁挂新风机给一更增压，作备用调节之用	参考人防口部防毒通道的做法，并设相应通风短管与紧急关断阀门。 壁挂新风机作为调节，类似定风量阀的功能
	卫生通过区（污染区至护士走廊）	800m³/h	脱隔离服间、脱防护服间及卫生间设排风系统，共用一台风机	短走道（缓冲）的送风量由风平衡计算确定	进出通过处短走道（缓冲）设送风； 送风由护士走廊系统兼用	独立风机设于屋面。 排风机设初中高效三级过滤

医生防护区通风系统配置表 表 5-2

功能区	房间名称	排风		送风（直流新风）		要点说明
ICU中心	ICU 30床	60000m^3/h（含ICU辅助用房）24次/h	床头设备带低位排风。机组集中过滤（G4F7H13）	直流全新风空调系统。30000m^3/h 12次/h	高效送风口H13（机组G4＋F8）	800m^2 整个ICU设置三台风冷热泵机组（供热量3×140kW）
病房区	标准负压隔离病房	房间900m^3/h；卫生间250m^3/h；总计排风量1150m^3/h；16次/h	排风口采用高效过滤风口（H13），均设于底部；每间设接力排风机；排风支管设手动密闭阀门	房间850m^3/h 12次/h	送风口设于病房入口顶部；每间设接力送风机，定风量阀；送风支管设手动密闭阀门	排风机与送风机集中设于室外地面，高空排放（9m）。送风机设三级过滤与电加热；每6间房一个系统；送风机与排风机均采用一用一备配置
	分区负压隔离病房	房间600m^3/h；卫生间200m^3/h；总计排风量为800m^3/h；12次/h	排风口为普通风口；均设于底部，每间设接力排风机；排风支管设手动密闭阀门	房间500m^3/h；8次/h	送风口设于病房入口顶部；送风支管设手动密闭阀门	排风机与送风机集中设于室外地面，高空排放（9m）；送风机与排风机均设初中高效三级过滤，送风机设电加热 每6～12间房一个系统。送风机与排风机均采用仓库备份（屋面承重不足、地面安装空间有限）
	医护走廊（内走廊）	不设	不设；有24扇开向病房的双开门	8次/h，25m^3/(m^2·h)	走廊与病房入口缓冲间同时送风	送风机设于室外地面。送风机均设初中高效三级过滤与电加热。系统按护理单元划分

8. 防排烟系统

因本项目为临时建筑，层高极低且建设工期短，通风与防排烟系统以自然排烟为主，难以采用机械排烟。清洁走廊、护士走廊与医护走廊单位面积的送风量在18～30m^3/(m^2·h)之间，与现行防排烟规范中对避难走道要求30m^3/(m^2·h）正压送风量接近；可以将各走道的新风系统作为加压送风系统，起到防烟的作用。病人走廊为外走廊，可利用外窗开启自然排烟。在管理上建议明确标识所有可手动开启的外窗（有些外窗因管理需要，已经封为固定窗），并配置适当数量的安全锤，便于破窗排烟。

9. 控制系统

ICU及手术室严格按相应规范规程设计自动控制系统。

风机开机顺序：病房排风机→半洁净区（医护走廊）的送风机→清洁区送风机→病房送风机。关机顺序与开机顺序相反。

病房排风机与送风机联锁：病房排风机启后方能开启病房送风机（电路联锁）；病房排风机停机后触发声光报警装置，并停止病房送风机。

病房主排风机设置过滤网压差在线检测，超压时联锁启动声光报警装置。

控制医疗护理单元内压差梯度关系（负绝对压差数值）：病房及其卫生间＜缓冲间＜医护走道（气流压差渗透起点）；各不同压力环境分隔处（高压侧）设具备超压报警功能或接口的机械式压力表。

医患接触的“前线”区域——医护走廊内不设排风系统，杜绝误操作形成压差反向事故（目前测试表明，医护走廊与病房之间的压差关系最为清晰）。

系统调试及运行时，视清洁区与护士走廊内集装箱体的密闭性，确定是否开启相应区域的排风机。

卫生通过区域为“清区”与“污区”的最重要防线，设计上采用了多台风机，通过开关的模式调节相应的压差关系。为减少风系统平衡调试，同一个风管系统中尽量让所有病房支风管等长，实现自然平衡。送风电加热器采用三挡手动调节。

5.2 给水排水设计

5.2.1 火神山医院给水排水设计范围

本次设计主要包括以下内容：

1）室外给水系统；

2）室外消防给水系统；

3）室外污水排水系统；

4）室外雨水排水系统；

5）污水处理系统；

6）室内给水系统；

7）室内热水系统与饮用水供应；

8）室内排水系统；

9）室内排水通气管道消毒系统；

10）室内消防设施。

5.2.2 室外给水系统

1. 水源

给水系统采用市政给水作为生活及消防水源。根据武汉市蔡甸区水务部门提供的资料，在项目用地西侧市政道路下有一根 $DN800$ 现状给水管，水压约为 0.30MPa，可满足本项目生活及消防水源使用。

2. 室外给水系统设计

本工程为非永久性战时医院，病床数 1000 张，医院本体均采用集装箱拼装或板式房拼装，层数为1～2层，为减少水源的中间污染环节，保障水质安全，在当地水务部门对$DN800$供水主管采取“双水厂供水”等高标准保供措施前提下，采取市政直供+无负压给水设备联合供水方式，平时项目用水由无负压给水设备加压供给。当设备出现故障时，可采取开启切换阀门等措施改为市政直供，另在设备吸入管上预留加氯机接口及检测接口。当日常检测管网余氯量不达标时，可直接接驳加氯机自动定比投加含氯消毒剂，保证管网供水安全。

3. 太平间、垃圾暂存间及消毒间给水设计

太平间、垃圾暂存间及消毒间均在室外预留给水接口，室外太平间、垃圾暂存间及消毒间的生活给水均采用防回流污染措施，如设置倒流防止器或真空破坏器等。

5.2.3 室外消防给水系统

室外消防系统为常高压制，由市政给水直接供应室外消防用水。

室外消防给水系统管网上设置若干个地上式室外消火栓，其布置间距不大于120m，供火灾时消防车取水灭火使用。

5.2.4 室外污水排水系统

1. 室外排水系统

室外排水采用雨污分流制。医疗污水密封输送至预消毒池，在含病毒医疗污水消毒灭活后，才能与大气相通，保证室外污水排水系统的环境安全。

2. 室外污水系统设计

本工程为传染病医院，各专业设计均应遵循“三区两通道”的基本原则，为保证清洁区内的医护人员不受污染区含病毒、致病菌空气感染，在室外设置两趟独立的污水管网，即污染区室外污水管网和清洁区室外污水管网，分别对应收集病房污染区病人的生活污水和清洁区医护人员生活污水。两趟污水管网均直接密封排至预接触消毒池进行消毒。

3. 室外排水构筑物

因本项目为传染病医院，为保证室外大气环境安全，避免二次污染，室外污水管网为密封系统，要求所有管道及构筑物检查井盖采取密闭措施，所有污水管道接口处采取密封加固措施。另为保证系统排水通畅，在室外合适位置的检查井设通气管，排至屋顶大气，通气管口采取高效过滤加消毒措施。上至屋面伸顶的排水通气管四周应有良好的通风，通气管中废气集中收集进行处理。排水系统通气管口应设高效过滤器或其他可靠的消毒装置。

5.2.5 室外雨水排水系统

本工程临近自然水体，为最大限度地保护现有自然环境，减少对周边水体的污染，雨水采

用全回收无下渗方案，由建筑专业在全区域敷设防渗膜，距室外地面 400mm 以下，保证所有雨水不进入地下，均由雨水系统雨水口收集，收集后的雨水重力自流进入总有效容积 4500m^3 的雨水调蓄池，经调蓄池错峰后再由一体化雨水泵站加压提升排放至污水处理厂，为减少污水处理厂处理负荷，在一体化雨水泵站内设置加氯管，对雨水进行加氯预消毒处理。

5.2.6 污水处理系统

1. 污水排放标准

本项目为传染病医院，生活污水必须经过消毒处理，且水质处理站尾水达到《医疗机构水污染物排放标准》GB 18466—2005 中传染病、结核病医疗机构水污染排放限值后排放。

2. 污水处理工艺

病区污水处理工艺采用预消毒＋化粪池＋生化处理＋深度处理＋消毒工艺，处理站尾水达到《医疗机构水污染物排放标准》GB 18466—2005 中传染病、结核病医疗机构水污染排放限值后排放，根据《医院污水处理工程技术规范》HJ 2029—2013，并经过工艺比选，确定污水处理工艺如下（图 5-21）：

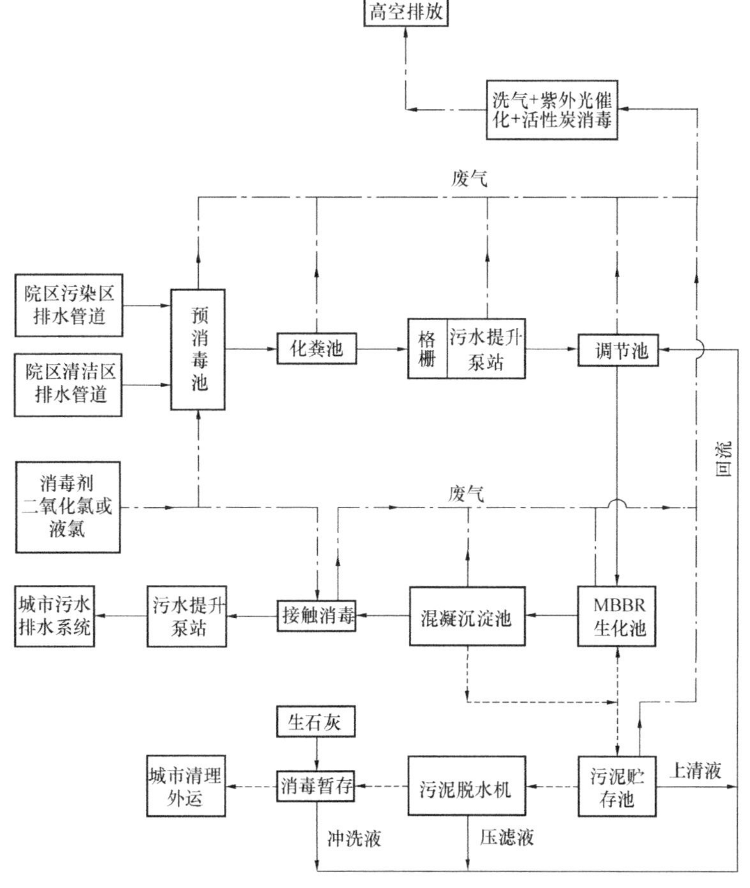

图 5-21　污水处理工艺流程图

其中预消毒工艺段位于室外小区排水管网末端，在化粪池前设置预消毒池，医疗污水密封输送至预消毒池，在含病毒医疗污水消毒灭活后，才能与大气相通，保证后端污水处理站操作与环境安全。

预消毒工艺采用液氯对医院污水进行预消毒，接触时间3h，污水经预消毒后进入化粪池。

生物处理采用MBBR生化处理工艺，MBBR采用的载体密度小，比表面积大，其表面附着的生物量多，食物链长，污泥浓度高，污泥产生量小，当载满生物膜后，密度近似于1，载体在反应器内流化所消耗的动力小，MBBR法较活性污泥法的处理效果好，在相同负荷条件下，HRT短，体积小，基建费用小，运行费用低。

1）污水处理工程设计

医疗污水处理系统按双“工况”设计，为了保证环境安全和生物安全，在建成即投入运行阶段，采用“预消毒＋二级消毒”工艺运行；在生物驯化完成后，采用“预消毒＋生化处理＋二级消毒”工艺运行。“工况”设计保证了火神山医院应急运营及医疗污水处理的生物安全与环境安全。

深度处理工艺采用高效混凝沉淀器进行泥水分离，同时进一步降低悬浮物浓度，充分保证后续二级消毒工艺效果。

2）污水消毒工艺

针对本次疫情特点，采用液氯作为消毒剂，液氯是国际上公认的含氯消毒剂中唯一的高效消毒剂（灭菌剂），它可以杀灭一切微生物，包括细菌繁殖体、细菌芽孢、真菌、分枝杆菌和病毒等。其对微生物的杀灭机理为：液氯对细胞壁有较强的吸附穿透能力，可有效地氧化细胞内含巯基的酶，还可以快速地抑制微生物蛋白质的合成来破坏微生物。

3）污泥处理

本医院为非永久性传染病医院，污水处理过程中产生的污泥排入污泥贮存池，经消毒后脱水至80％以下，由有资质的危废处理单位集中清运处理。

4）污水处理站废气处理

污水处理站废气经收集后由高效活性炭吸附＋紫外光催化消毒处理，并经过酸洗后排放。

5.2.7 室内给水系统

1）室内给水系统。

室内给水系统竖向不分区。生活给水系统充分考虑防止管道内产生虹吸回流、背压回流等防止污染的措施，进入污染区的给水管端部设倒流防止器，倒流防止器设置在清洁区内。

2）给水用水点采用非接触性或非手动开关，并应防止污水外溅，防止病毒、细菌随水流外溢扩散，并在下列场所的用水点采用非接触性或非手动开关：

（1）公共卫生间的洗手盆、小便斗、大便器；

（2）护士站、治疗室、中心（消毒）供应室、监护病房、诊室、检验科等房间的洗手盆；

（3）其他有无菌要求或需要防止院内感染场所的卫生器具。

5.2.8　室内热水系统与饮用水供应

1）热水系统及饮用水系统。病房卫生间和医护人员淋浴处提供热水供应。热水采用分散式系统，由储热式电热水器制备热水供应。

2）饮用水由终端式直饮水机组供应常温饮用水和开水。

5.2.9　室内排水系统

1）室内排水系统设计原则。根据医疗设施内室内环境污染程度分区排水，避免污染区、半污染区和清洁区排水管道混接，导致病毒、细菌在各医疗功能区间扩散。

2）室内清洁区和污染区的污废水分别独立设置管网，排至室外对应的小市政管网内。

3）为减少空气污染，保证室内生物安全，尽量减少地漏的设置场所，其中准备间、污洗间、卫生间、浴室、空调机房等应设置地漏，护士室、治疗室、诊室、检验科、医生办公室等房间不设地漏。

4）地漏采用带过滤网的无水封地漏加存水弯，存水弯的水封不得小于 50mm，且不得大于 75mm。

5）空调冷凝水有组织收集排放，并进入污水消毒处理站统一消毒。

5.2.10　室内排水通气管道消毒系统

1. 排水系统的通气管道系统设计原则

排水系统的通气管道根据医疗设施内室内环境污染程度分别设置，避免污染区、半污染区和清洁区的排水通气管道混接，导致病毒、细菌在各医疗功能区间扩散，带来生物安全风险。

2. 室内排水通气管道消毒技术

排水系统的通气管道排放的废气通过高效过滤器和紫外线消毒杀灭后排放，避免排水系统通气管道内病毒扩散，带来周围环境污染，影响环境安全。

5.2.11　室内消防设施

1）室内设消防软管卷盘，内含 19mm 软管卷盘一只，长 30m，发生火灾时由室内给水点提供水源。

2）室内按严重危险级设置磷酸铵盐干粉灭火器，干粉灭火器的最大保护距离为 15m。

3）贵重设备用房、病案室和信息、中心（网络）机房应设置气体灭火装置。

4）院区内应为每名医护人员配备一具过滤式消防自救呼吸器，自救呼吸器应放置在院内醒目且便于取用的位置。

5）护士站宜配置微型消防站，移动式高压细水雾贮水量宜为 100L。

5.3 电气工程设计

5.3.1 设计范围

现代应急呼吸系统传染病医院应包括以下电气系统：

1）供配电系统；

2）照明系统；

3）建筑防雷、接地及安全系统；

4）火灾自动报警系统；

5）智能化系统：信息设施系统（信息网络、综合布线、无线覆盖、无线对讲、公共广播）、安全防范系统（视频安防监控、出入口控制、停车场管理）、医疗专用系统（医疗信息化、护理呼应信号）等。

5.3.2 供配电设计

1. 负荷等级

应急照明用电；各弱电控制室，生活水泵及排污泵等重要设备用电，走道照明、值班照明、警卫照明等照明用电、主要业务和计算机系统用电；抢救室、重症监护室、手术室、术前准备室、术后复苏室、麻醉室等场所的设备及照明用电，呼吸性传染病房、CT机设备及照明用电；培养箱、冰箱、恒温箱用电；病理分析和检验化验的设备用电；医用气体供应系统中的真空泵、压缩机等设备负荷及其控制与报警系统用电为一级负荷。其中，重症监护室、手术室、术前准备室、术后复苏室、麻醉室等涉及患者生命安全的设备及照明用电为一级负荷中特别重要负荷。其他用电为二级负荷。

2. 负荷计算

需要用电采暖及风机电加热的应急呼吸系统传染病医院，变压器安装容量宜按250～400VA/m^2取值估算（根据地区气候条件调整）。

每间负压病房的用电负荷包括分体空调（带电辅热）、电热水器、电开水器、电热油汀、浴霸、送排风机等。根据暖通空调、给水排水等专业所提负荷资料，结合本专业用电需求，每间病房的负荷指标宜按6～8kW选取。

3. 供电电源

现代应急呼吸系统传染病医院应采用市电10kV双重电源供电，两路电源应满足来自两个不同的区域变电站或来自同一区域变电站不同母线段，每路电源容量均应能满足所有负荷的运行要求。

医院应设置柴油发电机组作为自备应急电源，发电机组应在两路市电均停电时，15s内自动启动并输出，发电机组与市电不应并网运行，并应设置可靠闭锁装置。对于恢复供电时间要求不大于0.5s的医疗场所及设施用电，尚应设置不间断电源装置（UPS）。

4. 变配电站及柴油发电机组设置

变配电设备采用模块化预装式成套设备，预装式变电站单台变压器容量不宜大于800kV·A。预装式变电站安装位置应根据医院医护单元布局模块化设置，系统设计时应避免某一医护单元配电设备故障对其他医护单元造成影响。变压器应按两台1组设计，同时工作，互为备供。柴油发电机宜选用与变压器相同的容量，按1台发电机与1组变压器对应配置。其出线宜在变压器低压总开关处自动切换。当受条件限制时，也可采用其他合适的切换方式。

柴油发电机组应自带日用油箱，并预留供油接口，持续供电时间不宜小于24h。

5.3.3 照明系统设计

1. 光源及灯具选择

本工程照明选用发光效率高、显色性好、使用寿命长、色温相宜、符合环保要求的光源，主要采用LED灯、T5直管三基色节能型荧光灯或紧凑型荧光灯，装设电子镇流器（功率因数不小于0.90），有特殊装修要求的场所视装修要求而定。选用LED照明产品的光输出波形的波动深度应满足现行国家标准《LED室内照明应用技术要求》GB/T 31831—2015的规定，并选用高效、节能及产生眩光较小的灯具。

室内同一场所一般照明光源的色温、显色性宜一致。病房内应按一床一灯设置床头局部照明，且配光应适宜，灯具及开关控制宜与多功能医用线槽结合。手术室应设手术专用无影灯。病房内和病房走道宜设有夜间照明。病房内夜间照明宜设置在房门附近或卫生间内。在病床床头部位的夜间照明照度宜小于0.1lx。清洁走廊、污物间、卫生间、候诊室、诊室、治疗室、病房、手术室、血库、洗消间、消毒供应室、太平间、垃圾处理站等场所，设紫外线消毒器或紫外线消毒灯。

2. 照度要求及照明控制

大楼各场所照明标准值按《建筑照明设计标准》GB 50034—2013选取，设计中充分考虑照度均匀度、亮度分布、眩光限制、天然光的利用及各功能照明的控制要求。各场合照明功率密度值LPD达到《建筑照明设计标准》GB 50034—2013中目标值要求。

病房走廊照明、病房夜间守护照明在护士站统一控制；其他场所采用翘板开关就地控制；疏散指示照明为常亮。手术室无影灯和一般照明，应分别设置照明开关；紫外线消毒灯的开关应区别于一般照明开关，且安装高度宜为底边距地1.8m；洗衣房、开水间、卫浴间、消毒室、病理解剖室等潮湿场所，宜采用防潮型开关。

3. 应急照明

在疏散走道、门厅设置疏散照明，其地面最低水平照度不应低于3lx；在手术室、重症监护室等病人行动不便的病房等需协助疏散区域设置疏散照明，其地面最低水平照度不应低于 5lx。在走廊、大厅、安全出口等处设置疏散指示灯及安全出口标志灯。

应急照明灯具采用自带蓄电池灯具，应急供电时间不低于 30min。应急照明灯（含疏散指示灯、出口标志灯）面板或灯罩不应采用易碎材料或玻璃材质，有国家主管部门的检测报告方可投入使用。

5.3.4 电气设备及管线

为保证设备后期控制、维护人员的安全，本项目绝大部分配电箱（柜）、控制箱（柜）都是安装在对清洁区或室外开门的配电间内，只有末端病房配电箱明装在缓冲区的墙面上；本项目除病房医疗带上插座外，其他插座也都是明敷在墙面上。

低压电线、电缆选用标准：室外进线电缆采用铠装交联电力电缆（YJV22-0.6/1kV）；一般室内电力干线、支干线采用无卤低烟 B 级阻燃交联铜芯电力电缆（WDZB-YJY-0.6/1kV）；一般支线选用 WDZD-BYJ-450/750V 无卤低烟 D 级阻燃铜芯导线；应急照明线路选用 WDZDN-BYJ-450/750V 无卤低烟 D 级阻燃耐火铜芯导线；控制线选用 WDZ-KYJY 铜芯控制电缆。

室内在公共走道上的主干线路还是沿电缆桥架敷设，但支线没办法暗埋，为加快施工进度，都是穿阻燃塑料线槽沿顶板或墙面明敷。

5.3.5 建筑防雷、接地及安全系统

1. 建筑物防雷

1）火神医院防雷类别为第二类。

2）根据规范应设外部防雷装置（防直击雷），并设内部防雷装置（包括防反击、防闪电电涌侵入和防生命危险），同时采取防雷击电磁脉冲措施。

3）防直击雷的外部防雷装置：

（1）利用集装箱金属顶或彩钢板屋面（外层钢板厚度大于 0.5mm）作为接闪器。

（2）凡突出屋面的所有金属构件，如金属杆、金属通风管、屋顶风机、金属屋面、金属屋架等，均应与屋面金属板可靠连接。

（3）构件内有箍筋连接的钢筋或成网状的钢筋，其箍筋与钢筋、钢筋与钢筋应采用土建施工的绑扎法、螺栓、对焊或搭焊连接。单根钢筋、圆钢或外引预埋连接板、线与构件内钢筋应焊接或采用螺栓紧固的卡夹器连接。构件之间必须连接成电气通路。

4）引下线：利用集装箱等竖向金属构件作为防雷引下线，引下线平均间距不大于 18m。

5）接地装置：因本项目整板基础下铺设了一层绝缘的防渗膜，且集装箱建筑都是直接通过方钢管垫块搁置在整板基础上，与基础钢筋没有物理连接，为保证接地的可靠性及施工进度，本设计在整板基础外沿各单体建筑物外轮廓敷设一圈热镀锌扁钢，并在热镀锌扁钢沿线每隔 9m 在整板基础上预留一块接地连接板，接地连接板下端与基础钢筋相连，上端通过热镀锌扁钢与集装箱金属框架相连，如实测电阻大于 1Ω，可通过热镀锌扁钢向外补充人工接地极。

6）根据规范本工程各建筑物应设内部防雷装置，并应符合下列规定：

（1）为防闪电电涌侵入，在建筑物的地下室或地面层处，建筑物金属体、金属装置、建筑物内系统、进出建筑物的金属管线等应与防雷装置做防雷等电位联结。外墙内、外竖直敷设的金属管道及金属物的顶端和底端，应与防雷装置等电位联结。并将建筑物内的各种竖向金属管道每三层与就近局部等电位连接端子板连接一次，将电气竖井内的接地干线每层与楼板钢筋作等电位联结。

（2）除上条的措施外，外部防雷装置与建筑物金属体、金属装置、建筑物内系统之间，尚应满足间隔距离的要求。

7）防雷电磁脉冲措施：

（1）在各病区总配电箱内装设Ⅰ级试验的电涌保护器（SPD），电涌保护器最大放电电流应等于或大于 15kA（10/350μs），电涌保护器的电压保护水平值应小于或等于 2.5kV。

（2）二级配电箱内装设Ⅱ级试验的电涌保护器（SPD），电涌保护器最大放电电流应等于或大于 40kA（8/20μs），电涌保护器的电压保护水平值应小于或等于 2.5kV。

（3）建筑物弱电系统的室外线路采用金属线时，其引入的终端箱处应安装电涌保护器（D1 类高能量试验类型），其短路电流选用 1.5kA（10/350μs）；建筑物弱电系统的室外线路采用光缆时，其引入的终端箱处的电气线路侧应安装电涌保护器（B2 类慢上升率试验类型），其短路电流选用 75A（5/300μs）。

2. 接地及安全

1）本工程低压配电系统的接地型式为 TN-S 系统。防雷接地、变压器中性点接地、电气设备的保护接地，电梯机房、消防控制室、弱电机房等的接地共用统一接地极，要求接地电阻不大于 1Ω。实测不满足要求时，增设人工接地极。

2）建筑物作总等电位联结（MEB），总等电位联结端子板由紫铜板制成，设置在变配电所、电缆及设备管道进出建筑物等处，各 MEB 板之间通过集装箱钢结构相互连通。将所有进出建筑物的金属管道、金属构件、保护接地干线等与总等电位端子箱可靠连接，其联结线采用 BYJ-1×25-PC32，总等电位联结均采用各种型号的等电位卡子，不允许在金属管道上焊接。

3）在带洗浴的卫生间、淋浴间、弱电机房等处，采取局部等电位联结（LEB）。从邻近的结构柱引出至局部等电位箱 LEB，局部等电位箱暗装，底距地 0.3m。将场所内所有金属管道、构件与 LEB 箱联结。

3. 医疗场所接地及安全防护

1）医疗场所内由局部 IT 系统供电的设备金属外壳接地应与 TN-S 系统共用接地装置。

2）在 1 类及 2 类医疗场所的患者区域内，应做局部等电位联结，并应将下列设备及导体进行等电位联结：

PE 线；外露可导电部分；安装了抗电磁干扰场的屏蔽物；防静电地板下的金属物；隔离变压器的金属屏蔽层；除设备要求与地绝缘外，固定安装的、可导电的非电气装置的患者支撑物。

3）在 2 类医疗场所内，电源插座的保护导体端子、固定设备的保护导体端子或任何外界可导电部分与等电位联结母线之间的导体的电阻（包括接头的电阻在内）不应超过 0.2Ω。

4）当 1 类和 2 类医疗场所使用安全特低电压时，标称供电电压不应超过交流 25V 和无纹波直流 60V，并应采取对带电部分加以绝缘的保护措施。

5）1 类和 2 类医疗场所应设置防止间接触电的自动断电保护，并应符合下列要求：IT、TN、TT 系统，接触电压 U 不应超过 25V；TN 系统最大分断时间 230V 为 0.2s，400V 为 0.05s；IT 系统中性点不配出，最大分断时间 230V 为 0.2s。

6）2 类医疗场所每个功能房间，至少安装一个医用 IT 系统。医用 IT 系统必须配置绝缘监视器。并具有如下要求：

交流内阻≥100kΩ；测量电压≤直流 25V；测试电流，故障条件下峰值≤1mA；当电阻减少到 50kΩ 时能够显示，并备有试验设施；每一个医疗 IT 系统，具有显示工作状态的信号灯，声光警报装置应安装在便于永久监视的场所；隔离变压器需设置过载和高温的监控。

5.3.6 火灾自动报警系统

对于短期应急医疗工程，为减少施工工期，可在门厅、公共走道、病房、诊室、检查室、检验室、手术室、库房等场所设置自带蜂鸣器的无线独立式光电感烟火灾探测器，无需布线、即装即用。火灾探测器采用 NB-IoT 物联网无线通信技术。当火灾发生时，可利用电信、移动、联通三大运营商网络，经过云平台，将火灾报警信息通过电话、短信、APP 等多重方式发送到手机或后台计算机（设于本项目 ICU 楼一层安防控制室内），可有效指导疏散及灭火。

可利用设于室外的高音喇叭及医护走廊的公共广播兼作消防广播，利用现有普通电话系统、医护对讲系统、无线对讲机兼作消防电话系统。

5.4 医用气体系统设计

5.4.1 设计依据

(1)《医用气体工程技术规范》GB 50751—2012；

(2)《传染病医院建筑设计规范》GB 50849—2014；

(3)《综合医院建筑设计规范》GB 51039—2014；

(4)《医用气体和真空用无缝铜管》YS/T 650—2007；

(5)《流体输送用不锈钢无缝钢管》GB/T 14976—2012；

(6)《风机、压缩机、泵安装工程施工及验收规范》GB 50275—2010；

(7)《压缩空气站设计规范》GB 50029—2014；

(8)《氧气站设计规范》GB 50030—2013；

(9)《工业金属管道工程施工规范》GB 50235—2010；

(10)《建筑设计防火规范》GB 50016—2014，2018 年版；

（11）国家、地方颁布的其他相关标准、规范和规程。

5.4.2 医用气体工程

根据医疗需求设置的医用气体系统包括：

（1）医用氧气系统：包含液氧站房、系统阀门箱、管道、各用气点设备；

（2）医用真空系统：包含真空吸引站设备、系统阀门箱、管道、各用气点设备；

（3）气体监控管理系统：包含机组监控管理、楼层区域报警器、监控管理系统、安装调试；

（4）医用氮气系统：包含汇流排、管道、用气点设备。

氧气流量计算：每张病床使用流量 90L/min，总使用流量 864×90×60/1000＝4665.6m^3/h；共设计 10m^3 卧式液氧罐 8 台。

负压吸引流量计算：每张病床使用流量 40L/min，按同时使用系数 75%计算，总使用流量 864×40×60×0.75/1000＝1555.2m^3/h；设计采用 12 台 300m^3/h 的爪式真空泵组成 4 套机组。

5.4.3 医用气体气源

1. 医用液氧系统

由于项目紧急，用气量较大，用地紧张，综合考虑场地地质条件和库存设备情况，经有关专家论证后，采用 8 台 10m^3 卧式液氧罐。液氧站按有关规范要求设置接地装置，接地电阻不大于 4Ω；液氧站房设避雷装置，避雷装置由专业厂家生产、制作和安装。

2. 医用真空系统

医用真空设备设置为 12 台爪式真空泵组成 4 套真空机组，当一套真空机组故障时其余真空机组仍应能满足设计流量要求。

医用真空设备内任何部件发生单一故障维修时，系统应能连续工作。医用真空系统由真空泵、真空罐、过滤器、中央控制系统、报警器和管道等部件组成；真空压力调节范围：－0.087～－0.04MPa；设计中设有防倒流装置，阻止真空回流至不运行的真空泵。

（1）每台真空泵设置独立的电源开关及控制回路；

（2）每台真空泵均能自动逐台投入运行，断电恢复后真空泵均能自动启动；

（3）自动切换控制可使每台真空泵均匀分配运行时间；

（4）医用真空系统控制面板能显示每台真空泵的运行状态和运行时间；

（5）医用真空系统设置有应急备用电源。

医用真空汇排放气体设计中要求经消毒处理后排入大气，排气口应高出院区最高建筑物屋面 3m，并应远离空调通风系统进风口和人群活动区域。废液应集中收集并经消毒后随医疗废弃物一起处理。

3. 医用氮气系统

1号楼手术室有一路$\phi 16$医用氮气，气体汇流排的医用气瓶设置为数量相同的两组，并能自动切换使用。每组气瓶均能满足最大用气量，气体供应源的减压装置、阀门和管道附件等均符合《医用气体工程技术规范》GB 50751—2012第5.2节的规定，气体供应源过滤器设计安装在减压装置之前，过滤精度应为100μm，汇流排与医用气体钢瓶的连接采取了防错接措施。

手术室医用氮气系统主要技术参数：

终端处额定压力：0.8MPa；

终端使用流量：350L/min；

氮气管道气体流速：≤20m/s；

管道系统小时泄漏率≤0.5%；

氮气管道可靠接地，接地电阻＜10Ω；

在末端设计压力、使用流量条件下，管道压力损失不超过50kPa。

4. 医用气体管路系统

1）本项目共分为六个区域，每个区域均自医用气体站房引出管道。生命支持区域（ICU、手术部）的医用气体管道从医用气源处单独接出。

2）医用真空管道均不应穿越医护人员的生活、工作等清洁区。医用氧气及其他气体的供气管道进入隔离区前，均在总管上设置了防回流装置。

3）在每个病区设置阀门、气体监测设备；病房内采用紫铜管，其余位置均采用不锈钢管道。

4）医用气体管道分支连接均使用成品管件；与医用气体接触的阀门、密封元件、过滤器等管道或附件，其材料与相应的气体不得产生有火灾危险、毒性或腐蚀性危害的物质。

5）医用气体主干管道上不得采用电动或气动阀门，大于*DN*25的医用氧气管道阀门不得采用快开阀门。除区域阀门外的所有阀门，应设置在专门管理区域或采用带锁柄的阀门。

6）医用气体管道敷设的环境温度应始终高于管道内气体的露点温度5℃以上。当无法满足而导致医用气体管道可能有凝结水析出时，其坡度至少应为0.002。医用真空管道应坡向集污管并在管段最低点设排水装置。室外管道因寒冷气候可能造成医用气体析出凝结水的部分应采取有效保温防冻措施。

7）医用气体管道穿墙、楼板以及建筑物基础时均设套管，套管内医用气体管道不应有焊缝，套管与医用气体管道之间均以不燃材料填实。

8）医疗设备及医用气体管道系统的端子及连接件的等电位接地保护除符合现行国家标准《医用电气设备 第1部分：安全通用要求》GB 9706.1—2007第58章规定外，均应符合下列规定：

（1）医疗房间内的医用气体管道应作等电位接地；

(2) 无等电位接地的医用供应装置内的公共保护接地本身应设置一个横截面不小于 $16mm^2$ 接地端子，并连接到建筑设施内的等电位接地；

(3) 外部连接设备的等电位接地连接点的导线应采用横截面至少 $4mm^2$ 的铜线，且应能与等电位接地连接导线分离。

9）医用气体管道接地间距不应超过80m且不少于一处，埋地医用气体管道两端应有接地点；除采用等电位接地外宜为独立接地，其接地电阻不应大于10Ω。法兰之间应采用跨接导线，连接电阻应小于0.03Ω。

10）室外部分医用气体管道应设有防雷击措施。

11）医用气体输送管道安装支架均为非燃烧材料制作并经防腐处理，管道与支吊架的接触处应做绝缘处理。

12）架空敷设的医用气体管道，水平直管道支吊架的最大间距均应符合《医用气体工程技术规范》GB 50751—2012 表5.1.9的规定；垂直管道限位移支架的间距应为《医用气体工程技术规范》GB 50751—2012 表5.1.9中数据的1.2～1.5倍，每层楼板处应设置一处。管架材质为不锈钢。

13）埋地或地沟内的医用气体管道不应采用法兰或螺纹连接。当管路必须设置阀门时，应设专用阀门井。

14）地下医用气体管道与建筑物、构筑物及其地下管线之间最小净距应参照《氧气站设计规范》GB 50030—2013 中附录表中的间距执行。

15）管道吹除：管道安装完毕后应分段进行吹扫，吹扫的顺序应按主管道、副管道、支管道进行；主管道吹扫时应将副管道阀门接头松开，以防止杂物吹入副管道；副管道吹扫应在支管道未接通时进行；支管道吹扫应在系统管道安装完毕后进行；吹扫时应有足够的流量，吹扫压力不得超过设计压力，吹速不低于20m/s，正压管道采用0.5MPa进行吹扫；负压管道采用0.2MPa进行吹扫，吹扫介质采用无油压缩空气或氮气，吹扫完毕后进行检验，当目测排气无烟尘时，在排气口用白布或漆白漆的木制靶板检验，1min内白布上应无污物、油污、尘土、水分等为合格，并作好记录。

16）试压：当进行管道压力试验时，应划定禁区，无关人员不得进入；管道试压必须由专门的操作人员进行；管道试压介质为无油压缩空气或氮气；正压管道压力试验的试验压力为1.15倍的管道的设计压力，试验时间为10min，要求接头、焊缝、管道无渗漏，无肉眼可见的变形；压力试验时，应逐步缓慢增加压力。当压力升至试验压力的50%时，对所试压管道进行初步检查。如未发现异状或泄漏，继续按试验压力的10%逐级升压，每级稳压3min，直至试验压力；负压管道压力试验的试验压力为0.2MPa，试验时间为10min，要求接头、焊缝、管道无渗漏，无肉眼可见的变形。

17）气密性试验：正压管道压力试验合格后方可进行气密性试验；正压管道气密性试验的试验压力为管道的设计压力，试验时间为24h，要求管道的泄漏率每小时小于0.5%；当负压管道压力试验合格后，应进行气密性试验，当负压管道系统与吸引中心站未连接时，管道气密性试验的试验压力为0.2MPa，试验时间为24h，要求管道的泄漏率每小时不得超过

1.8%；当负压管道系统与吸引中心站已连接后，管道气密性试验试验压力为−0.07MPa，试验时间为24h，要求管道的增压率每小时不得超过1.8%。管道气密性试验时应注意现场环境温度的变化，并用温度计准确测量试验期间的温度变化，并作好记录。

5. 医用气体终端

1）设备带外形结构和功能应满足设计和使用要求，设备带安全性能应满足ISO 11197的要求。

2）设备带采用铝制一体成型，设备带中强电、弱电及气体管道要走在三个独立通道内，在公共通道内的管线须符合国际安全标准要求气源及电源必须分隔布置的规定，面板采用活动扣板式设计，方便作日常检修。

3）病房设备带靠床头墙壁安装，便于护士操作。设备带内部电源由建设单位在每张床位安装位置预留220V、16A电源；电源采用3线制（含地线）。

4）为安装使用方便，本项目设备带按标准段设计，每张床位一条，设备带长度1.5m。

5）气体终端：要求满足ISO 9170标准的安全性要求。具有低维修率、高寿命的特点；所有气体的终端插头不可互换；高气密性、国际标准面模颜色、操作简便；可实现单手操作、双密封面自动带维修阀；气体终端应确保不会破损且经久耐用。有效寿命可连续插拔不低于2万次无故障。

6）应统一全院医用气体的单元的终端制式。

6. 医用气体监测报警系统

1）在每个楼层的护士站设有氧气、真空压力监测报警器；氧气和真空管道在每层还设有紧急切断阀门箱。

2）医用气体系统报警应符合下列规定：

（1）除设置在医用气源设备上的就地报警外，每一个监测采样点均应有独立的报警显示，并应持续直至故障解除；

（2）声响报警应无条件启动，1m处的声压级不应低于55dB（A），并应有暂时静音功能；

（3）视觉报警应能在距离4m、视角小于30°和100lx的照度下清楚辨别；

（4）报警器应具有报警指示灯故障测试功能及断电恢复自启动功能，报警传感器回路断路时应能报警；

（5）每个报警器均应有标识，且医用气体报警装置应有明确的监测内容及监测区域的中文标识；

（6）气源报警及区域报警的供电电源应设置应急备用电源。

3）气源报警应具备下列功能：

（1）医用液体储罐中气体供应量低时应启动报警；

（2）医用供气系统切换至应急备用供气源时应启动报警。

4）气源报警的设置应符合下列规定：

(1) 应设置可24h监控的区域，位于不同区域的气源设备应设置各自独立的气源报警；

(2) 同一气源报警的多个报警器均应各自单独连接到监测采样点，其报警信号需要通过继电器连接时，继电器的控制电源不应与气源报警装置共用电源；

(3) 气源报警采用计算机系统时，系统应有信号接口部件的故障显示功能，计算机应能连续不间断工作，且不得用于其他用途。所有传感器信号均应直接连接至计算机系统。

5) 区域报警用于监测某病人区域医用气体管路系统的压力，应符合以下规定：

(1) 应设置医用气体工作压力超出额定压力±20%时的超压、欠压报警以及真空系统压力低于37kPa时的欠压报警；

(2) 区域报警器宜设置医用气体压力显示，每间手术室宜设置视觉报警；

(3) 区域报警器应设置在护士站或有其他人员监视的区域。

6) 就地报警应具备下列功能：

当医用真空汇机组中的主供应真空泵故障停机时，应启动故障报警；当备用真空泵投入运行时，应启动备用运行报警。

7) 为满足全院报警设备统一管理，医用气体系统宜设置集中监测与报警系统。

8) 集中监测与报警系统的监测系统软件应设置系统自身诊断及数据冗余功能。

9) 集中监测管理系统应有参数超限报警、事故报警及报警记录功能，宜有系统或设备故障诊断功能。监测及数据采集系统的主机应设置不间断电源。

10) 报警装置内置的传感器精度高、可靠性高，带自诊断功能，能显示传感器本身故障，不会造成误判断。

7. 医用气体系统主要设备参数

主要设备参数：

1) 爪式真空泵，数量12台。

规格型号：MM1322AV；

极限压力：150hPa；

额定功率：6kW；

额定转速：3000rpm；

噪声级（ISO 2151）：77dB（A）；

外形尺寸：1120mm×515mm×450mm；

进气口：*DN*50；

排气口：*DN*32；

重量：260kg。

2) 真空罐，数量12台。

规格型号：$3m^3$，0.8MPa；

外形尺寸：ϕ1200mm×2850mm×5mm；

进出口尺寸：*DN*100法兰；

重量：500kg。

3）液氧储罐，数量8台。

规格型号：CFW-10/1.0；

容器类别：Ⅱ类；

形式：真空粉末绝热，卧式；

内筒设计压力：1.05MPa；

内筒使用压力：1.00MPa；

夹套设计压力：外压0.1MPa；

夹套使用压力：真空；

全容积：10.54m^3；

内筒设计温度：－196℃；

内筒使用温度：－196℃；

夹套设计温度：－20/50℃；

夹套使用温度：－20/50℃；

工作介质：液氧；

额定充满率：95％；

主体材料：S304；外壳：Q345R；

外形尺寸：ϕ2212mm×7080mm；

重量：6358kg。

4）汽化器，数量2台。

汽化量：5000Nm^3/h；

设计压力：1.7MPa；

工作压力：1.6MPa；

换热面积：1758m^2；

进口介质：$LO_2/LN_2/LAr$；

出口介质：$O_2/N_2/Ar$；

进口温度：－196℃；

出口温度：不低于环境温度10℃；

设备运行重量：14000kg。

5）医用设备带，833条，每条1.5m。

规格型号：260mm×60mm×1.5mm；

采用三腔独立结构，使电、气完全隔离；

采用铝合金型材防静电喷涂制作；

底座具有防错插装置。

5.4.4 医用气体系统流程图

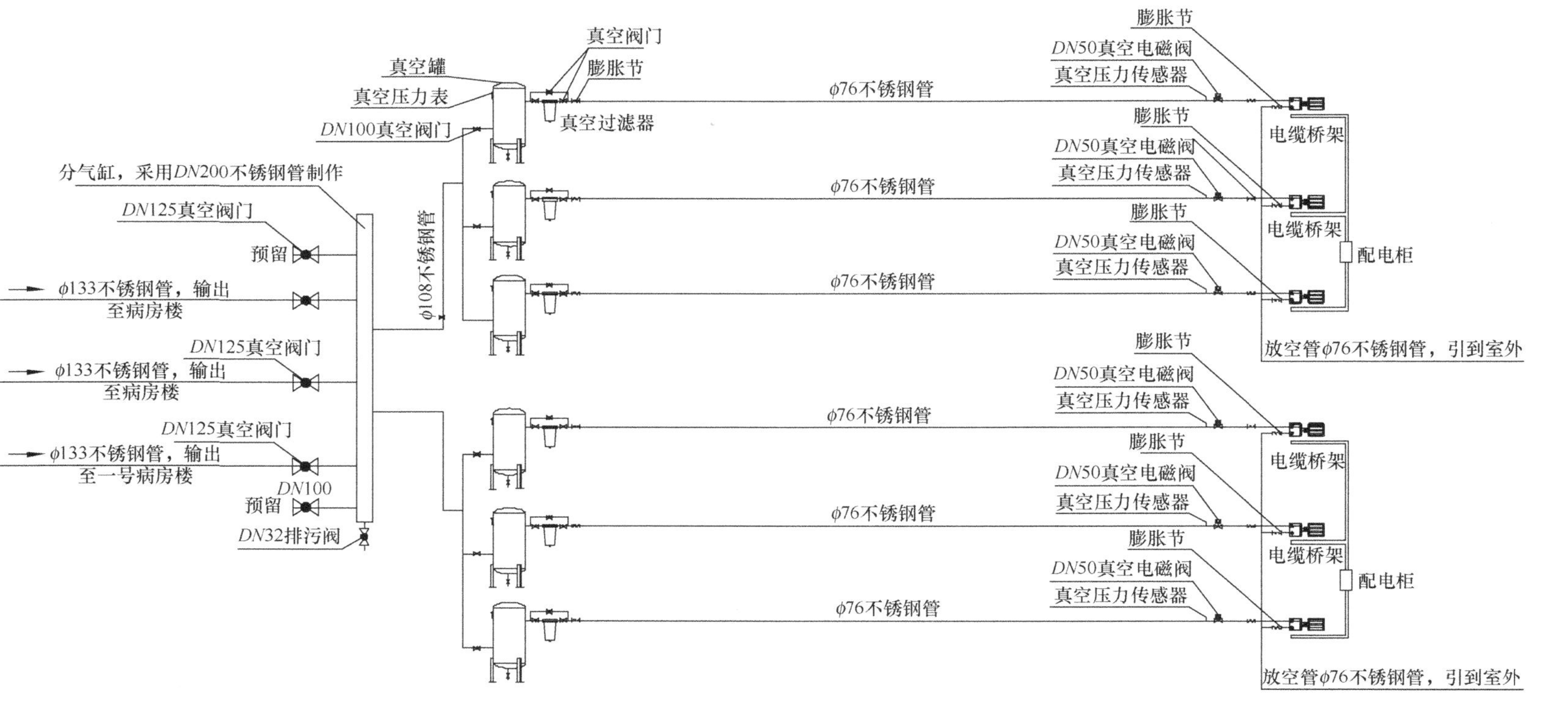

图 5-22　负压吸引系统流程图

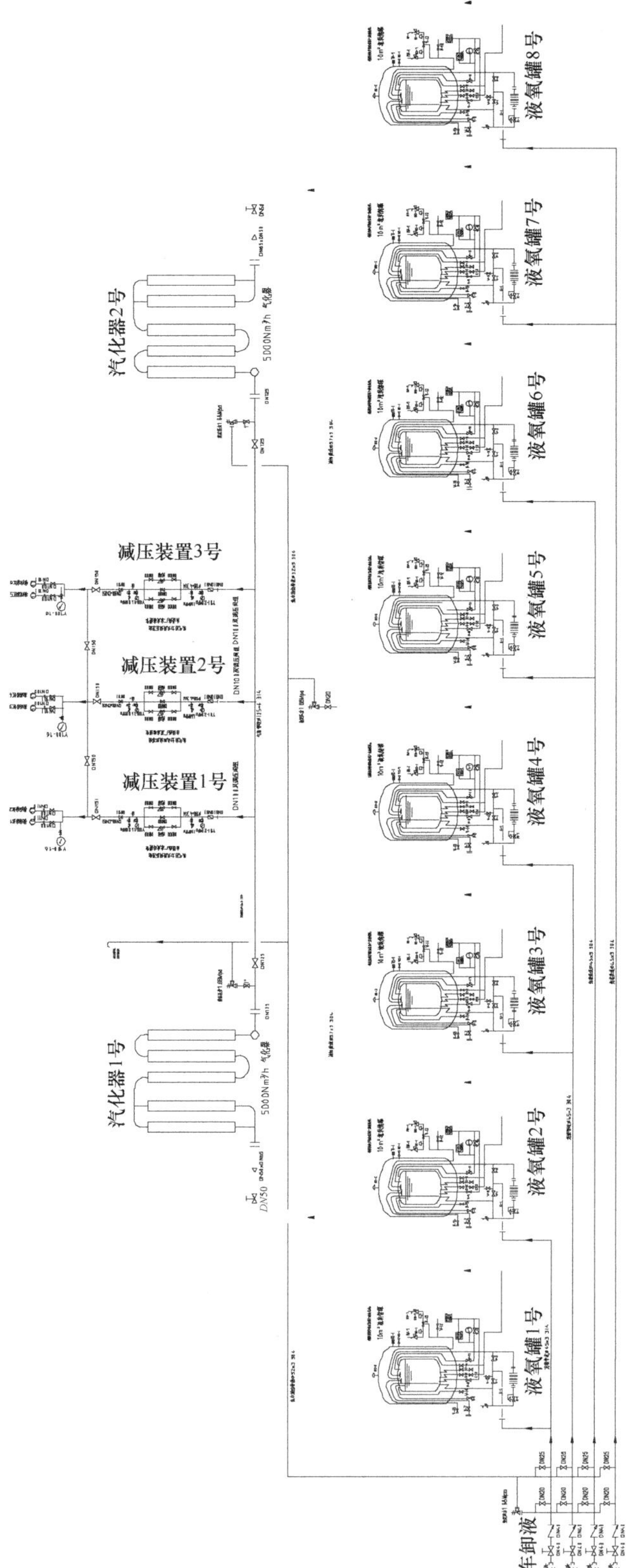

图 5-23　氧气站系统流程图

5.4.5 医用氧气运行数据

据有关报道，2020 年 2 月 12 日火神山医院收治确诊患者超过 1000 人，达到满负荷运行状态。根据火神山医院现场运行数据记录，2 月 10 日～2 月 21 日每天医用液氧耗量如图 5-24 所示。

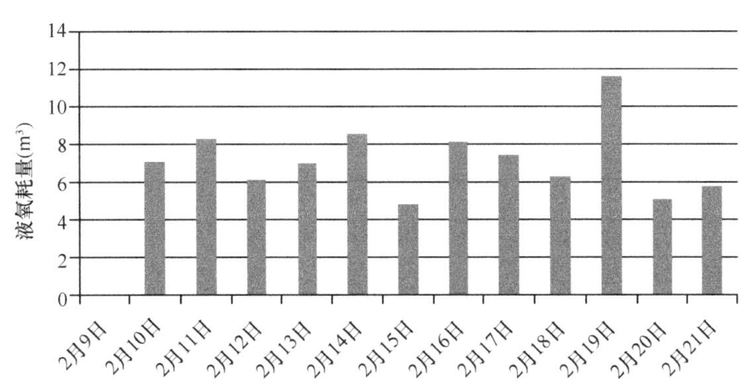

图 5-24　火神山医院医用液氧耗量

由上图可得：火神山医院每天医用液氧平均耗量约 7.2m^3，最大日耗量约 11.6m^3，供氧系统设置完全满足运行要求。

5.5 应急负压隔离病房施工技术

5.5.1 工程简介

火神山医院主要包括接诊区、负压病房楼、ICU、医技部，其中负压病房为：1 号楼病房为 8 栋单层集装箱；2 号楼病房为 4 栋两层集装箱。

火神山医院负压病房采用装配式建筑技术，最大限度地模块化，运用集装箱式箱体活动板房和模块化拼接的方式组装。每个集装箱模块高度集成化，采用 3m×6m 的集装箱标准模块化设计，配件均在工厂加工完成，现场只需拼装即可。

负压病房采用独立的通风系统，标准负压隔离病房排风量 1150m^3/h，送风量 850m^3/h，送风口设置于病房入口顶部，排风口设置于床头两侧距地 150mm。排风机与送风机设置于室外地面，高空排放，每六个负压病房一个系统。为了保证医疗环境的安全性，送排风都经过三级过滤。如图 5-25、图 5-26 所示。

结合项目特点及物资采购情况，集装箱施工存在如下难点：

1）根据市场集装箱的供货量，集装箱种类多，存在标准尺寸和非标准尺寸，整体拼装难度大；

2）内墙隔板多为后拼装，且安装管线穿墙开洞较多，对密封性存在影响，如何保证集装箱病房的密封性是难点；

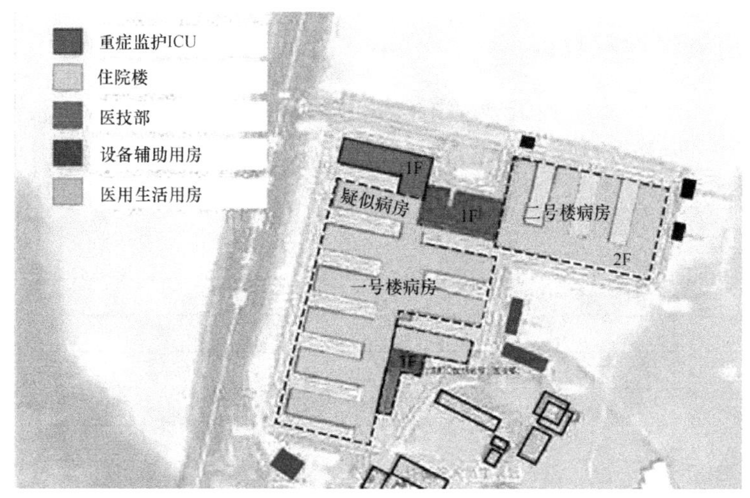

图 5-25　现场功能分区图

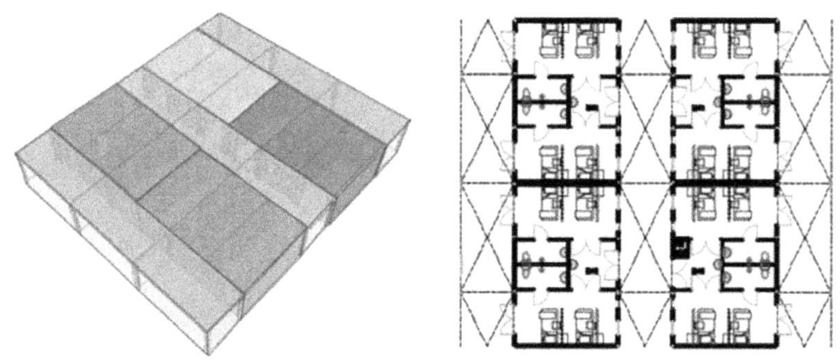

图 5-26　多个病房的组合平面图

3）通风系统风管多，主风管为 800mm×800mm，施工难度大。负压形成对密封性要求高；

4）集装箱病房配套功能齐全，施工内容多。

5.5.2　施工流程

参见图 5-27。

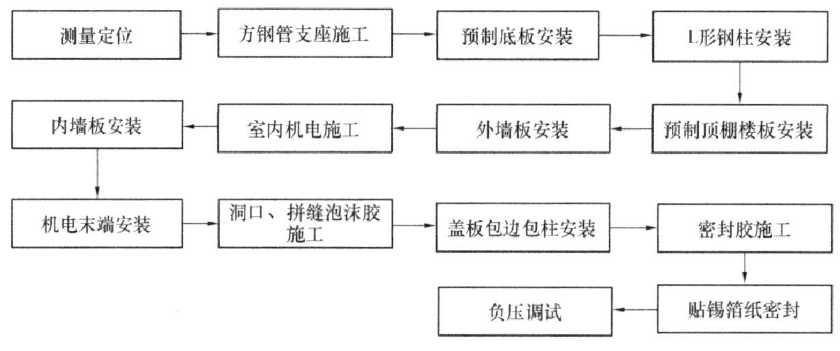

图 5-27　负压集装箱病房施工流程图

5.5.3 施工要点

1. 拼装过程控制

1）选用集装箱的规格尺寸应统一，在集装箱组装过程中加强定位控制复核，严格控制相邻集装箱间隙距离。集装箱拼装方向应从医护区向隔离病房方向进行拼装。现场集装箱存在部分尺寸（2.99m×6.05m）与设计标准尺寸（3.00m×6.00m）有差异，导致拼装过程中产生累计误差约 1.5m，经与设计单位沟通，通过合并医护办公区和耗材库区来消化累积误差。

2）拼装过程注意集装箱间单墙板和双墙板的拼缝处理，单墙板产生较大缝隙，采用打胶＋盖板包封措施密封；对于二层集装箱拼装结构，提前联系集装箱厂家对高度尺寸进行调整，避免二层卫生间排水管与一层吊顶空间冲突。

3）集装箱拼装过程中涉及梯道、连廊等钢结构对接，对于室内梯道采用定制楼梯集装箱模块，施工时注意吊装方向，对于室外梯道，要注意对接口区域不能出现立柱。如有冲突，优先调整集装箱摆放；其次考虑平移梯道，且要符合传染病医院设计规范的空间距离规定。

4）在多家厂家供货时，材料应划分供货区域，各区域采用统一标准的盖板及封边条样式。施工时做好物资统一领用，不得混用，以免造成后期室内装饰风格不一。

2. 病房密封施工技术要点

传染病医院负压病房密封性要求高，确保箱式房密封性采取打泡沫胶密封＋盖板/包封边条＋打硅酮胶＋贴锡箔纸封闭的方式加强控制。

1）箱式房骨架之间的缝隙，大小一般在 5～10cm，首先采用发泡剂将缝隙填满，随后铺设专用镀锌薄钢板盖板（可采用变形缝盖板），射钉固牢后在周圈加打防霉密封胶，最后将病房内所有拼缝位置粘贴锡箔纸密封。

2）墙板与箱式房结构骨架之间的缝隙，缝隙宽度 1cm 左右，采用自粘锡箔纸粘贴在墙板顶与顶吊板阴角处，每边搭接 10cm；门窗框与箱式房墙板之间的缝隙采用防霉密封胶封闭。

3）机电管线穿墙部位的缝隙，首先采用发泡剂将缝隙填满，随后粘贴自粘锡箔纸，每边各搭接 10cm。

3. 通风系统安装要点

1）在风管法兰连接的部位采用 9501 密封垫，固定牢靠，提高密封性，同时减少噪声。

2）室内送风管道采用圆形 PVC 管，降低风阻，提高通风效果。

3）室外主风管为 800×800，高度为 9m，其中 6m 靠外墙，3m 出屋面。靠外墙部分的立管利用以集装箱立柱及地面为受力点，形成方钢结构的受力体系，固定风管。伸出屋面立管采用脚手架固定。

4. 配套设施安装要点

1）门锁安装要点

（1）门安装严格按照设计图纸施工，注意门的类型。结合火神山医院负压病房对空气流向要求，特别注意门的开合方向。

（2）火神山医院为传染病封闭病房，门锁安装注意反锁方向，反锁设置原则：反锁把手方向均在病房外侧，以保证医护人员控制开锁，病人无法自行开锁离开病房。

锁具安装完成后将钥匙安排专人保管并编贴标签。

2）传递窗安装要点

传递窗采用落地支架或附墙牛腿支架固定，支架提前在工厂预制送至现场安装。按照实际进场传递箱的尺寸开洞，严格控制洞口尺寸及距地高度，避免重复开洞及洞口修补。

3）电器安装要点

电视机、热水器、空调等电器安装支架采用型钢吊焊于集装箱顶部钢梁及落地对拉式固定支架形式，需确保支架受力稳固可靠。

5.5.4 施工总结

1）在设计阶段与集装箱生产供应单位及时沟通，确定集装箱种类。根据集装箱种类确定拼装方式，对于标准单元集装箱病房采用场外拼装、现场整体吊装的形式；非标准房间构件进行现场拼装形式。

2）作为传染病医院，病房的密封性是保证病房形成负压、控制气流流向的重要条件。对所有拼缝、洞口进行封闭处理，采用发泡剂＋密封板＋密封胶＋锡箔纸密封胶的四道密封措施确保集装箱病房的密闭性。

3）集装箱拼装过程中加强与装饰装修、机电安装、医疗等专业施工的穿插和融合。合理安排各专业的工序穿插，集装箱内墙隔板拼装应为机电安装专业插入提供作业面和时间，减少施工过程中各专业的冲突矛盾。

4）注重技术复核

火神山医院分区和隔墙多样，集装箱施工过程中不断地核对图纸，对应图纸在提前预施工部位进行标注施工内容、具体尺寸、门窗开口方向等。现场施工过程中不间断复核，极大地减少返工整改量，提高了施工效率，同时节约了大量的返工劳动量，节省成本，加快了整体建造的效率及质量。

5.6 机电管线安装施工技术

5.6.1 工程简介

集装箱内机电管线众多，大致情况如表5-3所示。

集装箱机电安装系统一览表　　表5-3

序号	系统名称	包含内容
1	给水排水系统	室内给水排水系统、消防卷盘系统
2	电气系统	电力配电系统、照明系统及应急照明系统、防雷接地系统等
3	智能化系统	语音通信系统、信息网络系统、综合布线系统、WIFI覆盖系统、公共广播系统、无线对讲系统、会议系统、安全技术防范系统、机房工程等
4	通风空调系统	含分体空调系统、送排风系统等
5	医用气体系统	含氧气和负压吸收等

5.6.2 施工流程

集装箱内各个机电专业施工流程如图5-28～图5-32所示。

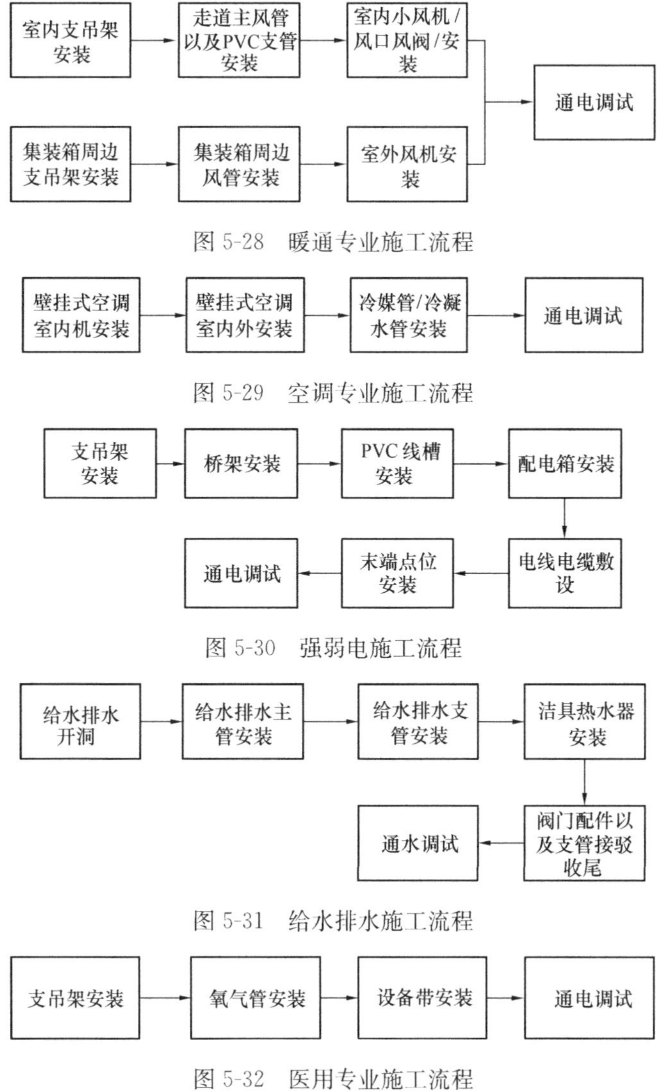

图5-28　暖通专业施工流程

图5-29　空调专业施工流程

图5-30　强弱电施工流程

图5-31　给水排水施工流程

图5-32　医用专业施工流程

5.6.3 施工要点

机电管线是基于集装箱箱体结构进行施工安装，整个集装箱长宽高为 6055×3000×2746（mm），四周框架采用 11.5 号镀锌 C 形钢，檩条采用 60×30×10×2.0 的镀锌 C 形钢，檩条间距为 1150mm，四周主要是丝绵保温层和彩钢铁皮基板，底板材质是两片钢板对夹防火棉。

1. 机电多专业联合支吊架施工要点

针对室内管线安装，选取管线众多的医护走道布置安装联合支架，结合机电管线安装间距规范要求，合理布置综合支吊架点位图（图 5-33）。

联合支架的横担采用 41×41×2.5（mm）的镀锌 C 形钢，吊杆采用 12 号圆钢，固定于集装箱顶面檩条上，为了防止摇晃，利用集装箱四周框架，每隔 6.00m 左右焊接一处 C 形钢固定支架。支吊架 2.00m 左右一跨，主要用来承受桥架、风管、排气管、冷凝水管以及氧气管道重量。

针对室外管线安装，由于设计的室外风管量很大，结合集装箱外框架钢梁样式，主要采用 80×80×4（mm）的方钢做支撑制作联合支吊架，一端利用集装箱四周框架焊接受力，一端在地面混凝土上受力（图 5-34）。不仅节约时间，而且安装牢靠。

图 5-33 室内联合支架示意图

图 5-34 室外联合支架示意图

2. 机电单专业管线安装

1）单专业管道穿楼板封堵，由于集装箱底板材质是两片钢板对夹防火棉。传统的套管封堵工艺不适用集装箱结构，通过设计院与现场施工作业人员协商，采用图 5-35、图 5-36 所示的封堵工艺。

2）单专业管道水平安装，单独吊装的大风管、排水管、桥架以及医用管道支吊架，均需要在集装箱吊顶安装单独制作吊杆连接到镀锌檩条或者外梁上。针对小支管如风管支管，为了方便快捷施工，现场改用同截面积 *DN*200 的 U-pvc 圆形管道替代 160mm×120mm 镀锌钢板。结合 U-pvc 管道受力复核，用 30mm 宽镀锌钢板进行抱箍安装，用燕尾钉固定在集装箱彩钢基板上（图 5-37～图 5-39）。

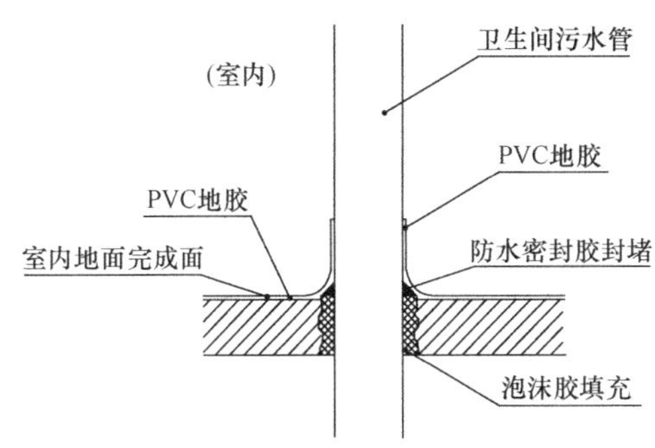

图 5-35　穿楼板管道封堵

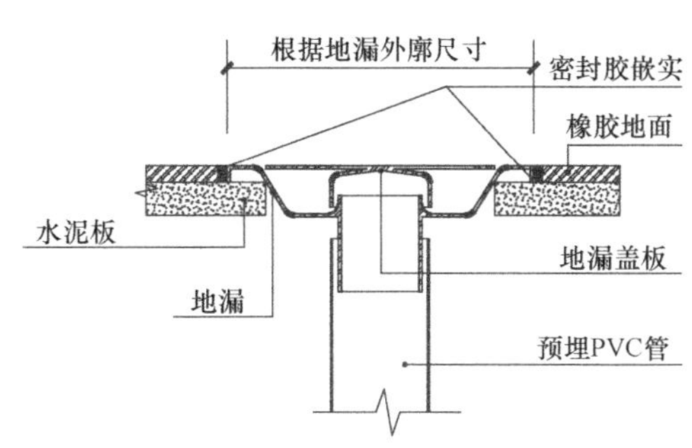

图 5-36　地漏封堵

图 5-37　排水管道安装效果图

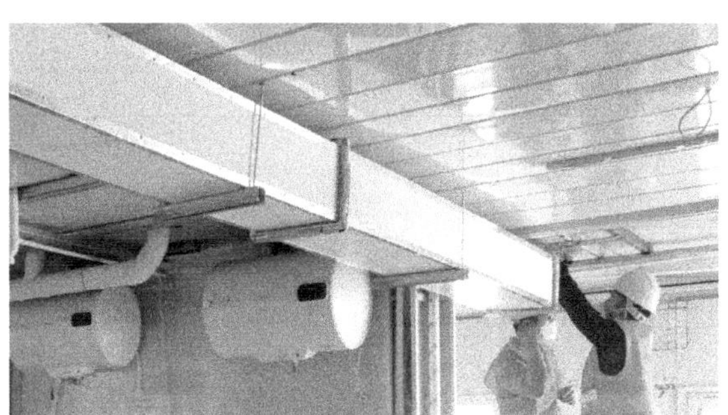

图 5-38　风管安装效果图

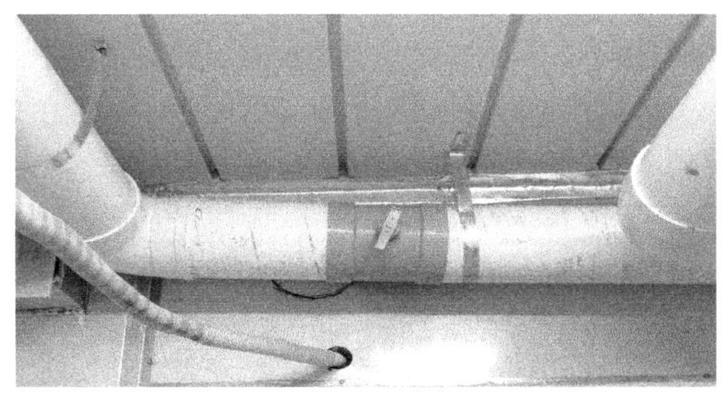

图 5-39　优化的排风支管安装效果图

3. 设备安装

1）壁挂式设备安装，由于集装箱侧墙是石棉保温层外贴彩钢铁皮，无法承受较大的重量，结合现场条件将热水器安装在集装箱四周框架上（图 5-40）。挂墙配电箱集中布置在配电间，由于集装箱墙面无法像剪力墙或者砖砌墙受力，隔墙强度有限，无法承载配电箱重量，挂墙配电箱安装于落地门型支架上，箱体背部用对穿螺杆固定于隔墙上，箱体顶部距地 2.00m。

2）吊装设备安装，针对 880m³/h 风量的小轴流排风机安装，需要在镀锌檩条上铆接角钢支架，小轴流排风机穿螺栓安装在支架上（图 5-41）。

图 5-40　热水器安装

图 5-41　风机安装

5.6.4 施工总结

1. 技术难点

正值疫情爆发，时间紧、任务重、机电管线量大，如何在最短的时间内完成安装是集装箱机电管线安装技术的重点；另外不同于常规混凝土结构，本项目是基于集装箱进行机电管线的安装，安装形式有很大差异，且需结合集装箱的整体构造考虑管线以及设备的受力点是集装箱机电管线安装技术的难点。

2. 解决措施

优化机电管线支架设计方面，机电管线支架安装涉及强弱电、给水排水、通风以及氧气管道等，在医护走道、医生走道、建筑周边等机电密集区域考虑采用联合支架，安排专人专班负责支架制作和安装，机电管线穿插施工，大大提高了现场施工工效。

物资材料方面，考虑材料备货时间，结合“有什么用什么”的思路，与设计方协商选用材料。

施工工艺方面，在满足要求的情况下，选用高效的施工工艺；另外所有的负压病房均为标准间，机电管线走向相同，结合集装箱结构样式，考虑样板先行，所有房间都参考样板间管线采用流水化作业，专人专班负责风管、排水管道、排风机安装等。

5.7 防雷与接地施工技术

5.7.1 工程简介

建筑物防雷：本项目防雷类别属于第二类；利用集装箱金属顶及彩钢板屋面作接闪器，集装箱竖向金属构件作防雷引下线距离不大于 18m，基础筏板轴线上下两层主筋中的两根通长形成基础接地网。

接地及安全：接地系统采用 TN-S 系统；建筑物做等电位联结，带淋浴的卫生间、浴室、弱电机房等设局部等电位联结。

医疗场所接地及安全防护：医疗场所内局部 IT 系统供电的设备金属外壳接地应与 TN-S 系统共用接地装置；1 类及 2 类医疗场所的患者区域内做等电位联结；医用 IT 系统必须配置绝缘监视器。

5.7.2 施工特点及流程

火神山医院整个院区防渗膜属于绝缘材料，基础接地施工完成后需要立即测试，测试大于 1Ω 则需打人工接地极直到测试合格为止。由于整个院区结构为钢结构，可作为防雷引下线，在集装箱框架龙骨上引出扁钢作为等电位的接驳点。主要施工流程如图 5-42 所示。

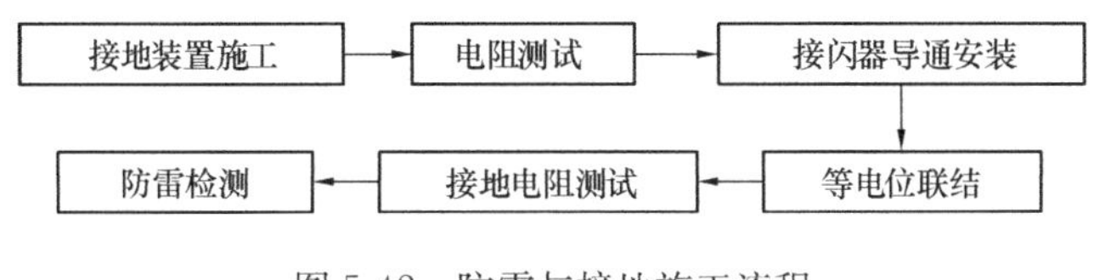

图 5-42　防雷与接地施工流程

5.7.3 施工要点

1. 接地装置施工

利用筏板内Φ12@200 双层钢筋，可靠连接后形成接地基础，通过方钢定位钢筋与方钢的可靠连接和钢结构集装箱共同形成贯通的接地导体（图 5-43、图 5-44）。由于筏板基础下面有防渗膜为绝缘材料，项目在完成接地装置施工后进行了接地电阻测试，由于火神山地处知音湖畔，测试结果均小于 1Ω。

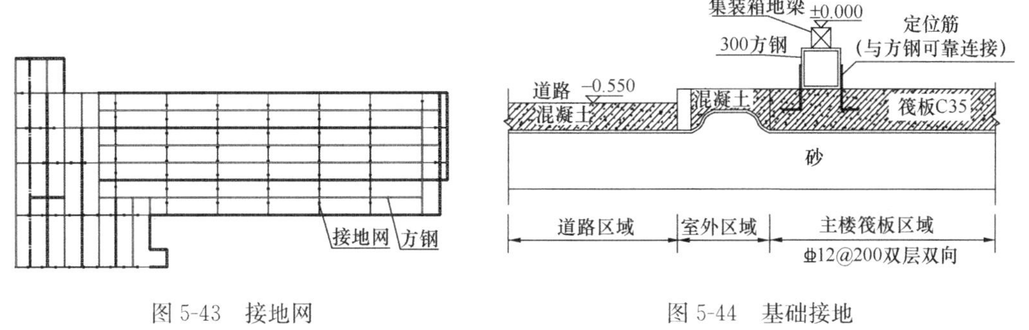

图 5-43　接地网　　图 5-44　基础接地

2. 接闪器安装

本项目集装箱均为钢结构，可作为避雷引下线。火神山屋盖体系采用扣件式钢管脚手架＋40×2 方钢檩条＋彩钢瓦（0.6mm 厚）的形式，均为导电金属，整个屋面可以形成可靠的贯通导体，脚手架受力点为集装，箱结构可以做到可靠接地。根据《建筑物防雷设计规范》GB 50057—2010 第 5.2.7 条规定彩钢瓦满足作为接闪器的厚度（大于 0.5mm）要求，可利用彩钢屋面作为接闪器。施工完成后经过测试，接地电阻小于 1Ω 完全符合规范要求（图 5-45）。

图 5-45　接地电阻测试

3. 等电位安装

火神山医院等电位主要设置在淋浴的卫生间、浴室、弱电机房等部位，本项目结构形式特殊，集装箱框架及隔板均为金属材质，利用 30×3 等电位接线盒同集装箱龙骨可靠连接形成可靠的导电通路。

火神山医院带淋浴的卫生间较多，卫生间给水管为 PPR 管、排水管为 PVC 管、线槽为 PVC 线槽、排风管为镁晶复合风管，均为绝缘材料。只有热水器有外露金属部分，故通过 BVR-1×4mm² 电线将卫生间热水器外露部分及卫生间内插座的 PE 线和等电位联结。

手术室设置等电位接地箱，内置一块等电位接地铜排，铜排与集装箱可靠连接的 40×4 镀锌扁钢可靠焊接，手术室配电箱保护接地母排与等电位接地盒接地排采用 WDZB-BYJ-16mm² 电线连接，每个插座箱内等电位接地端子采用 WDZB-BYJ-6mm² 电线与等电位接地盒接地排连接，手术室内所有不带电金属体（包括金属门、气体面板、观片灯、金属柜等）均采用 WDZB-BYJ-6mm² 电线串接在一起，并就近接入插座箱接地端子，具体详见图 5-46。

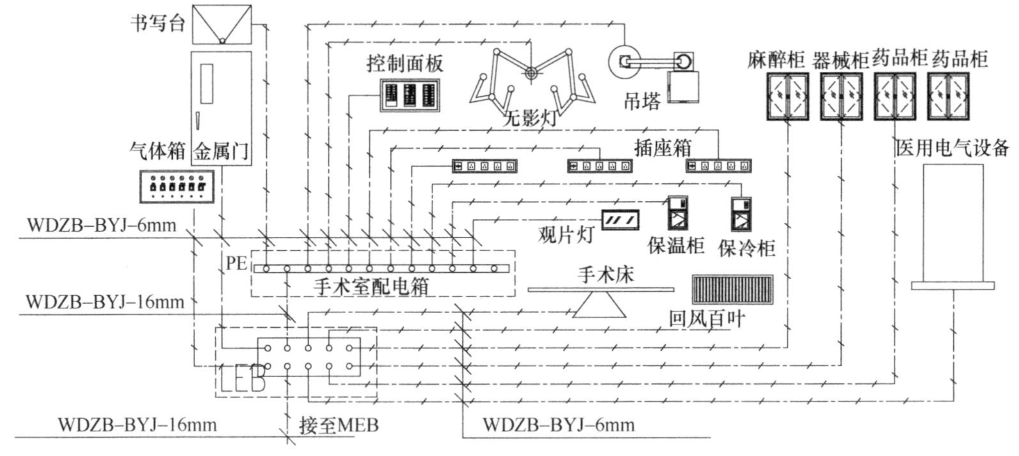

图 5-46　手术室等电位联结

5.7.4 施工总结

火神山医院基本为单层结构，局部为两层。传统此类金属结构形式的建筑，防雷接地的施工往往被忽视。为了保证医患人员有一个安全的用电环境，在施工阶段对防雷接地的可靠性进行了系统性的评估，施工过程中严格按照规范要求来落实，每个阶段都进行了接地电阻的测试，确保接地可靠。

5.8 室内压力梯度调节施工技术

5.8.1 施工概况

火神山医院医疗设施按传染病医疗流程进行布局，且根据新冠肺炎传染病治疗流程进一步细化功能分区。基本要求是“三区两通道”，基本分区为清洁区、半污染区和污染区，相邻区域之间设置相应缓冲间。

医护人员进入及退出流线如图 5-47 所示。

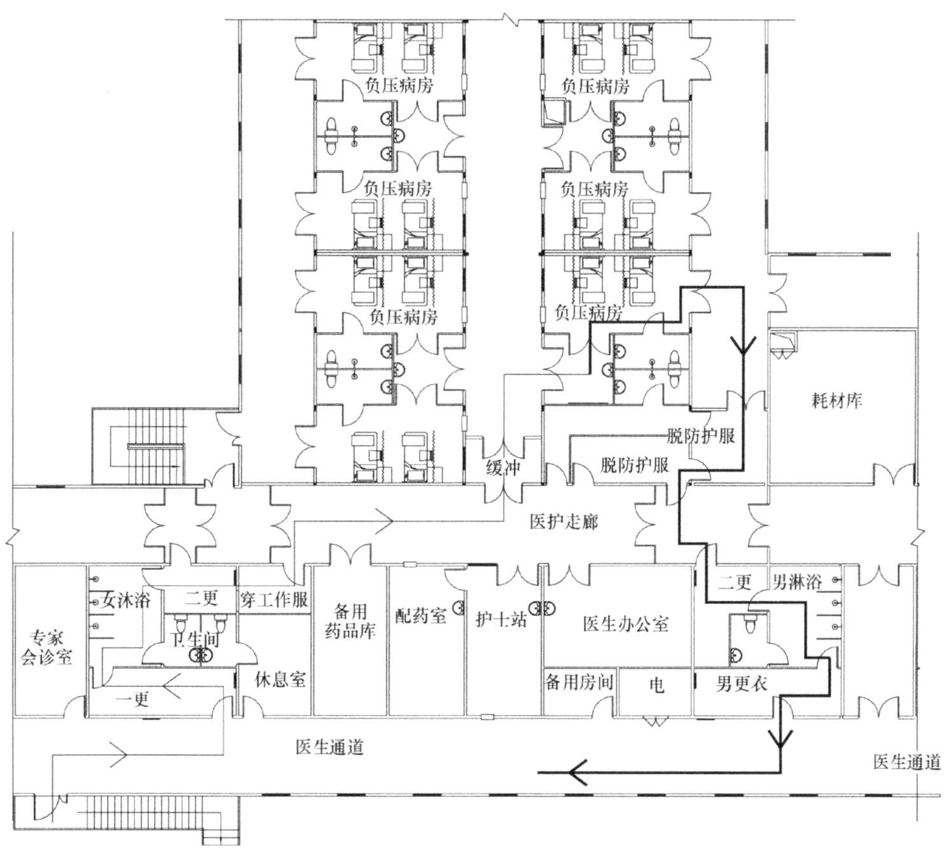

图 5-47　医护人员进出流线（细线为进入线路，粗线为退出线路）

通风设计按照清洁区、半污染区和污染区设置独立的空气环境的机械通风系统，实现各个区域不同的空气压力梯度，污染区（病房及病员通道）为负压区，半污染区（护士站、处置治疗室）为微负压区，清洁区（办公室、值班室）为正压区。保证气流沿清洁区→半污染区→（缓冲区）→污染区→室外的顺向流动，杜绝逆向流动或乱流。保证负压隔离病房与其相邻相同的缓冲间、走廊压差，应保持不小于 5Pa 的压差。

各区域的压力值如表 5-4 所示。

各区域压力值 表 5-4

服务区域	负压病房	缓冲间	洁净医护走道	办公、更衣室
压力值	－15Pa	0Pa	5Pa	10Pa

压力梯度调节的目标是保证清洁区压力高于半污染区，半污染区压力高于污染区，有效控制气流流向，提供合理的气流组织。

5.8.2 施工流程

为了实现室内压力梯度，现场风压调节流程为：负压病房→缓冲间→医护走道→医生通道。

通过负压病房以及缓冲间的机械压差表，优先将污染区气流调节到位，实现半污染区压力高于污染区；其次通过二次更衣室周边的机械压差表将医护走道和医生通道内的压力和气流调节到位，保证清洁区压力高于半污染区，综上形成合理的压力梯度。

5.8.3 施工要点

优先保障集装箱密封性，其具体的实施详见“集装箱及板房施工技术”章节。有关机电系统压力坡度调节如下：

一是在医护人员活动区域（清洁通道、淋浴、更衣室、护士站等走道及房间）设集中机械送风系统及集中排风系统，保证送风量大于排风量；二是在医护人员走道及缓冲区（半污染区）分区域设集中送风系统，重点保证医护人员呼吸区域的相对正压；三是为提高病房的空气品质并保证病房相对负压，在病房病床旁底部、卫生间顶部安装排放口，通过小风机集中后排至主风管，由总排风机排出室外，防止空气通过管路串入其他病房。

1）负压病房风量调节，实现半污染区压力高于污染区，负压病房的缓冲间上方设有送风，病房内设有送风和单独排风，通过风阀调节开度，首先保证病房内排风量大于送风量，当缓冲间和病房的所有门窗都关闭严密时，缓冲间的送风不断积累，病房内的排风也逐步抽离，缓冲间内机械式压差表上显示的是缓冲间气压值减去病房内气压值。负压病房要小于缓冲间压力，负压不小于 15Pa，缓冲间安装 1 块微压计，用于监测病房负压，测量时应关闭病房的门 1 和门 2，缓冲间门 1、门 3 和门 5（图 5-48），并且保持约 10s 以上的密闭性。多次调节风阀，结合现场实际经验，将排风用调节阀全开，室内送风调节阀开度为 30%，最终可以保证缓冲间内的机械式压力表数值。

2）更衣室内压力风量调节，清洁区压力高于半污染区洁净医护走道，一更室内设有单独的送风风机，更衣室、淋浴室通过 $D300$ 的短管引流，调节风阀开度，不仅要保证送风量大于淋浴间的排风量，实现二更室内的正压，也要保证二更气压值大于医护走道压力，气压差值要大于 5Pa。二更（穿工作服）墙面的机械式压差表上显示的是二更气压值减去医护走道气压值，关闭门 1、门 2，调节风阀，实现清洁区压力高于半污染区洁净医护走道（图 5-49）。

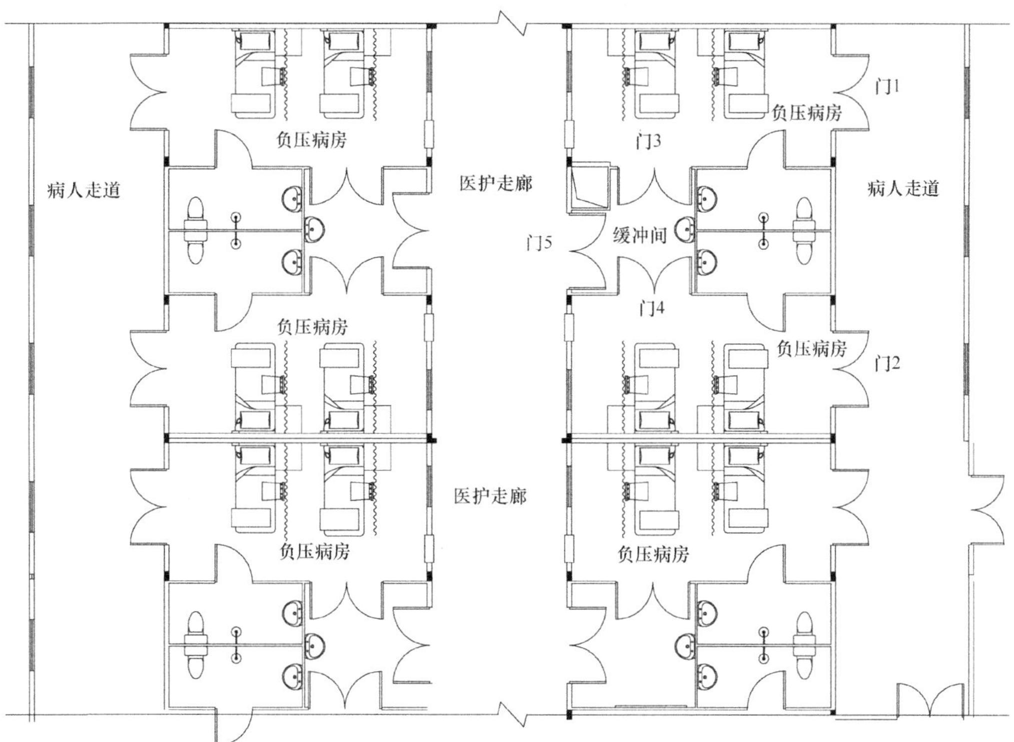

图 5-48　负压病房平面图

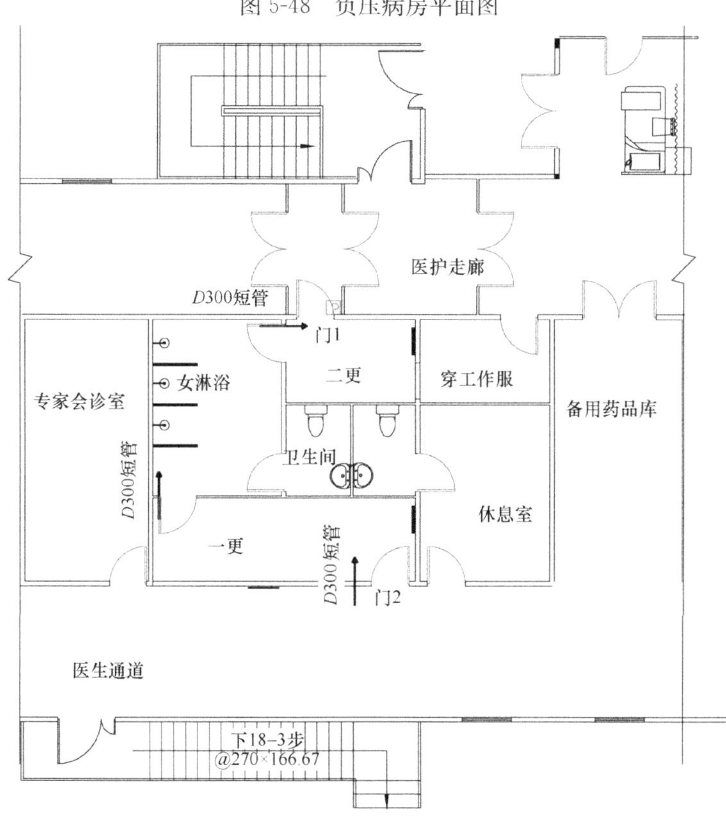

图 5-49　医护走廊平面图

5.8.4 施工总结

如何利用现有的机电系统，合理调节实现负压病房、洁净走道以及办公室、更衣室的压力值，建立空气梯度是本工程的重点，其优先级是首先保“质”，就是压力梯度的关系正确，其次保“量”，就是压差关系的数值要基本符合规范要求；集装箱负压病房、办公室、更衣室的四周密闭性保障是梯度调节的难点。最终现场调试后的效果图如图 5-50 所示。

(*a*)

(*b*)

图 5-50　最终调试后效果对比

(*a*) 负压病房调试完成后效果图；(*b*) 医护走廊调试完成后效果图

第6章

环保设计及施工技术

火神山医院是集中收治新型冠状病毒肺炎 COVID-19 患者而设立的专科传染病应急医院。根据国家法律法规、技术规范，医院运转过程中产生的污水、废气、医疗废物等均应进行环保处理。

6.1 雨、污水处理工程

6.1.1 工程概况

火神山医院建筑面积 3.39 万 m^2，设计床位 1000 张，采用雨污分流排水体制，日平均污水量约 $800m^3$；污水通过污水管网收集后排入污水处理站，采用“预消毒接触池＋化粪池＋提升泵站（含粉碎格栅）＋调节池＋MBBR 生化池＋混凝沉淀池＋接触消毒池”处理工艺，出水水质参照《医疗机构水污染物排放标准》GB 18466—2005 中传染病、结核病医疗机构水污染排放限值执行，处理后泵送至市政污水管网，最终排入城市污水处理厂；雨水通过收集管网进入雨水调蓄池，经消毒处理后排入市政污水管网，最终排入城市污水处理厂。

6.1.2 工程设计

1. 设计规模

1）污水处理设计规模

根据《医院污水处理工程技术规范》HJ 2029—2013 第 4.2.2 条设计水量计算方法，新建医院污水处理系统设计水量可按日均污水量和日变化系数经验数据计算，计算公式如下：

$$Q=\frac{qN}{86400}K_d$$

式中：Q——医院最高日污水量（m^3/s）；

q——医院日均单位病床污水排放量［L/（床·d)］；

N——医院编制床位数；

K_d——污水日变化系数。K_d 取值根据医院床位数确定：

（1）$N\geqslant500$ 床的设备齐全的大型医院，$q=400\sim600$L/（床·d)，$K_d=2.0\sim2.2$；

（2）100 床$<N\leqslant499$ 床的一般设备的中型医院：$q=300\sim400$L/（床·d)，$K_d=2.2\sim2.5$；

（3）$N\leqslant100$ 床的小型医院，$q=250\sim300$L/（床·d)，$K_d=2.5$。

火神山医院设计床位数：$N=1000$ 床，设备配置齐全，日均单位病床污水排放量去 $q=400$L/（床·d)，污水日变化系数：$K_d=2.0$；该医院设计污水量 $Q=q\cdot N\cdot K_d=800m^3/d$。按照 $40m^3/h$ 设计，同时为保证系统的安全稳定运行，另外再上一组同样规模的 $40m^3/h$ 的污水处理装置，峰值污水处理能力可达 $1920m^3/d$。

2）雨水处理设计规模

目前国内尚无医院雨水处理相关标准及规范，考虑到火神山医院选址地势较低，为防止雨水携带新型冠状病毒扩散，火神山医院雨水处理采用全收集全处理模式，雨水通过管网收集进入调蓄池，经消毒后再由提升泵站提升至市政污水管网，雨水调蓄池规模 2500m³，提升泵站设计规模 2100m³/h。

2. 设计要求

1）污水处理设计要求

火神山医院污水处理站进水水质参考《医院污水处理工程技术规范》HJ 2029—2013 第 4.2.2 条设计水质以及同类医院污水经验数据，主要指标见表 6-1。

污水站主要进水水质指标　　表 6-1

序号	项目	浓度
1	pH 值	6～9
2	化学需氧量（COD）	≤350mg/L
3	生化需氧量（BOD）	≤150mg/L
4	悬浮物（SS）	≤120mg/L
5	氨氮（NH_3-N）	≤30mg/L
6	动植物油	≤50mg/L
7	粪大肠杆菌群数（MPN/L）	3.0×10^8个/L

污水站出水水质参照《医疗机构水污染物排放标准》GB 18466—2005 表 1 中传染病、结核病医疗机构水污染排放限值执行，但考虑到生化系统调试周期比较长（至少需要 1～2 周），与该项目的紧急投入使用时间要求不匹配。综合考虑，对于火神山医院出水指标进行分阶段考核：在不得检出新冠病毒 COVID-19 的前提下，在医院污水处理站建成后 2 周的生化调试期内，参考北京“非典”期间小汤山医院对废水出水的要求，即满足《医疗机构水污染物排放标准》GB 18466—2005 表 3 预处理标准，同时调试生化系统。待 2 周后生化调试期结束，按该标准表 1 标准排入市政污水管网。具体指标如表 6-2 所示。

火神山医院污水站主要出水水质指指标　　表 6-2

序号	控制项目	标准值	预处理标准
1	粪大肠杆菌群数(MPN/L)	100	5000
2	肠道致病菌	不得检出	—
3	肠道病菌	不得检出	—
4	结核杆菌	不得检出	—
5	新冠病毒 COVID-19	不得检出	不得检出
6	pH	6～9	6～9
7	化学需氧量(COD)	≤60mg/L ≤60g/(床位·d)	250mg/L 250g/(床位·d)
8	生化需氧量(BOD)	≤20mg/L ≤20g/(床位·d)	100mg/L 100g/(床位·d)

续表

序号	控制项目	标准值	预处理标准
9	悬浮物(SS)浓度	≤20mg/L ≤20g/(床位·d)	60mg/L 60g/(床位·d)
10	氨氮(NH_3-N)	≤15mg/L	—
11	动植物油	≤5mg/L	20

污水站臭气排放及污泥处理需达到《医疗机构水污染物排放标准》GB 18466—2005 的要求，见表 6-3、表 6-4。

周边大气污染物高允许浓度 **表 6-3**

序号	控制项目	标准值
1	氨(mg/m^3)	1
2	硫化氢(mg/m^3)	0.03
3	臭气浓度	10
4	氯气(mg/m^3)	0.1
5	甲烷(指处理站内高体积百分数,%)	1

污泥控制标准 **表 6-4**

序号	控制项目	标准值
1	粪大肠菌群数(MPN/g)	≤100
2	肠道致病菌	不得检出
3	肠道病毒	不得检出
4	结核杆菌	—
5	蛔虫卵死亡率(%)	>95

2）雨水处理设计要求

国内尚无雨水处理设计要求，考虑排水体制及雨水最终去向，火神山雨水处理采用消毒后排入市政污水管网，最终进入污水处理厂，处理要求为不得检出新型冠状病毒。

3. 工艺设计

1）消毒剂选择

根据上述设计要求，消毒是污水处理的重要工艺单元。由于工艺设计时，尚未见灭活新冠病毒（COVID-19）措施相关报道，因此参考北京“非典”时期 SARS-CoV 病毒灭活措施的相关报道：0.1%次氯酸钠作用 1min，能完全灭活病毒，破坏病毒基因组，使 SARS-CoV、流感病毒、RSV 无法复制；当污水中游离余氯量保持在 0.5mg/L（氯制剂）或 2.19mg/L（二氧化氯）以上时可以保证完全灭活污水中的 SARS 冠状病毒。由于臭氧消毒建设运行的复杂性，不满足本次工程工期需求，本次消毒措施未考虑臭氧消毒，主要考虑常用的氯化消毒；同时参考北京小汤山医院废水消毒措施，以及《医院污水处理工程技术规范》HJ 2029—2013，液氯、二氧化氯、次氯酸钠均可满足火神山医院污水不得检出新冠病毒的排放要求。

氯化消毒剂主要包括液氯、次氯酸盐（次氯酸钠或次氯酸钙）和二氧化氯，其中液氯也属于强氧化剂，消毒效果最好，但受水中凯氏氮（氨和有机氮）的影响非常大，且产生具致癌、致畸作用的有机氯化物（THMS）副产物。次氯酸盐消毒效果与液氯相近，也受凯氏氮影响，且有消毒副产物，但由于储存及投加方便，应用最广泛。二氧化氯消毒效果低于液氯，成本高于次氯酸盐，但不与氨氮反应，没有消毒副产物。经过多次专家论证，为加强消毒效果，消毒剂采用液氯。但考虑到液氯的购买流程审批和供货物流都存在一定困难，在同时满足医院污水处理消毒的生物安全和使用安全相关要求的前提下，液氯未到现场前，采用二氧化氯代替液氯消毒，现场同时设置液氯加药间和二氧化氯加药间，同时配置次氯酸钠加药系统作为后备消毒措施，多重措施保障消毒设施的及时投入使用以及消毒效果稳定。

2）工艺流程

火神山医院属传染病医院，污水处理工艺采用预消毒＋二级处理＋深度处理＋消毒处理，经消毒处理后的污水泵送至市政污水管网排入城市污水处理厂。根据《医院污水处理工程技术规范》HJ 2029—2013 和相关工程经验确定工艺流程如图6-1所示。

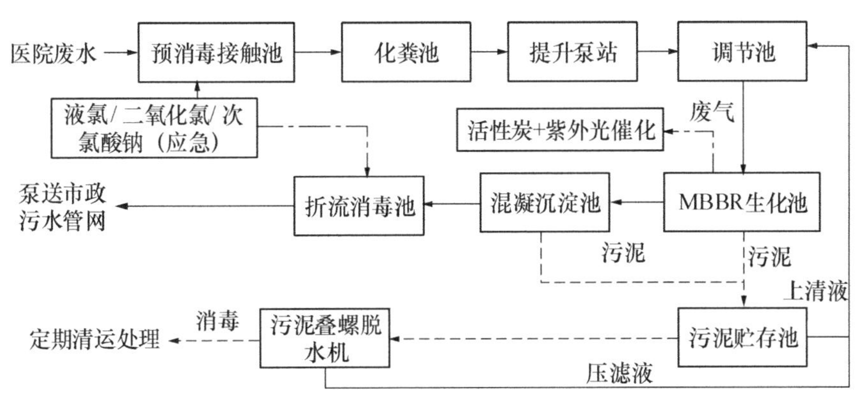

图6-1 火神山医院污水处理工艺流程

3）污水处理工艺设计

（1）消毒池

新冠病毒（COVID-19）是主要通过呼吸道飞沫传播和接触传播的病毒，下水道不是主要传播途径，但该病毒存在通过粪便、尿液等人体排泄物进入下水道的可能性，且可以在污水中保持一定时间的感染能力。阻断病毒在下水道传播应从源头上严格控制，因此，疫情期间传染病医院废水对于COD、NH_3-N等的去除不是最关键、最核心的要求，“消毒”才是核心要求。

火神山医院污水处理设计分为预消毒和二级消毒。预消毒工艺段位于污水管网末端，化粪池前，对院区污水进行预消毒，提前杀灭医院污水中的细菌、病毒等微生物，防止传染性细菌、病毒在后续污水处理过程中继续传播，采用氯化消毒，消毒后的污水进入化粪池；二级消毒（折流消毒池内）是对深度处理的出水进行消毒，根据《新型冠状病毒污染的医疗污水应急处理技术方案（试行）》要求，需确保出水余氯量大于 6.5mg/L（以游离氯计），以保障出水无新冠病毒检出。

本项目采用二级处理及深度处理工艺，根据《医院污水处理工程技术规范》HJ 2029—2013，二级处理及深度处理工艺出水的参考加氯量（以有效氯计）一般为 15～25mg/L，传染病医院污水接触消毒时间不低于 1.5h。本项目医院污水通过全密封管道输送至预消毒接触池，其中预消毒接触池设计规模为两组 $40m^3/h$，各组平均停留时间 3h，最大停留时间可达 5h，预消毒设计投加量为 40mg/L（以有效氯计），远大于规范要求的 15～25mg/L 加氯量；折流消毒池（二级消毒）设计流量为两组 $40m^3/h$，平均停留时间为 1.5h，最大停留时间可达 3h，单位加氯量为 25mg/L（以有效氯计），为规范要求的上限值。同时，消毒设备设计皆留有一定富余能力，可根据现场实际情况灵活调整，能充分保障消毒效果。

（2）化粪池

本项目中，化粪池主要功能为对医院废水中的悬浮物进行预沉淀，同时能承担部分脱氯作用，降低后续调节池脱氯运行压力，化粪池出水进入提升泵站提升至调节池。化粪池选用有效容积为 $100m^3$ 的 13 号加强型玻璃钢化粪池 5 座。

在火神山医院工艺流程的设计中，预消毒池设计在化粪池前端，其主要为避免医疗区病毒通过污水管道传播至生活区造成交叉感染。根据火神山医院布局特点，院区分为高区和低区两大区块。各区污水来自生活废水及医疗废水排水系统，因此进入预消毒池的污水来自高区生活废水、高区医疗废水、低区生活废水、低区医疗废水，四根污水管道。若四股污水先进入化粪池，生活废水及医疗废水将会在化粪池前端汇合，在管道未满流的情况下，生活废水与医疗废水的专用排水管道可能出现气体相通的情况，有病毒通过管道内气体传播至生活区造成交叉污染的风险。将预消毒池前置于化粪池，生活废水与医疗废水经消毒后再进入化粪池，能有效避免交叉污染的风险。

（3）MBBR（移动床生物膜反应器）生化池

根据《医院污水处理工程技术规范》HJ 2029—2013 第 6.1.2 条规定："传染病医院污水应在预消毒后采用二级处理＋消毒工艺或二级处理＋深度处理＋消毒工艺。"2003 年建成的北京小汤山医院，时间紧、任务重，医院建成后需立即投入使用，同时考虑到该医院西边 2km 左右处即有昌平区城市污水处理厂，污水直接采用一级消毒处理工艺，并将消毒处理后的污水传输至城市污水处理厂进行处理，确实可以满足当时卫生防疫要求。但与小汤山医院不同的是，火神山医院附近并无污水处理厂，污水经院区污水处理站处理后，需通过一体化提升泵站排入距污水处理站 800m 处的市政污水管道，再经由和黄泵站最终排入蔡甸区石洋污水处理厂，污水输送全程超过 10km。因此综合考虑规范要求和项目的紧迫性，火神山医院污水处理依然将二级生化处理纳入工艺设计中，但制定了如前文所述，对出水水质分阶段考核要求。

在二级生化处理工艺选择方面，本项目结合现场实际情况和工艺要求，通过一系列方案比选、专家论证，最终选择 MBBR 工艺（成套设备）作为火神山医院污水处理的生化处理工艺。具体原因如下：

① 废水含固率高，不宜选用以过滤为主的生化处理工艺。

由于地形地势原因，预消毒池及化粪池深基坑超过 10m，设置普通格栅条件有限，院区污水经收集后先进入一级消毒池，后通过化粪池处理后由一体化泵站提升进入调节池；同时为保障运维人员安全，避免废水暴露在空气中，考虑全封闭处理系统，未设置传统格栅系统，而在一体化提升泵站内设置粉碎格栅。粉碎格栅的设置将导致废水含固率较高，因此不宜选用以过滤为主的生化处理工艺，避免造成堵塞，提升设备维护量。

② 生化调试周期相对较短。

施工期间武汉处于冬季，1～2 月平均气温均低于 10℃，对于生化处理调试是一个耗时相对较长的时期。MBBR 生物膜泥龄长，一般来说超过 30 天，有益于硝化菌群的聚集。对于此次疫情，低温、贫营养、高毒性、高氯离子等极端条件下的污水水质情况，能提高优势菌种的筛选效率。

③ 抗负荷冲击能力强，降低运营风险。

火神山医院作为不设置门诊的临时应急医院，污水排水变化系数相对较大，且多为院区病房排水，污水相关水质指标中可生化性相对较低。在 MBBR 微生物种群中，特别是硝化菌群，有很大一部分以附着态存在。硝化菌群受冲击性影响小，有较强的抗冲击负荷能力，且在超出设计负荷冲击性之后，也能快速恢复正常的处理效果，大大降低后期运营的风险。

④ 占地面积小、设备成套供应、施工周期短。

该工艺的微生物载体，能提升反应器中的生物量和生物类型及处理效率，且载体密度接近于水，在进行生物曝气时可以和反应器中的废水充分混合，达到气、液、固平衡，提高微生物的挂膜速率和面积，工艺设备占地面积的减少、设备成套供应也可适当缩短工期。

⑤ 运维成本相对较低：MBBR 悬浮载体流化不用设置专用曝气设备，普通曝气就能达到悬浮载体流化标准，伴随悬浮载体填充率的提升，载体对汽泡有切割功能，能扩大气液接触范围。悬浮载体能有效增加汽泡的外溢时长，提升空气的氧传递效率，降低曝气系统的耗能，有效降低后期对于生化处理系统的运维成本。

综上所述，受制于场地条件，时间限制，经过多工艺对比，工艺可行性论证，确定使用启动快、占地面积小、抗冲击负荷能力强、设备成型且运行成本低，并能够快速安装投入使用的 MBBR 工艺。本项目 MBBR 生化池按规模 $800m^3/d$ 设计，采用钢制成品生化池，两套系统并联设计，单套处理工艺生化系统停留时间约 5.6h，配套生化填料、鼓风机及曝气系统等。

(4) 混凝沉淀池

固液分离是深度处理部分最为重要的环节，沉淀效果的好坏直接影响到污水处理的效果，对病毒的进一步去除也起到一定的作用。高效沉淀池是分离悬浮固体的一种常用工艺，高效沉淀通过加入絮凝剂、助凝剂，使胶体在一定的外力扰动下相互碰撞、聚集，形成较大絮状颗粒，从而使污染物被吸附去除。本项目选择集机械混合、絮凝、斜板沉淀于一体的高效沉淀工艺，该工艺目前已经广泛应用于污水的深度处理工程中。采用钢制成套设备 2 套，单台混凝沉淀池设计流量为 $60m^3/h$，配套絮凝剂制备及投加系统 1 套。

（5）污泥处理

生化系统产生的污泥经混凝沉淀池固液分离之后，经由沉淀池配套的污泥螺杆泵排入污泥浓缩池储存，同时由计量泵加入次氯酸钠溶液到污泥浓缩池对污泥进行初次灭活。在污泥浓缩池进行重力浓缩后，上清液自流排入调节池，浓缩污泥经污泥螺杆泵排入叠螺机。叠螺机启动时加入阳离子 PAM 调理后进行污泥脱水，压滤液通过配套的多级离心泵打入污水处理系统调节池。

污泥经消毒后脱水至 80%以下，由有资质的危废处理单位集中清运处理。污泥处理需达到《医疗机构水污染物排放标准》GB 18466—2005 表 4 医疗机构污泥控制标准。化粪池内污泥清掏周期为半年，考虑到是临时应急医院，运行期间化粪池无需清掏。

4）雨水处理工艺设计

火神山医院雨水处理工艺采用氯消毒剂对雨水消毒后排入市政污水管网，消毒剂来源采用污水处理站消毒剂，消毒剂投加量为 25mg/L（有效氯）。

6.1.3 工程实施

1. 施工流程

污水处理是医院重要保障系统，设计给水排水、环保、建筑、结构、电气等多个专业，为确保医院如期投入使用，火神山医院污水处理站采用模块化污水处理设备进行组装，大大缩短工期，施工流程如图 6-2 所示。

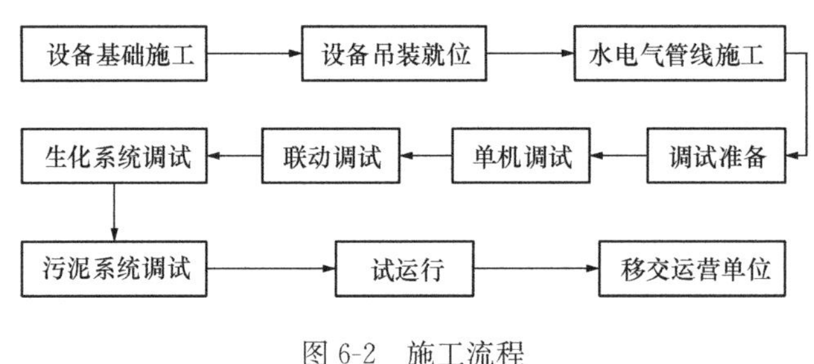

图 6-2 施工流程

2. 施工要点

1）污水站设备基础（含设备间）施工主要为常规土建工程施工。

2）设备吊装就位

（1）设备吊装就位前应对设备基础进行检查验收，除按设计要求规定外，尚需符合以下要求：①模块化污水处理设备就位前设备基础应平整均匀，如不能达到平整度要求应铲平或设置垫铁；②埋地设备基础标高应严格按设计标高控制，并与设计及设备厂商复核后方能进行吊装就位；③设备就位前设备基础应达到设计要求强度。

（2）设备吊装前应对设备进行检验，设备本体及附件应经过清洗检查，表面不得有铁锈、油污、杂物及裂痕，管孔不应有堵塞现象；模块化设备及其所有构件、阀门、管道应按设计规定的技术要求进行试压、试漏及严密性试验，并试验合格。

(3) 设备吊装就位应根据设计图纸依次吊装，确保各模块位置、方向正确，彼此间距准确。

(4) 需二次灌浆浇筑的设备在设备就位、复核尺寸后进行二次灌浆，灌浆必须振捣密实，不得有漏灌或空隙孔洞。

(5) 埋地模块化设备吊装就位口应注水至 70%，方式上浮。

3) 水电气管线施工

(1) 管线施工前应复核所有模块化设备预留接口尺寸及位置，如与设计存在偏差，应在设计与设备厂商协商解决方案后方可继续施工。

(2) 应根据管线走向合理布置管道支架，以便控制管道在预定的范围内产生水平和垂直位移，并且不产生过大的应力，以保证管道系统的安全运行，支架形式参照图集 03S402；埋地管道在转角、接头处应设置支墩。

(3) 钢管应进行防腐处理，防腐施工时严格按照涂料供应商及设计说明进行施工。

(4) 管道安装应严格按照经批准的施工图施工，钢管采用焊接连接，UPVC 管采用粘结，PE 管/PPR 管采用热熔连接，埋地 HDPE 双壁波纹管采用橡胶圈连接。

(5) 管道施工完成后应按设计及施工验收规范对管道极性强度及严密性进行试验，确保管道不渗不漏；埋地管道试验合格后方可进行回填。

(6) 空气管路施工完成后应进行吹扫，排气口用白布或涂有白漆的靶板检查，合格后方可完成管道安装。

(7) 电缆敷设前应核对电缆型号、电压。规格是否符合设计要求，外观是否有扭绞、压扁、保护层破裂等缺陷。

(8) 电缆敷设应按设计要求和对电缆进行编号，挂上电缆牌。

(9) 电缆敷设前应按设计及实际路径计算每根电缆长度，合理安排每盘电缆，减少接头，电缆穿管前应先进行疏通，清除杂物后进行敷设。

(10) 电缆敷设应按设计及规范要求安装桥架，电缆桥架应安装牢固不得松动，并合理接地。

4) 调试准备

(1) 调试前应对安装工程验收，验收合格后方可进行调试。

(2) 调试前应收集污水工艺与设备资料，熟悉了解污水站进水水量、工艺进水的水质及特点、排放标准、工艺流程、主要构筑物及设备等；熟悉整体处理工艺管线、设备、仪表、自控系统控制原理，包括主要设备的数量、位置、用途、维护指南、使用注意事项。

(3) 准备调试生产物资：包括药剂、化验试剂及耗材等。

(4) 清理各构筑物池和罐体内杂物及各个池体的建筑垃圾；检查所有设备安装完备情况和各进出水阀门、出气阀门密闭情况；检查所有设备电气连接状况，使之达到正常状态；检查水、电、气是否通畅无阻；检查、检修完毕后，在调试前，对现场全部场地及设备进行清洁工作，所有管道阀门进行清扫。

5）单机调试

（1）水泵调试

合上联络柜，开启水泵，待水泵运行稳定及其对应的电容补偿柜投入运行后，退出联络柜。

操作人员在水泵开启至运行稳定后方可离开控制现场。在运行中密切留意池内水位变化，以便根据情况及时调整进水闸门度，严禁泵干转，还要留意水泵和其他设备的工作情况，检查水泵的流量、电压、电流是否稳定，轴温、绕组温度是否有变化，当出现异常时，如仪表显示不正常、不稳定或水泵机组有异常的噪声或振动等，应立即关机，待检修好后再投入运行，同时开启备用机。

当出现处理站突然断电或设备发生重大事故时，立即关闭进水闸门，并及时向主管部门报告，弄清楚并排除故障后方可开机。

水泵正常情况下操作泵和备用泵，每 7 天轮换一次。如果水泵超过 30 天不运行，则应运行水泵一次，运转时间约 10min。

一般情况下，不要频繁开泵、关泵。停泵后再起动泵的时间间隔不少于 10min。

及时清除叶轮、闸阀和管道的堵塞物，检查管道出口拍门有否泄漏和门盖支架有否松动。

每班操作人员应对每一台泵的运行情况作认真的记录。

（2）加药系统调试

确定现场加药罐、加药计量泵安装、接电完成，加药罐贮满清水，开启计量泵进出水阀门，启动计量泵，校核计量泵出水流量是否稳定，与设计值相符。放空加药罐，依次配置 PAC 溶液 10%浓度，PAM 溶液 0.1%，次氯酸钠根据次氯酸钠储罐和计量泵流量合理配置。

（3）二氧化氯调试

核实消毒设备厂家说明及操作要求，按规范操作。二氧化氯发生器运行时将氯酸钠溶液及盐酸按比例加入发生器反应腔里，经过负压曝气混合搅拌，在反应腔内逐级加热到 45℃产生二氧化氯与氯气的混合气体，经水射器混合投加吸收后形成一定浓度的二氧化氯及氯气混合消毒液，然后输送投加至待处理水中。由于此反应过程吸热，为保证反应率，应对反应腔设加热器。反应腔的材质结构易于导热及耐腐蚀。

（4）罗茨风机

启动后空转 30min，检查有无异常振动及发热现象，如果出现异常情况，停机检查原因。

无负荷运转无异常情况，逐渐关闭放空阀门，达到额定压力，注意观察风机温度和振动，电流、电压是否正常。

运转过程中，定期检查油温、电流表、轴承温度，一般为 15min 检查一次。

停机时，先泄压、减载，再停车。

6）联动调试

（1）联动调试前所有设备均已单机调试合格，各设备及管道系统均已通过强度试验、严密性试验；

（2）联动调试前调试范围内电气系统、自控系统、仪表系统等均已通过测试且合格。

7）生化系统调试

首先利用调节池内的潜水搅拌机，添加亚硫酸钠与水中的剩余余氯进行中和，避免大量余氯进入生化系统对活性污泥造成不可逆的影响。亚硫酸钠初始投加浓度为 20mg/L（运营过程中根据实际情况调整），定期检测水中的余氯浓度，当余氯浓度低于 0.2mg/L 时方可进入后续 MBBR 生化处理系统。

采用附近污水处理厂脱水后的剩余活性污泥作为接种菌，加入生物反应池好氧段，使池内活性污泥浓度添加至 3000mg/L。活性污泥投加后闷曝 24h，待污泥颜色转变为黄褐色时，观察测定 MBBR 池内 SV 浓度，连续进、出水，混合液到终沉池后，活性污泥 100%回流到生物反应池。

闷曝 24h 后，先按照设计进水量 20%进行进水，每日进水 100～200m^3/d，运行后观察活性污泥性状，检测出水 COD、NH_3-N、SV30、DO 等污水指标。缺氧段 DO 控制在 0.5mg/L 以下，厌氧段不允许有 DO 进入，好氧段 DO 控制在 2～4mg/L。根据污泥培养和驯化状况，将 MLSS 控制在 4000mg/L 以内，污泥龄控制在 15～20 天，等系统正常运行后，DO 可调整到 2mg/L 左右，边运行边摸索回流比 R、剩余污泥排放周期及日排放量、MLSS、SRT、ORP 等值，优化运行参数。

当污泥浓度稳定增长，COD 氨氮去除率达到 80%后，按照 40%、60%、80%、100%的比例提升生化系统处理能力（表 6-5）。

生化调试常见异常问题、分析及应对对策　　**表 6-5**

异常现象症状	分析及诊断	解决对策
曝气池有臭味	曝气池供 O_2 不足，DO 值低，出水氨氮有时偏高	增加供氧，使曝气池出水 DO 高于 2mg/L
污泥发黑	曝气池 DO 过低，有机物厌氧分解析出 H_2S，其与 Fe 生成 FeS	增加供氧或加大污泥回流
污泥变白	丝状菌或固着型纤毛虫大量繁殖	如有污泥膨胀，参照污泥膨胀对策
	进水 pH 过低，曝气池 pH≤6，丝状型菌大量生成	提高进水 pH
沉淀池有大块黑色污泥上浮	沉淀池局部积泥厌氧，产生 CH_4 与 CO_2，气泡附于泥粒使之上浮，出水氨氮往往较高	防止沉淀池有死角，排泥后在死角处用压缩空气冲或高压水清洗
曝气池表面出现浮渣，似厚粥覆盖于表面	浮渣中见诺卡氏菌或纤发菌过量生长，或进水中洗涤剂过量	清除浮渣，避免浮渣继续留在系统内循环，增加排泥

续表

异常现象症状	分析及诊断	解决对策
污泥未成熟，絮粒瘦小；出水混浊，水质差；游动性小型鞭毛虫多	水质成分浓度变化过大；废水中营养不平衡或不足；废水中含毒物或 pH 不足	使废水成分、浓度和营养物均衡化，并适当补充所缺营养
污泥过滤困难	污泥解絮	按不同原因分别处置
污泥脱水后泥饼松	有机物腐败	及时处置污泥
	凝聚剂加量不足	增加剂量
曝气池中泡沫过多，色白	进水洗涤剂过量	增加喷淋水或消泡剂
曝气池泡沫不易破碎，发黏	进水负荷过高，有机物分解不全	降低负荷
曝气池泡沫茶色或灰色	污泥老化，泥龄过长解絮污泥附于泡沫上	增加排泥
进水 pH 下降	厌氧处理负荷过高，有机酸积累	降低负荷
	好氧处理中负荷过低	增加负荷
出水色度上升	污泥解絮，进水色度高	改善污泥性状
出水 BOD、COD 升高	污泥中毒	污泥复壮
	进水过浓	提高 MLSS
	进水中无机还原物(S_2O_3 H_2S)过高	增加曝气强度
	COD 测定受 Cl^- 影响	排除干扰

8）污泥系统调试

将浓缩后的剩余污泥及初沉污泥排入储泥罐，储罐内设置的搅拌机和消毒加药，对污泥进行消毒处理，污泥储罐通过污泥螺杆泵送入污泥脱水机，直接进行脱水。配置阳离子 PAM，配置浓度 0.1%，PAM 投加量按照 3kgPAM/t 绝干污泥浓度配置。污泥浓缩后的含固率在 3%以上，污泥脱水机脱水后含固率控制在 20%以上，根据业主要求外运委托有资质处理单位统一处理。

6.1.4 实施总结

目前国内污水处理各类工艺比较成熟，工艺基本都能达到良好的污水净化效果，但现代应急呼吸系统传染病医院污水处理工艺的选择除了需要考虑污水处理工艺本身的特点外，还需要考虑设备材料采购、送货周期、用地、投入使用时间、防疫安全等因素的影响。

火神山医院是在武汉抗击新型冠状病毒肺炎疫情的特殊时期建设并投入使用的第一所传染病应急医院，医院污水处理建设时间紧、任务重、标准高。在与业主、设计等单位充分沟通及与水务、医药、病毒等领域专家评审意见的基础上，污水处理采取“预消毒＋生化处理＋深度处理＋二次消毒”工艺方案，并选取模块化污水处理设备进行组装，在较短的时间内完成了火神山医院污水处理建设并投入运营，运营状态良好，各项污水指标均达到规范要求，为现代应急呼吸系统传染病医院污水处理工程建设提供了思路及案例。

6.2 防渗漏工程

6.2.1 工程概况

为防止医院雨污水渗漏至地下水及土壤，造成污染物及病毒的传播，火神山医院整个场地按照垃圾填埋场防渗层标准对地基基底用复合土工防渗膜进行全覆盖，在地上构筑物与地下水、土壤之间形成一道物理隔离层。复合土工防渗膜结构为“两布一膜”，即“两层土工布和一层 HDPE 防渗膜”（图 6-3）。具体做法是在平整过的地面上，先铺设 20cm 厚细砂，依次在细砂上面铺设一层土工布＋一层 HDPE 防渗膜＋一层土工布，然后再铺设 20cm 厚细砂作为保护层。其采用的工布规格为 600g/m²丙纶长丝土工布，HDPE 防渗膜规格为 2.0mm 双糙面防渗膜。

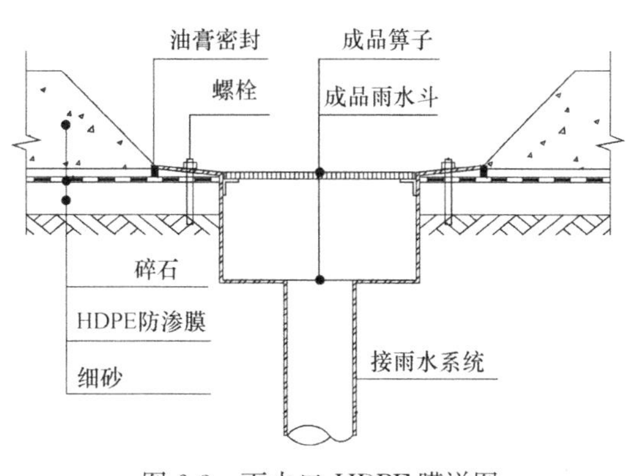

图 6-3 雨水口 HDPE 膜详图

雨水口等垂直管线需穿过 HDPE 膜，为保证整个场地的封闭效果，在接口处涂抹密封油膏进行封闭。

道路边缘处需要将 HDPE 膜上翻铺设 200mm 高，以保证路缘石施工后节点处不会渗漏。在所有管道沟槽下铺设 HDPE 膜，防止管道破损医疗污水浸入土壤中。如图 6-4、图 6-5所示。

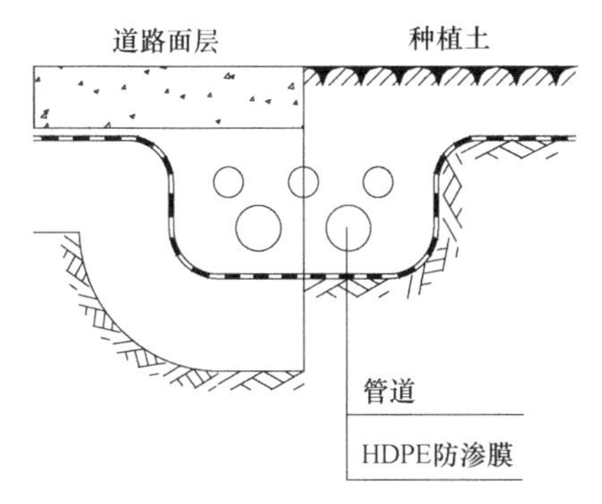

图 6-4 埋管处 HDPE 膜详图

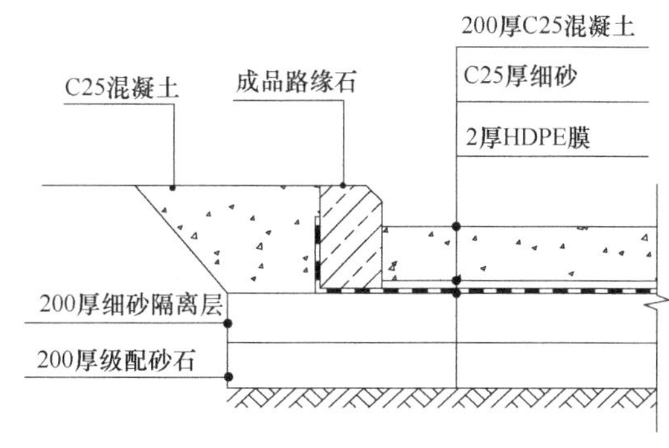

图 6-5 道路收口 HDPE 膜详图

6.2.2 施工流程

HDPE 膜又称高密度聚乙烯土工膜，是一种新型土工合成材料，具有很高的防渗系数、良好的耐热性和耐寒性，可在－70～110℃保持稳定的性能。具有高强抗拉伸机械性，其优良的弹性和变形能力非常适用于膨胀或收缩基面，可有效克服基面的不均匀沉降。具有良好的抗老化、抗紫外线、抗分解能力，可直接裸露使用。具有优异的抗穿刺能力，可以抵抗大部分植物根系的破坏。具有优异的化学稳定性，耐高低温，耐酸、碱、盐等80多种强酸强碱化学介质腐蚀，被广泛用于污水处理、化学反应池、垃圾填埋场防渗层中。施工流程见图6-6。

HDPE防渗膜作为隔渗层的主要材料，其性能、规格的选择至关重要，施工前需对HDPE防渗膜的型号、规格以及质量进行标准化检查，合格后方可使用（表6-6）。

HDPE防渗膜材料性能表　　表6-6

序号	项目	单位	指标
1	最小密度	g/cm³	≥900
2	屈服强度	N/mm	≥29
3	断裂伸长率	%	≥300
4	直角撕裂强度	N	249
5	穿刺强度	N	534
6	碳黑含量	%	≥2
7	耐环境应力开裂	hr	300
8	200℃时氧化诱导时间	min	≥100
9	水蒸气渗透系数	g·cm/(cm²·s·Pa)	$\leqslant 1.0\times10^{-13}$
10	−70℃低温冲击脆化性能	—	通过
11	尺寸稳定性	%	

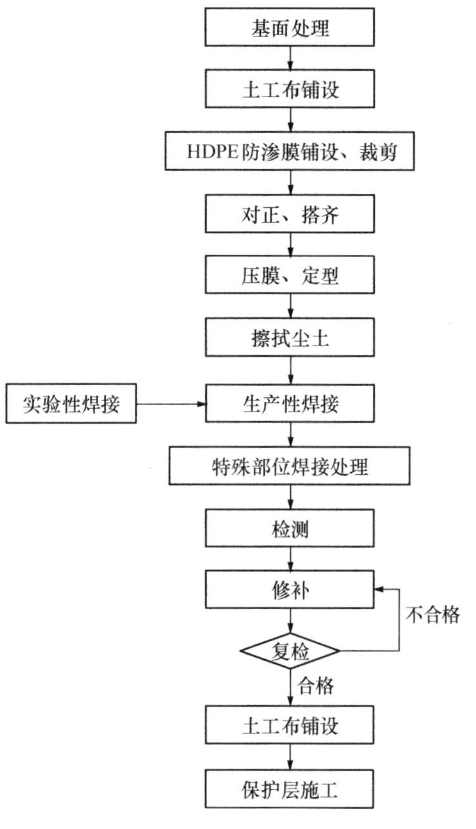

图6-6　HDPE膜施工流程图

6.2.3　施工要点

1. 基面处理

场地整平至基底标高后，需填20cm厚细砂作为HDPE膜的保护层（图6-7、图6-8），

图6-7　场地平整

图6-8　铺设细砂保护层

细砂层经碾压后压实度须达到 95%以上。基面平整后须顺直，平整度达到 $\pm 2cm/m^2$ 以内。基底垂直深度 2.5cm 内不得有碎石、植物根须、钢筋、混凝土颗粒、玻璃碎片等尖棱物体，避免刺破 HDPE 膜。场地内存在高差时按照纵横坡度在 2%以内进行找坡。

2. HDPE 防渗膜的铺设、 裁剪

1）HDPE 防渗膜在铺设前，先对铺设区域进行检查、丈量，做下料分析，画出铺设顺序和裁剪图，根据丈量的尺寸选择相匹配的防渗膜运至作业场地，铺设时根据现场实际条件，采取从上往下“推铺”的方式；

2）铺设 HDPE 防渗膜时力求焊缝最少，在保证质量的前提下，尽量节约原材料；

3）铺设时从底部向高位延伸，不要拉得太紧，应留有 1.50%的余幅，以备局部下沉拉伸；

4）相邻两幅的纵向接头不应在一条水平线上，相互错开 1m 以上；

5）纵向接头距离坡脚、弯脚处 1.50m 以上，设在平面上；

6）先边坡后场底，HDPE 防渗膜铺设完成后，应尽量减少在膜面上行走、搬动工具等，凡能对 HDPE 防渗膜造成危害的物件，均不能放在膜上，以免对膜造成意外损伤（图 6-9、图 6-10）；

图 6-9　铺设土工布

图 6-10　铺设 HDPE 膜

7）对于垂直铺设要采用专门开槽机开掘垂直槽并作泥浆护壁，将与槽深相当的卷轴 HDPE 膜插入槽中，沿槽倒卷 HDPE 膜卷轴，使膜展开，并随后用细砂土填实膜壁两侧空隙。

3. HDPE 防渗膜的对正、 搭齐

1）HDPE 防渗膜的铺设应平整、顺直，避免出现褶皱、波纹，以使两幅防渗膜对正、搭齐（图 6-11）；

图 6-11　HDPE 膜对正搭齐

2）搭接宽度按设计要求，一般为10cm。

4. 压膜定型

用砂袋及时将对正、搭齐的HDPE防渗膜压住，以防风吹扯动。HDPE防渗膜采用沟槽锚固，视其使用条件及受力情况，锚固沟槽宽度为0.5～1.0m，深度为0.5～1.0m。在锚固沟槽的顶部，要预留一定量的防渗膜，以备局部下沉拉伸（图6-12、图6-13）。

定型后及时擦拭清理焊缝搭接处，做到无水、无尘、无垢，为焊接做好准备。

图6-12 压膜定型

图6-13 清理杂物

5. 试验性焊接

HDPE防渗膜的焊接主要有单轨挤出和双轨热熔两种，现场主要以双轨热熔为主。其原理是利用焊机内电烙铁加热HDPE膜两面，使其表面熔化，上下滚轴相互挤压两层膜，使之相互连接在一起。焊接后形成两条极为狭窄的焊缝，加强了接口处的抗剪性能。

在现场生产性焊接前应先在HDPE防渗膜试样上进行试验性焊接，对焊接时的压力、速度和温度进行试验和调整，以检验和调节焊接设备。实验性焊接所处的温度和环境要与现场生产焊接一致，避免生产焊接时出现环境方面的不利影响。

6. 生产性焊接

试验性焊接通过后方能进行生产性焊接。焊接时必须保持焊接的压力、温度和速度，使焊接达到最佳效果。焊缝处的HDPE防渗膜应熔接为一个整体，不得出现虚焊、漏焊或者超焊（图6-14）。

HDPE膜铺设之后须在当天完成相应的焊接工作，焊接完成后要及时清理焊机设备中的残留物，对焊机定时保养。在边坡交汇的复杂部位需采取特殊处理措施。

边坡与边坡交汇处：HDPE膜的铺设和焊接均属特殊情况，要先丈量边坡尺寸，根据实际情况进行裁剪（图6-15）。边坡铺设时，展膜方向应基本平行于最大坡度线；焊接时调整焊机的压力和温度，确保膜紧贴边坡基底，否则会造成HDPE膜“悬空”或“起鼓”现象。

图 6-14　接缝处焊接

图 6-15　边坡与场地交汇

边坡与场底交汇处：铺设时先把防渗膜顺着边坡面铺设在距盲沟 1.5m 以外处，再与场底膜相连。相邻两幅膜焊接好后，再压往盲沟内。

7. 检测

HDPE 防渗膜接缝处的焊接质量是影响整个防渗层质量的关键。HDPE 防渗膜焊接后，应对全部焊缝、焊缝结点、破损修补部位、漏焊、虚焊的补焊部位、前次检验不合格再次补焊部位进行检测。检测方法主要有目测、充气检测、抽样室内检测、火花试验和超声波探测法。

目测：直接观察焊缝，看其接缝处是否平整、均匀，有无焊接缺陷，如有缺陷做好标记，进行补救和处理。也可以用手感受焊缝的平整程度，查看是否有缺陷。

充气检测：有充气法和真空罐法两种。充气法是用气针插入接缝中间，将针孔四周封闭，然后打气，当气压升至 0.1MPa 时，若能稳定 30s 压力不降，就认定为检漏合格。真空（负压）罐法是在焊缝上涂上肥皂水，罩上五面密封的真空盒，用真空泵抽真空，在负压下观察有无气泡产生，从而检查出孔洞或不严密之处。因充气法检测方便、结果更加准确，在现场检测中使用频率更高。

抽样室内检测：随机在现场选择一段焊缝进行拉伸试验，达到一定压力时，若裂缝处没有裂开而是别处断裂，则质量正常；若焊缝处断裂，说明此处依然比较薄弱，需要返工补救。

8. 修补

检测完毕后，应立即对检测时所做的充气打压穿孔全部用挤压焊接法修补。对检测不合格的地方进行修补时，需用大于损坏部位面积一倍以上的母材进行修补，焊机不能操作的部位才能用焊枪进行修补。

9. 保护层施工

HDPE 防渗膜焊接后，应及时覆盖保护层，避免阳光直射引起材料老化，覆盖保护层的速度应与铺设HDPE防渗膜的速度相适应。在坡面坡度较大因失稳而不易铺设覆土或砂石保护层时，可以采用喷射混凝土保护层的施工方法。喷射混凝土要按设计要求设置变形缝并及时洒水养护，以免混凝土层开裂影响保护效果。采用砂垫层时，应压实或掺其他有固结作用的改良材料使覆盖物板结、稳固，避免雨水冲刷而使防渗膜裸露。

6.2.4 实施总结

火神山医院借鉴垃圾填埋场防渗层的处理方式，利用“两布一膜”的防渗特性有效防止了医疗污水浸入土壤和地下水中，满足了环保及防疫要求，保障了施工速度，为应急呼吸系统传染病医院基础处理提供了思路和借鉴。

1）土工布质量轻、抗拉强度高，除了具有良好的防渗性、耐用性以外，还具有良好的反滤功能。HDPE膜防渗原理属于物理变化，不会产生任何有害物质，土工布与HDPE膜结合，不仅增大了HDPE膜的抗拉强度和抗穿刺能力，还由于土工布表面粗糙，增大了接触面的摩擦系数，有利于复合土工膜及保护层的稳定。复合土工膜为火神山医院的地下基础穿上“防护衣”，确保不让一滴污水进入地下污染土壤。

2）HDPE防渗膜的防渗原理属于物理防渗，不会产生任何有害物质，比黏土防水等普通防渗工艺节约成本30%～50%，而且施工速度快、效率高，非常适合用于紧急性工程建设中。

6.3 医疗废弃物处理工程

6.3.1 工程概况

医疗废物具有空间污染、急性传染和潜伏性污染等特征，如果处理不当，将对环境造成严重污染，也很可能成为疫病流行传播的源头，如果管理不严或处置不当，容易引发医废污染事故，对周边居民的人身安全和当地经济发展造成重大损害。基于新冠病毒特性通过空气、接触等途径快速传播的超强传染性，其医疗废物被列为《国家危险废物名录》中头号危险废物，其病毒、病菌的危害性是普通生活垃圾的几十、几百甚至上千倍，若处置不当，极易出现二次污染，很可能导致疫情的再次蔓延。

2020年1月28日生态环境部《关于做好新型冠状病毒感染的肺炎疫情医疗废物环境管理的通知》和《新型冠状病毒感染的肺炎疫情医疗废物应急处置管理与技术指南（试行）》，各地必须及时、有序、高效、无害化处置肺炎疫情医疗废物。

根据《新型冠状病毒感染的肺炎疫情医疗废物应急处置管理与技术指南（试行）》，为方便医院应急处置医疗废物，减少医疗废物转移过程中的车辆、人员及管理，杜绝转运、消毒不严等所造成的二次污染，火神山医院采用小型高效医疗废物无害化焚烧处理系统集中处置医院医疗废弃物，确保医疗废弃物集中无害化处置。

6.3.2 工程设计

1. 设计要求

1）焚烧物：医疗废弃物等垃圾；
2）焚烧量：2t/d；
3）炉体形式：卧式；
4）辅助燃料：柴油或天然气（液化气）；
5）炉内压力：采用微负压设计；
6）炉灰排放：焚烧后的灰渣从炉底手动排出。

2. 工艺方案

火神山医院医疗废弃物处理流程为：医疗垃圾→人工投料→焚烧炉焚烧→二次燃烧室→（烟尘进入）高效急冷装置→脱酸塔→PE 微孔除尘器→活性炭吸附→引风机→达标排放（图 6-16）。

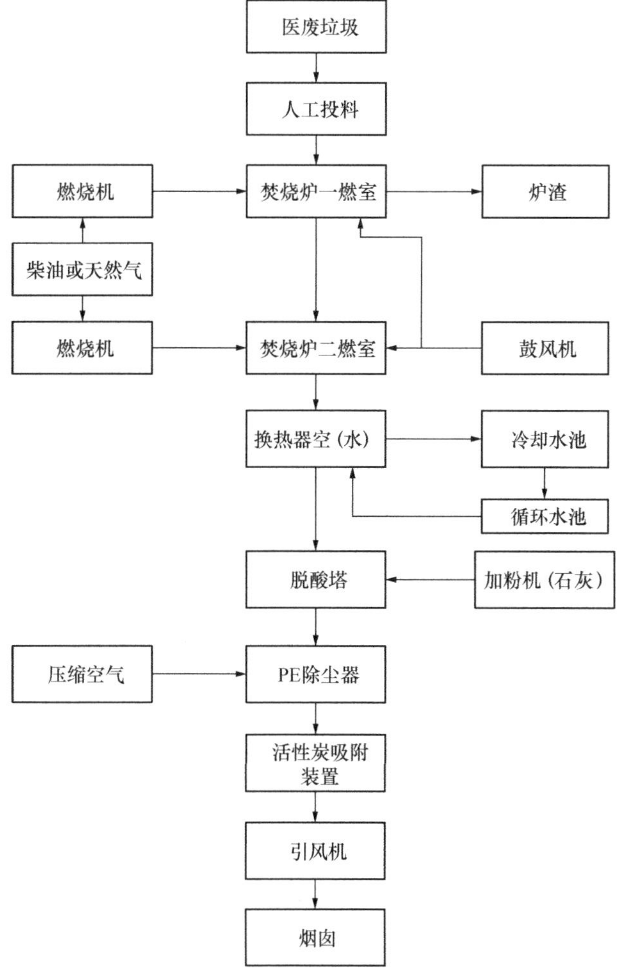

图 6-16　医疗垃圾处理工艺流程

将医疗废物通过定时定量送入焚烧炉本体，由点火温控燃烧机自动点火燃烧。医疗废物在炉内根据燃烧 3T（Temperature 燃烧温度、Time 停留时间、Turbulence 湍流度）原则，在炉本体燃烧室内充分分解燃烧。废物燃烧后，减容量≥97%。随后，烟气进入二次燃烧室，在富氧条件下充分焚烧。经高温焚烧后的烟气，在引风机的作用下进入高效急冷装置进行热量交换（热水可用于工作人员生活用水）。烟气在充分燃烧的情况下，可以有效避免二噁英的产生。

1）针对病毒性医疗废物实现就地直接入炉焚烧。

2）本系统采用两级焚烧：

① 主燃室首先裂解医疗废物，炉膛中心温度≥850℃，分解一切有机物质。同时实现减容（缩减率达 97%以上）。

② 二燃室焚烧温度在 850～1100℃，烟气停留时间>2s，彻底分解烟气中的可燃气和可燃颗粒物。

3）系统配置水冷换热器。将烟气温度急速降低至 250℃以下，有效抑制二噁英的再次合成。

4）系统配置脱酸、除尘、活性炭吸附等烟气净化系统，在灭菌的同时，也能有效地消除可能残存的 VOCs 气体，实现超低排放。

5）系统采用干式脱酸和除焦油沉降工艺技术，不产生废水，不需要配备废水处理设施。

6）炉膛气化，密封性能好，最大程度上控制了二次污染的产生，杜绝有毒、有害气体如二噁英的产生。烟气排放达到《危险废物焚烧污染控制标准》GB 18484—2001 中排放标准。

7）可处理所有一至五类医疗垃圾：无需复杂的分类和分选及前加工处理，收集后即可直接处理。

8）二次燃烧室有效容积大，蓄温能力强，滞留时间长，可对一次燃烧室产生的废气进行高温焚烧分解达到完全燃烧。

9）良好的排风系统，使炉内始终保持负压，不会有逆火之虑，操作安全可靠。

10）自动化程度高，点火温控燃烧系统，可根据炉内温度高低，自动调节大小火，节省燃料，故障率低。

11）运转成本低，整套装置设计紧凑、合理，使废弃物充分、完全、彻底燃烧，减少燃料消耗，同时热能回收利用率高，使运行成本大幅度降低。

12）操作简便：普通工人通过培训均能操作，维护保养非常简单。

6.3.3 主要工程设备

火神山医疗废弃物处理系统由焚烧炉主体（含一次燃烧室、二次燃烧室、燃烧机）、高效急冷装置（控制二噁英再生成）、脱酸装置（控制酸性气体）、PE 微孔除尘器（颗粒物）、活性炭吸附装置（VOCs）和引风机、烟囱及电控系统等组成（图 6-17、图 6-18）。

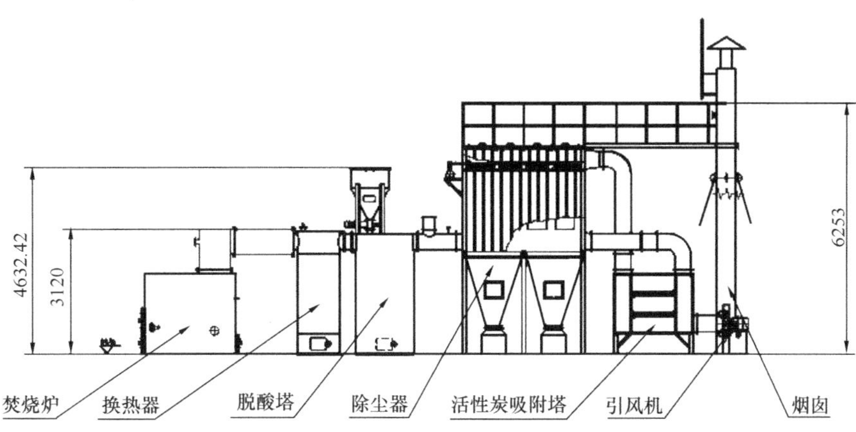

图 6-17　医疗废弃物处理设备布局示意图

图 6-18　医疗废弃物处理设备实物图

1. 焚烧炉主体

由主燃室、二燃室构成。主燃室由燃油燃烧机、耐热铸铁炉桥、补充燃烧氧气鼓风机、温度传感器、进料门、掏灰门等组成。二燃室由隔离烟道、燃油燃烧机、温度传感器、掏灰门等组成。如图 6-19 所示。

1）焚烧炉本体

（1）隔热效果好，耐火保温层蓄热能力强，正常运行不投燃油，经济效益佳。

（2）燃烧段在有氧状态的高温热解燃烧，工作温度控制在 850～1000℃之间，充分燃烧性能良好。最大程度上分解有毒、有害气体，特别是二噁英的高温分解。

2）点火装置

炉体配置自动点火燃烧器，经点燃后，在进入炉体的空气作用下燃烧，使炉体升温，在补氧风机的调节下，使被处理的垃圾中的有机可燃物及热解产生的可燃气体持续焚烧。

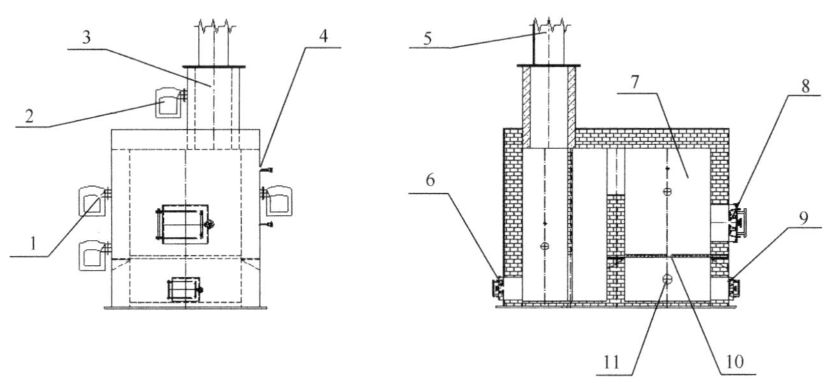

图 6-19　焚烧炉主体示意图

1—主燃室燃烧机；2—二燃室燃烧机；3—二燃室；4—温度传感器；5—烟道；6—二燃室掏灰门；7—主燃室；8—进料门；9—主燃室掏灰门；10—炉桥；11—助燃空气

2. 高效急冷装置

烟气温度从二燃室出口约 650～850℃进入高效急冷装置进行降温处理，本设计温控指标需在 2s 内将烟气度急降至 250℃以内，以确保杜绝二噁英在 450～600℃存在二次合成的机会。

3. 半干式脱硫脱酸箱

利用碱性溶液（如：氢氧化钠、氢氧化钙、碳酸钙等）吸收除去酸性有毒气体。反应塔采用高效低阻力的集尘装置，并降温冷却。

4. PE 微孔除尘器

PE 微孔除尘器由灰斗、上箱体、中箱体、下箱体等部分组成，上、中、下箱体为分室结构。工作时，含尘气体由进风道进入灰斗，粗尘粒直接落入灰斗底部，细尘粒随气流转折向上进入中、下箱体，粉尘积附在 PE 微孔滤板外表面，过滤后的气体进入上箱体至净气集合管-排风道，经排风机排至大气。清灰过程是先切断该室的净气出口风道，使该室的滤板处于无气流通过的状态（分室停风清灰）。然后开启脉冲阀用压缩空气进行脉冲喷吹清灰，切断阀关闭时间足以保证在喷吹后从滤板上剥离的粉尘沉降至灰斗，避免了粉尘在脱离滤板表面后又随气流附集到相邻滤板表面的现象，使滤板清灰彻底，并由可编程序控制仪对排气阀、脉冲阀及卸灰阀等进行全自动控制。

5. 活性炭吸附箱

活性炭吸附，烟气经过活性炭层有害气体被吸附。烟气经过活性炭在塔内上下跳动过程中被磨损，颗粒变小可适当加料。

6. 自动控制系统

应用变频技术、PLC技术和现场控制技术等，实现基于多点集群监测监控的分布自动控制系统，保证医疗废弃物焚烧系统自动运行。

7. 烟气在线监测系统

根据需要，定时采集各个通道的烟气数据，采样的主要参数包括 SO_2、NO_x、烟尘、烟气流量（湿度、温度、压力、含氧量）、CO、HCl等，反馈至自动控制系统，确保焚烧炉正常运行及烟气达标排放。主要包括数据采集、数据处理、数据保持、自检、报警数据传输等功能。

烟气温度限制：0～500℃；

设备对振动的要求：避免强烈振动；

最大含尘量：500mg/m^3；

样气流速：1.5～13m/s；

系统对压缩空气要求：无水、无油、无尘。

6.3.4 总结

依据生态环境部印发《新型冠状病毒感染的肺炎疫情医疗废物应急处置管理与技术指南（试行）》文件精神，并借鉴发达国家分散式、小型化、快速化、无害化、就地化处置垃圾思维，火神山医院采用了小型两级焚烧＋急速冷却的医疗垃圾焚烧处理系统，针对医疗废弃物采取高温焚烧、日产日清的措施，设备运行稳定、能耗较低，既节约了时间、又节约了成本，提高了效率，解决了医疗废物存储、空间、运输、时间、泄漏造成的隐患问题，在最短的时间内彻底消灭传染源，有效满足了应急医院医疗废弃物处理环保及防疫要求。

6.4 废气处理工程

6.4.1 概况

火神山医院废气处理工程主要包括污水处理站废气、医废焚烧站废气及负压病房产生的废气。污水处理工程及医疗废物焚烧过程中会产生硫化氢、氨气、甲硫醇及焚烧烟尘、二氧化硫等有毒有害废气，医院负压病房及污水处理站的废气含有新冠病毒，如不对废气进行处理，不仅影响到周围地区空气质量，对医院职工的工作环境以及对周围居民居住环境带来一定的负面影响，而且可能造成病毒扩散，造成防疫工作失控。

针对上述三种来源废气，根据废气来源、性质及污染程度等采取针对性处理措施：负压病房废气通过对病房换气次数及送、排风量的控制使污染区、半污染区、清洁区形成5～

10Pa 压力梯度，“指引”气流从洁净区流向污染区，室内比室外气压低 15Pa，每间病房设有 1 个送风口和 2 个排风口，并在排风管设置配备杀毒装置。对排出的空气先杀毒处理再排放；医疗废物焚烧废气通过“高效集冷＋脱硫脱酸＋PE 微孔除尘器＋活性炭吸附”工艺处理后排放；污水处理废气采用“活性炭吸附＋UV 光解氧化”处理后排放。

6.4.2 工程设计

医疗废物焚烧站废气及负压病房废气在前述章节已有介绍，本节不再重复，主要介绍污水站废气处理。

1. 设计规模

根据火神山医院污水处理工程设计，主要对调节池、MBBR 生化池、混凝沉淀池、接触消毒池及污泥脱水车间进行废气处理。根据通风换气空间、次数及池内供气量核算，火神山污水站废气处理规模为 10000m^3/h。

2. 工艺方案

臭气处理的常见方法有水洗法（化学洗涤法）、活性炭吸附法（包括催化型活性炭法）、臭氧氧化法、燃烧法、UV 光解除臭法、纯天然植物提取喷洒法和生物除臭法等，关于几种除臭技术的优缺点做如下对比：

水清洗是利用臭气中的某些物质能溶于水的特性，使臭气中氨气、硫化氢气体和水接触、溶解，达到脱臭的目的，设备简单，造价低，但易产生二次污染，产生的污水需再处理。

化学洗涤法的基本原理是通过喷淋式或填料式吸收塔将恶臭捕捉到液体中，臭气分子通过湿法吸收或氧化和洗涤液反应而从废气中去除。化学洗涤法的缺点是运营成本相对较高，特别是化学反应后的产物有造成新的环境污染的可能性和倾向，需要对洗涤之后的化学产物进行处理。

活性炭吸附法是利用活性炭的超强吸附能力，吸附臭气中致恶臭物质，对臭气进行处理的除臭方式。活性炭吸附到一定程度后达到饱和，需进行脱附后才能继续使用，活性炭脱附和更换费用均较高。

臭氧氧化是利用臭氧作为强氧化剂，达到脱臭的目的。臭氧易分解，不稳定，可能会产生二次污染，同时臭氧本身也是一种二次污染物，国家也有相应的限量标准，如果发生量控制不好，会适得其反。

UV 光解氧化除臭主要利用特制的波段在 181～245 左右的高能紫外线光束，在一定的照射时间段内，裂解废气如：氨、三甲胺、硫化氢、甲硫氢、甲硫醇、甲硫醚、乙酸丁酯、乙酸乙酯、二甲二硫、二硫化碳和苯乙烯、硫化物 H_2S、VOC 类、苯、甲苯、二甲苯的分子链结构，使有机或无机高分子恶臭化合物的分子链在高能紫外线的光束的照射下降解转变成 CO_2 和 H_2O 等。对工业废气及其他刺激性异味有立竿见影的清除效果。

燃烧法有直接燃烧法和催化燃烧法。根据臭气的特点，当温度达到 648℃，接触时间 0.3s 以上时，臭气会直接燃烧，达到脱臭的目的。

直接燃烧法对于高浓度臭气处理是有效的，但是燃烧费用高，燃烧后的气体中存有 NO_x 等气体成分，有二次污染的可能；催化燃烧法具有净化效率高、操作温度低、能耗少等特点，催化燃烧法虽然能彻底将废气中的有害物质转化为无害物质，达到脱臭的目的，但整个工艺过程中对于高分子化合物的分解不是很好，还会产生脱硫废物和催化剂等固体废物，同时存在设备投资大，运行管理严格，监控难度大和实际操作经验不足等问题。另外一点就是催化剂的造价比较高，燃烧过程中容易使催化剂中毒。

植物提取液除臭技术是将植物提取液喷洒形成具有很大比表面积的小雾粒，吸收空气中的臭气分子进行反应或催化与空气中氧化反应，生成无味、无二次污染的产物；天然植物提取液具有无毒性、无爆炸性、无燃烧性、无刺激性等特点。但该方法必须连续不断地使用植物提取液，除臭的效果靠除臭剂维持，后期费用较高。

生物除臭法是利用微生物以废气中的有机组分作为生命活动的能源或其他养分，通过微生物的生理代谢将具有臭味的物质转化为简单的无机物及细胞组成物质，从而达到除臭的目的。生物法以其安全、高效、节能、环保、无二次污染而赢得人们的青睐，并得到了迅速发展。

根据火神山污水站废气性质、现场情况并考虑到防疫要求，水洗法、化学洗涤法、植物液除臭及生物除臭均不能满足废气处理防病毒扩散要求；臭氧氧化法工艺设备复杂，建设运行难度大；燃烧法建设及运行成本较高，运行管理严格，且存在二次污染可能；考虑到火神山医院为应急医院，运转时间不会很长，而且现场占地条件有限，最终选择“活性炭＋UV 光解”工艺处理医院污水站废气，污水站废气经收集系统收集后依次通过活性炭吸附设备及 UV 光解设备处理后再通过风机及排放烟囱 15m 高空排放，工艺流程如图 6-20 所示。

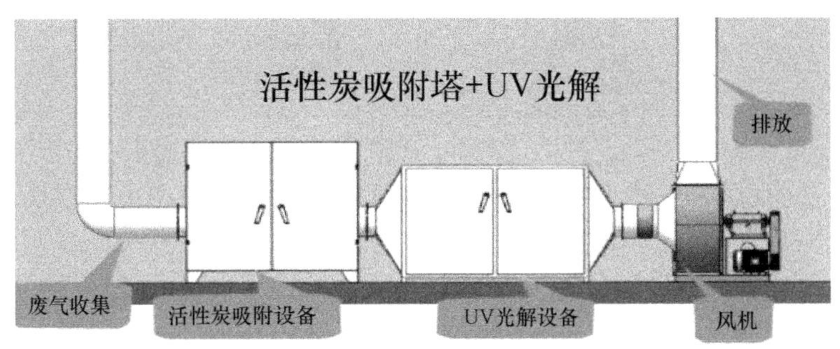

图 6-20　火神山废气处理工艺图示

吸附工艺段（活性炭吸附设备）：利用活性炭表面上存在的未平衡跟未饱和的分子引力吸附气体分子，当废气中的污染物被吸附到固体表面就达到了污染物跟空气的分离净化效果。

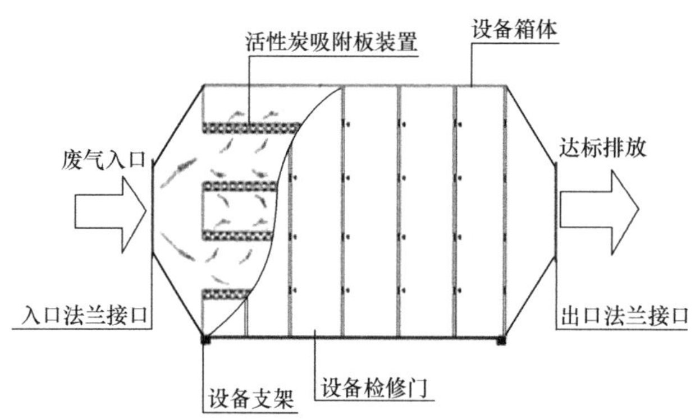

图 6-21 活性炭吸附设备原理图

UV 光解工艺段：利用特制的高能高臭氧 UV 紫外线光束照射废气，裂解有机废气如：苯乙烯，VOC 类，苯、甲苯、二甲苯等分子链结构，在光束照射下，降解转变成低分子化合物，如 CO_2、H_2O 等。高能高臭氧 UV 紫外线光束分解空气中的氧分子产生游离氧，即活性氧，因游离氧所携正负电子不平衡所以需与氧分子结合，进而产生臭氧，对有机物具有极强的氧化作用，将高分子污染物质分解为无害的二氧化碳或者水，以此来完成废气的净化目的（图 6-22）。

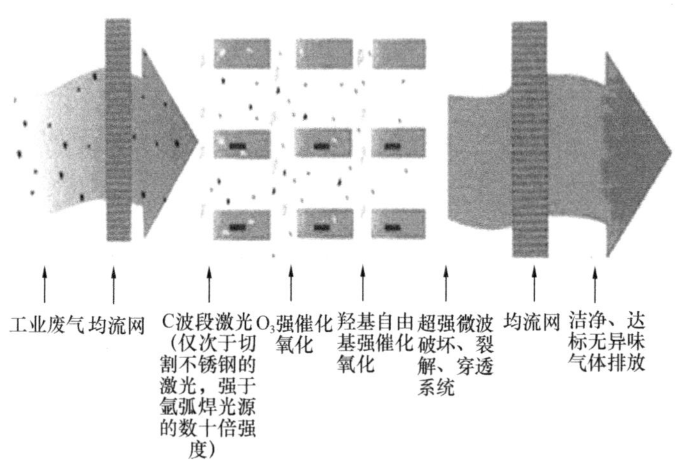

图 6-22 紫外光催化设备原理图

6.4.3 主要工程设备

1. 活性炭吸附箱

活性炭吸附箱是一种废气过滤吸附异味的环保设备产品，具有吸附效率高、适用面广、维护方便、能同时处理多种混合废气等优点。具有去除甲醛、苯、二甲苯等有害气体和消毒除臭等作用，广泛用于电子元件生产、电池（电瓶）生产、酸洗作业、实验室排风、冶金、化工、医药、涂装、食品、酿造等有机废气处理中。

活性炭吸附箱箱体可用不锈钢、碳钢、PP 板等材质制作，内部活性炭是一种黑色粉状、粒状或丸状的无定形、多孔炭，具有石墨那样的精细结构，比表面积（500～1000m^2/g）大，吸附能力强，能在它的表面上吸附气体、液体或胶态固体。对于气、液的吸附可接近于活性炭本身的质量。

污水站废气气体由风机提供动力，负压进入活性炭吸附箱箱塔体，由于活性炭固体表面上存在着未平衡和未饱和的分子引力或化学健力，因此当此固体表面与气体接触时，就能吸引气体分子，使其浓聚并保持在固体表面，污染物质从而被吸附，废气经过滤器后，进入后续 UV 光解系统。

2. UV 光解净化器

废气利用排风设备输入 UV 光解净化器后，净化器运用高能 UV 紫外线光束及臭氧对废气进行协同分解氧化反应，使有机废气中的苯乙烯，VOC 类，苯、甲苯、二甲苯等成分降解转化成低分子化合物、水和 CO_2，再通过排风管高空排放。UV 光解净化器能利用高能 UV 光束裂解废气中细菌的分子键，破坏细菌的核酸（DNA/RNA），再通过臭氧进行氧化反应，彻底达到净化及杀灭病菌的目的。利用高能高臭氧 UV 紫外线光束分解空气中的氧分子产生游离氧，即活性氧，因游离氧不稳定需与氧分子结合，进而产生臭氧。$UV+O_2 \rightarrow O-+O*$（活性氧）$O+O_2 \rightarrow O_3$（臭氧），恶臭气体利用排风设备输入 UV 光解净化器后，UV 光解净化器运用高能 UV 紫外线光束及臭氧对恶臭气体进行协同分解氧化反应，使恶臭气体物质降解转化成低分子化合物、水和 CO_2，再通过排风管道排出室外。

UV 光解净化器技术性能如下：

1）能高效去除挥发性有机物（VOC）、无机物、硫化氢、氨气、硫醇类、芳香类（含苯环）等主要污染物。

2）无需添加任何物质：只需要设置相应的排风管道和排风动力，使工业废气通过本设备进行分解净化，无需添加任何物质参与化学反应。

3）适应性强：UV 高效光解废气净化设备可适应高浓度、大气量、不同工业废气物质的净化处理，可每天 24h 连续工作，运行稳定可靠。

4）运行成本低：UV 高效光解废气净化设备无任何机械动作，无噪声，无需专人管理和日常维护，只需作定期检查，本设备能耗低，设备风阻极低＜50Pa，可节约大量排风动力能耗。

5）设备占地面积小，自重轻：适合于布置紧凑、场地狭小等特殊场地条件，设备占地面积＜1m^2/处理 10000m^3/h 风量。

6）优质材料制造：防火、防腐蚀性能高，设备性能安全稳定，采用不锈钢材质，设备使用寿命在 15 年以上。

7）净化效果好，可彻底分解工业废气中有毒有害物质，并能达到完美的净化效果，经分解后的工业废气，可完全达到无害化排放，不产生二次污染。

6.4.4 总结

火神山医院采用“活性炭吸附＋UV 光解”工艺处理污水站废气，运行状态稳定，效果好，运行期间未发生病毒扩散事故，可满足环保及防疫要求，为应急呼吸系统传染病医院废气处理提供思路。

第 7 章

智能化设计及施工技术

火神山智能化工程设计实施的系统包括：综合布线、安防监控、医护对讲、门禁控制、公共广播、网络设备安装、无线对讲系统、室外管网及配套管线桥架等。

7.1 智能化系统设计

7.1.1 一般规定

应急呼吸系统传染病医院应根据需求进行智能化系统总体架构设计，并应满足应急呼吸系统传染病医院总体规划要求。

智能化系统的子系统设置应满足应急呼吸系统传染病医院应用水平及管理模式要求，并应具备快速设计、施工和便于调试维护的条件。

应急呼吸系统传染病医院智能化系统应按表 7-1 的规定配置，并应符合现行国家标准《综合医院建筑设计规范》GB 51039—2014、《传染病医院建筑设计规范》GB 50849—2014、《安全防范工程技术规范》GB 50348—2018、《智能建筑设计标准》GB 50314 和行业标准《医疗建筑电气设计规范》JGJ 312—2013 等的有关规定。

应急呼吸系统传染病医院智能化系统配置表 **表 7-1**

序号	智能化系统			20～99 床 临时医院	100～499 床 临时医院	500 床以上 临时医院
1	信息化应用系统	候诊呼叫信号系统		○	⊙	⊙
		护理呼叫信号系统		●	●	●
		病房探视系统		○	⊙	●
		视频示教系统		○	⊙	⊙
		医疗专用信息系统		⊙	●	●
2	智能化集成系统			○	⊙	⊙
3	信息设施系统	电话交换系统		○	⊙	●
		信息网络系统		●	●	●
		综合布线系统		●	●	●
		有线电视系统		●	●	●
		公共广播系统		⊙	●	●
4	建筑设备管理系统			○	⊙	⊙
5	公共安全系统	火灾自动报警系统		●	●	●
		安全技术防范系统	视频监控系统	●	●	●
			入侵报警系统	○	⊙	⊙
			出入口控制系统	○	⊙	●
			电子巡查系统	○	⊙	⊙
			停车场管理系统	○	⊙	⊙
6	机房工程			○	⊙	●

注：●为应配置；⊙为宜配置；○为可配置。

7.1.2 信息化应用系统

应急呼吸系统传染病医院信息化应用系统宜由候诊呼叫信号系统、护理呼叫信号系统、病房探视系统、视频示教系统、医疗专用信息系统组成。

1. 一般规定

（1）各信息化应用系统的终端设备应易于清洗和消毒。

（2）应急呼吸系统传染病医院的呼叫信号装置应使用 50V 及以下安全特低电压。

2. 候诊呼叫信号系统

（1）100 床以上应急呼吸系统传染病医院在设置门诊时，宜设置候诊呼叫信号系统。当设置候诊呼叫信号系统时，应符合下列要求：

1）宜采用 TCP/IP 网络架构，系统软件与医疗专用信息系统连接；

2）在挂号窗口和分诊排队护士站应设置屏幕显示和语音提示装置；

3）可根据具体情况在诊室设置虚拟或物理呼叫器。

（2）候诊呼叫信号系统应由护士站或分诊台主机、呼叫扬声器、显示屏等组成。

（3）候诊室、检验科、放射科、出入院手续办理处、手术室等场所，宜设置候诊呼叫信号装置。

3. 护理呼叫信号系统

1）应急呼吸系统传染病医院应设置护理呼叫信号系统，系统宜采用基于 LAN 和 WAN 传输技术的双向高清可视对讲系统。

2）护理呼叫信号系统主要设备具体设置位置如下：

（1）病床前、卫生间应设置患者呼叫终端；

（2）护士站应设置对讲总机；

（3）医护走廊、病人走廊均应设置呼叫显示灯或显示屏。

3）护理呼叫信号系统应按护理单元设置，各护理单元的呼叫主机应设在本护理单元的护士站。

4）护理呼叫信号系统设备的安装应便于观察、操作。

5）宜设置足够数量的无线呼叫终端。

4. 病房探视系统

1）应急呼吸系统传染病医院的重症监护室及负压隔离病房等场所，宜设置病房探视系统，并宜与护理呼叫信号系统合建。

2）病房探视系统宜由护士站终端、语音对讲、图像显示等组成，并宜采用基于局域网 LAN 和广域网 WAN 的传输技术，通过语音或视频实现隔离区探视双方的语音对讲或双向高清可视对讲。

3）探视请求应由医护人员进行管理，并宜设置探视室。探视室中有多个探视终端时，应保证相互之间的私密性。

5. 视频示教系统

500床以上应急呼吸系统传染病医院宜设置视频示教系统，当设置视频示教系统时，应符合下列要求：

1）视频信号应单向上传，语音信号应双向传输。

2）视频应采集全景和局部的图像信号，并应设置备用插座，可在示教专用房间设置用于转播的超高清摄像机。远端示教室应设置显示屏。

3）控制间应对所有示教专用房间的图像与音频信号进行切换管理。

4）视频示教系统应接入医疗专用信息系统。

6. 医疗专用信息系统

应急呼吸系统传染病医院宜设置医疗专用信息系统，并应符合下列规定：

1）医疗专用信息系统宜由应急呼吸系统传染病医院管理系统（HMS）、医学影像信息系统（PACS）、医院信息系统（HIS）、放射学信息系统（RIS）、实验室信息系统（LIS）及临床信息系统（CIS）等组成；

2）医疗专用信息系统的建设应包括系统的运行保障和信息安全的建设；

3）医疗专用信息系统应设置操作权限并分类管理应急呼吸系统传染病医院的管理信息和临床医疗信息，并应分级管理各科室的临床信息；

4）医疗专用信息系统应支持模块化方式；

5）医疗专用信息系统前端输入识别方式，宜采用一卡通。

7.1.3 智能化集成系统

当设置智能化集成系统时，宜与信息系统共享信息。当不设置智能化集成系统时，宜采用建筑设备管理系统对建筑设备监控系统和公共安全系统进行集成，并宜预留与信息系统的接口。

集成系统的硬件及软件应采用开放的体系结构，满足实用、安全可靠、易扩展、易维护的要求。

7.1.4 信息设施系统

应急呼吸系统传染病医院的信息设施系统宜包括电话交换系统、信息网络系统、综合布线系统、有线电视系统、公共广播系统等。

1. 电话交换系统

当应急呼吸系统传染病医院设置电话交换系统时，电话交换总机应具有呼叫保留、呼叫转移、热线电话及无线通信接口等专用功能，并应具有模拟中继、数字中继接口。

2. 信息网络系统

应急呼吸系统传染病医院应设置信息网络系统，且必须满足相应医疗救治的总体要求，并实现与上级主管部门的平滑连接。系统设置应符合下列规定：

1）信息网络设备应设置在非污染区的专用配线间内，并应满足设备工作环境要求。

2）信息网络系统的设计和配置设备的选型应能满足应急呼吸系统传染病医院对信息使用功能的要求，并应保证网络和数据的安全可靠、满足图像信息传输的带宽及可扩展性强等要求。

3）应急呼吸系统传染病医院的信息网络系统宜设置用于医疗业务的应用网络（内网）、用于可接入 Internet 服务的网络（外网）和用于公共安全业务的安防网，并宜分别设置交换机和服务器。

4）内网及安防网应采用冗余的网络架构。

5）系统网络安全设计符合公安部 GAWA3011 等相关标准的要求。

3. 综合布线系统

应急呼吸系统传染病医院应整体规划设置综合布线系统，并应符合下列规定：

1）100 床以上应急呼吸系统传染病医院的综合布线系统，数据传输主干应采用光纤，水平线宜采用六类及以上的 4 对对绞电缆；手术室、影像科室、示教室等传输信息量较大的场所，宜采用光纤到桌面的布线形式。

2）信息点的设置应不低于以下配置要求：

（1）护理单元的护士站设置 3 个双孔信息插座；

（2）护理单元主任及护士长办公室设置 2 个双孔信息插座；

（3）护理单元的示教室设置 1 个双孔信息插座，应预留 1 个单孔信息插座；

（4）护理单元的护士办公室存放床边超声机和心电图处设置 2 个单孔信息插座；

（5）护理单元其他功能用房（包括夜间医生和护士值班室）设置 1 个单孔信息插座；

（6）护理单元的公共入口处设置信息插座；

（7）医生办公室每个工位设置 1 个双孔信息插座，预留 1 个单孔公共信息插座；

（8）每个 ICU 床位设置 4 个内网信息插座；

（9）放射科的分诊登记台设置 2 个双孔信息插座，同时设置供电子叫号屏用的 2 个单孔信息插座；

（10）医技各部门应根据设备的使用情况，按每台设备至少 1 个单孔信息插座设置，对于有人长时间进行操作的设备不应少于 1 个双孔信息插座；

（11）候诊前台、挂号、收费、发药等处每个工位不应少于 1 个双孔信息插座；

（12）医院内的公共场所应根据需要设置信息插座；

（13）负压病房每房设置 3 个双孔信息插座，病房内的信息点宜按床位设置在综合医疗带上；

(14) 护士站配一键报警按钮，接入安防系统。

3) 配线间设置应满足现行国家标准《综合布线系统工程设计规范》GB 50311—2016 的规定。

4) 信息插座的标高应按现行国家标准《综合布线系统工程设计规范》GB 50311—2016 的有关规定设计，对部分具有特殊使用情况的应按医院工艺需求设置。

5) 在病房区宜设置无线局域网 AP 点。

4. 有线电视系统

应急呼吸系统传染病医院应设置有线电视系统，系统宜采用智能电视＋APK 的灵活部署方式，通过 WiFi 接入互联网收看电视节目，APK 内置自办节目的接口。

有线电视终端位置的设置应符合下列规定：

1) 会议室、示教室等教学场所宜设置有线电视信息点；

2) 候诊室、休息室、活动室等公共场所宜设置有线电视信息点；

3) 每间病房应设置一个或以上有线电视信息点，多人病房宜设有电视伴音输出装置。

5. 公共广播系统

100 床以上应急呼吸系统传染病医院应设置公共广播系统，并应符合下列规定：

1) 公共广播宜与应急广播合用扬声器，平时用于业务及背景音乐广播的应具备强制切换到应急广播的功能；

2) 公共广播宜在有人值班的场所设置音量调节装置；

3) 有独立音源及扬声器的场所宜留有应急广播接口，并应具备强制切换功能；也可专设应急广播扬声器，且火灾时应切除独立音源广播；

4) 公共广播宜按防火分区并结合医疗功能分区，设置广播播出内容。

6. 建筑设备监控系统

100 床以上应急呼吸系统传染病医院宜设置建筑设备监控系统。

1) 对于设置建筑设备监控系统的应急呼吸系统传染病医院，除应对建筑机电设备（除消防设备）监控外，还宜对净化空调、医用气体、物流传输、应急呼吸系统传染病医院污水处理、空气污染源区域通风等系统进行监控；

2) 负压手术室应设置温度、湿度及微正压的检测装置，对于有正负压转化的手术室，应检测负压变化，检测数据应在手术室及空调控制室显示；

3) 对于负压病房的空调设备，宜采用自动控制方式，并监视污染区及半污染区的压差。与负压病房相邻、相通的缓冲走廊压差应保持 5～10Pa。

7.1.5 安全防范系统

安全防范系统宜通过视频监控、入侵报警、出入口控制、电子巡查及停车场管理等系统建立组合的防范体系。

1）应急呼吸系统传染病医院应设置数字化视频监控系统，使用 TCP/IP 千兆网络进行传输，设计容量不低于动态录像储存 90 天的空间。宜在下列场所设置监控摄像机：

（1）应急呼吸系统传染病医院室外园区公共活动场所及园区出入口；

（2）建筑各出入口、走道、电梯厅及轿厢等公共场所；

（3）发药处、抢救室、病案室、血库、重要及贵重药品库、放射污染区、配餐处、财务室、收费处、信息机房等。

2）应急呼吸系统传染病医院宜设置入侵报警系统，并宜在下列场所设置入侵探测器：

（1）病案室、血库、重要及贵重药品库等；

（2）放射污染区；

（3）封闭区周界；

（4）财务室、收费处等。

3）应急呼吸系统传染病医院宜设置出入口控制系统，系统应根据医疗流程进行设置，并应与火灾自动报警系统联动，宜与视频监控系统、入侵报警系统、电子巡查系统等联动。

（1）宜在下列场所设置出入口控制系统：

① 护理单元出入口、手术部；

② 负压病房的医、患通道，污染与洁净区的过渡处；

③ 配餐、配药处；

④ 病案室、血库、重要及贵重药品库；

⑤ 放射污染区、诊疗设备用房；

⑥ 收费、财务处、信息网络机房等。

（2）出入口控制系统应设置出、入人员的识别功能，识别及相关的开启装置应综合采用 IC/手环、人脸识别及虹膜识别等非接触式易于操作的方式。

（3）ICU 及负压检验室缓冲室、污染与洁净区的过渡处，应满足工艺 A、B 门联锁控制要求。

4）100 床以上应急呼吸系统传染病医院宜设置电子巡查系统，并可与出入口控制系统共用设备主机。

5）应急呼吸系统传染病医院宜设置停车场管理系统。火灾及应急情况时，停车库场管理系统应能强制开启出入口。

6）系统应采用 UPS 电源（即不间断电源）做后备，当火灾发生时应将所有门禁释放。

7.1.6 机房工程

机房应根据应急呼吸系统传染病医院的管理模式设置。

智能化系统机房宜包括信息接入机房、智能化总控机房、信息网络机房及智能化设备间（弱电间），机房应设置于清洁区，除智能化设备间外的其他机房应设置直接对外的独立出口。智能化系统机房面积应满足设备机柜（架）的布局要求，信息网络机房应配置 UPS、精密空调、出入口控制、环境监控等设备或系统，并应考虑必要的防水浸措施。配线间应确保配线架（柜）前后可维护，侧面应留有通道。环境应满足温湿度及通风要求，并应设置可靠电源及安全接地系统。信息网络机房可优先选用集装箱式数据机房或微模块机房。

7.2 重难点分析

2020年1月23日，武汉决定参照北京小汤山医院模式在10天内建设蔡甸火神山医院，并由中建三局牵头承建。相关建设单位第一时间赶到施工现场召开紧急筹备会，明确相关部门责任，全面部署人员、物资、劳务等工作安排。

经现场分析及相关了解，智能化项目的实施重点难点在于以下几个方面（表7-2）：

智能化项目重难点分析　表7-2

序号	重难点内容	重难点分析
1	施工进度保障	如何合理安排施工进度，保质保量地完工是项目实施的重难点之一
2	资源保障	施工工期在春节期间，且属于疫情严重区域，如何保障充足的资源是项目的重难点之一
3	与其他分包协调管理	本工程区段划分多，专业分包众多，多专业、多工种的交叉管理、立体作业情况多。因此，如何有效地配合各专业实现工程进度、质量、安全、协调等顺利实施是项目的重点
4	防疫保障	本工程工期紧，工程处于疫情重灾城市，如何对管理人员及施工人员做好防疫工作是本工程的重点
5	材料转运	本工程工期紧，多区段平行施工，如何合理解决材料的堆放、转运、分发是项目施工的重点
6	图纸深化设计工作	深化设计极短，如何优质、高效地完成项目深化设计工作是本工程的重点
7	弱电系统调试	本工程调试及试运行工作量大且时间较少，所以保证在有限的时间内完成弱电系统调试工作是本项目施工中重点

一是工期紧，项目从土地平整到交付仅有10天时间，考虑到土建结构吊装最终完成时间，真正留给智能化工程施工时间仅有两天。

二是资源保障困难大，项目实施正值春节，且属于疫情严重区域，组织工人、调配物资都极为困难。

三是协调难度大，根据项目区域分工表，涉及施工单位多，进入项目后期更多的单位也参与进来，各个施工范围和界面不可避免地出现问题，导致协调工作难度大。

四是防疫保障难度大，地处湖北武汉，是本次新型冠状病毒爆发疫情的中心，现场施工作业人员接近万人，人员复杂不可控，如何在建设中做好疫情防控是重难点。

7.3 深化设计

1. 深化设计内容及原则

应急医院智能化系统设计需要参考传染病医院的相关规范，按战地临时医院模式设置。

所有系统在满足基本功能需求条件下，尽量从简，以缩短订货和施工周期，通常情况下需要具备如下一些原则性：

安全性：首先是各类网络系统的安全性，本项目属于非常重要且保密性质医院（军队接管），对于网络安全要求高度重视，需要将各类网络进行物理隔离，确保专用网络的安全；其次，各系统需要 24h 运转，系统的安全性、可靠性和容错能力必须予以高度重视。

冗余性：本项目在前期设计阶段存在需求不明确，在后期运维过程中要求具备稳定、安全、可靠等特点，需要在前期设计时充分考虑冗余性，特别是各系统主干路由的冗余，避免在业主需求变化时，增加施工难度及施工时间的浪费。各系统冗余也能增加系统的稳定性，提升系统运行效率，降低故障率。

稳定性：本项目需要尽量减少后期维保内容，特别是进入污染区进行维保，既降低了稳定性又浪费了相关资源，所以在设备选型时要选择成熟稳定的系统，降低后期使用过程中的维保工作量，节约相关资源。

实施快捷性：本项目建设工期超级紧张，在深化设计阶段需要考虑快捷施工的一些措施，为快捷施工提供必要条件。要求在深化设计的过程中，在满足规范及相关功能要求的前提下，选择便于施工及调试的系统结构，选择成熟便捷的产品。

2. 深化设计重点分析

如表 7-3 所示。

深化设计重点分析　　表 7-3

序号	深化设计重点	重点分析
1	机房内布置及承重	火神山应急医院的机房主要由安保控制室和网络机房组成，在项目的深化设计过程中，由于项目建设条件的限制，机房面积大小难以保证，需要明确设备材料选型情况，充分结合现场情况进行机房内的排布。同时由于架空结构的要求，需要提前联系总包进行加固，确保机房的承重，特别是 UPS 电池室的承重
2	联合支吊架深化设计	火神山应急医院项目的桥架主要设置于病区中间的医护走廊，此处还有强电、暖通专业、给水排水专业等多种管道、桥架等设备。提前与机电施工单位进行协调，采用联合支架方式进行，联合支架布置和选型必须进行详细的规划，通过设置综合支吊架，提升施工效率，缩短施工时间
3	设备的供货情况、系统功能及参数的复核	深化设计前，应充分了解拟用于本项目的设备材料实际的供货情况，确保在满足相关功能及技术参数要求的前提下，供货能满足现场的实际施工进度需求
4	视频监控系统	设置两套系统，均采用 1080P 高清摄像机进行监控。其中 ICU 为独立监控系统，存储及显示均存储在 ICU 护士工作站区域，便于医护人员实时观察 ICU 病人的情况。公共区域设置一套视频监控系统，摄像机主要设置于医护走廊、病患走廊、医护区、护士站、室外等公共区域
5	网络规划是重点	由于医院对于网络需求量大，分别有内网、外网、AP 网、设备网、电话等需求，各类网络均有独立的使用功能要求，为了保证安全性，尽量将各类网络进行物理隔离，确保安全性；各类网络采用核心-汇聚-接入三层网络结构，且采用双链路双核心的组网方式，确保网络的稳定性能

续表

序号	深化设计重点	重点分析
6	医护对讲系统	医护对讲系统作为此类应急医院的必备系统，是搭建病人与医护人员的呼叫通道，选择数字系统进行传输，将床头呼叫、卫生间报警结合起来，对病人起到良好的保护作用
7	UPS 计算	火神山采用 UPS 机房集中供电的方式。依据图纸清单、点表及设备选型，计算 UPS 及电池容量，确保了后续使用过程中的稳定性

3. 深化设计过程

设计院 60 个小时内与施工单位协商敲定施工图纸。自 2020 年 1 月 25～29 日，由于项目智能化需求不断变更，四天时间，相关设计单位完成 10 个版次的智能化图纸设计工作，包含图纸 112 张。

项目进场后业主的需求仍不是非常明确，更多的时候应积极协助业主及设计院，理清项目需求，结合现有物资设备材料资源，为业主及设计院提供成熟稳定的技术方案，将深化设计的过程直接融入设计及设计变更的过程，减少因流程导致深化设计时间增加，从而影响整个工期。

4. 深化过程与其他专业配合

具体参见表 7-4。

深化过程与其他专业配合 表 7-4

序号	其他专业	配合协调内容
1	机电单位	UPS 供电的协调，机房及弱电井内供电的容量及位置需求； 协助机电单位绘制联合支架； 房间内强电插座与弱电信息插座的安装位置、高度等协调统一
2	运营商	网络及电话的开通及测试
3	设计单位	图纸交底，理解设计意图及工程要求； 图纸会审，完善设计内容和设备物资选型
4	业主单位	沟通相关智能化需求，提供优化解决方案

7.4 施工流程

由于时间工期短，而且系统繁杂，为了能够在短时间内保质保量地完成施工内容，项目实施过程中采用以下方式：

（1）区段之间实行平行施工的方式；

（2）为保障施工进度，各区段智能化工程施工调试前移，具体施工流程如图 7-1 所示。

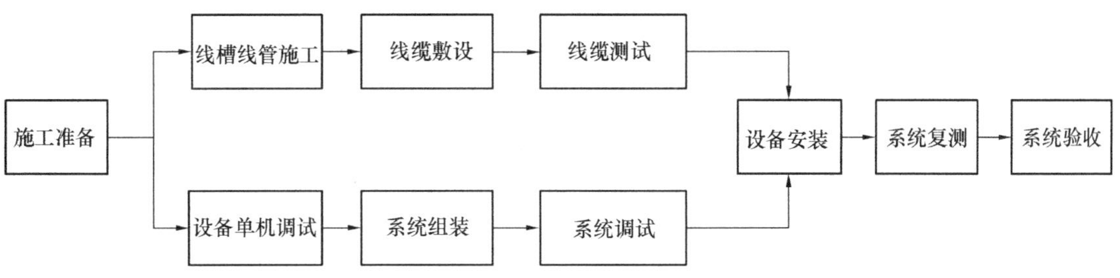

图 7-1　智能化工程施工工艺流程

7.5 智能化专业施工

7.5.1 综合布线系统

1. 系统概况

综合布线系统是将语音信号、数字信号的配线，经过统一规范的设计，综合在一套标准的配线上的系统，此系统为开放式网络平台，方便用户在需要时形成各自独立的子系统。综合布线系统可以实现资源共享，综合信息数据库管理、电子邮件、个人数据库、报表处理、财务管理、电话会议、电视会议等。火神山医院布线系统共布设 1192 个数据点、610 个语音电话点、432 个室内 AP 点及 13 个大覆盖公共 AP 点位和 127 个供医护对讲、背景音乐、监控、门禁等系统运行使用的网络数据点位。

2. 施工流程

如图 7-2 所示。

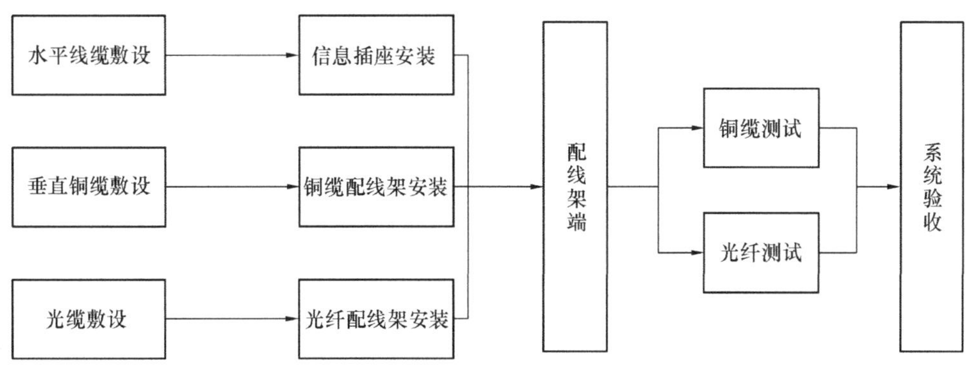

图 7-2　综合布线系统施工工艺流程图

7.5.2 网络系统

1. 系统概况

根据设计院和医院业务实际需求，网络系统分为内网（医疗专用网）、外网（含电视网）、无线网、设备网等四套网络系统，利用先进、成熟的网络互联技术，构造高速、稳定、可靠、可伸缩的信息网络平台，该网络平台必须满足相应医疗救治的总体要求，并实现与上级主管部门的平滑连接。数据网络系统对来自医院内外的各种信息予以接收、储存、处理、交换、传输并提供决策支持。同时根据火神山医院的特点，针对网络系统设计，提出网络安全必须达到三级等保安全要求，在遇到突发安全事件后采取专业的安全措施和行动，并对已经发生的安全事件进行监控、分析、协调、处理、保护资产等安全属性的工作。以达到第一时间采取紧急措施，恢复业务正常运行，追踪失陷原因并提供可行性建议，避免同类安全事件再次发生的目的。

火神山医院三局施工区域共设计有内网 40 台 48 口千兆交换机，外网 8 台 48 口 POE 千兆交换机和 8 台 24 口敏分 POE 千兆交换机，智能化专网 8 台 48 口 POE 千兆交换机。

2. 施工流程

如图 7-3 所示。

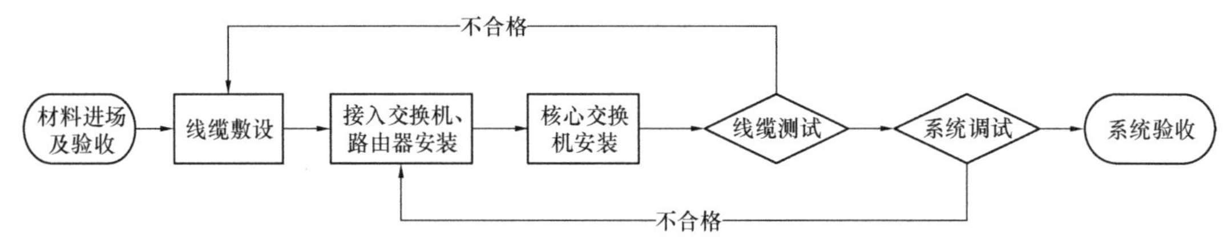

图 7-3　网络系统施工工艺流程图

7.5.3 护理对讲系统

1. 系统概况

在医院病房设置护士呼叫系统，可以提高医院护理水平，减轻护士的劳动强度，提高病患的舒适程度。本系统采用数模结合的方式，设置在护理单元的病房区。系统由床位分机、洗手间求助报警按钮、门灯、走廊显示屏、护士站主机及服务器等组成。实现一键呼叫语音提示，双向通话实时显示等功能。

火神山医院共有 17 个护理单元，每个护理单元均为 25 间病房（24 个双人病房和 1 个单人病房），共设计了 833 个床头对讲分机、17 个护士站对讲主机、425 个卫生间报警按钮、17 个护士站报警按钮、34 块走廊显示屏。

2. 施工流程

如图 7-4 所示。

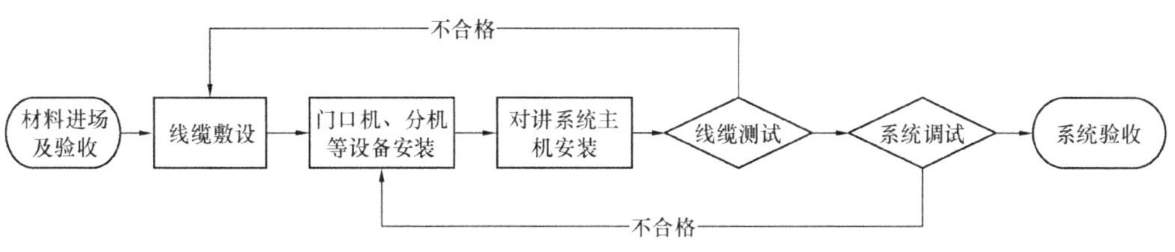

图 7-4 护理对讲系统施工工艺流程图

7.5.4 视频监控系统

1. 系统概况

系统采用 1080P 高清网络摄像机进行视频信号采集，并通过磁盘阵列进行集中存储。

监控中心通过控制键盘可对医院前端摄像点进行上电视墙管理控制、云台控制、镜头控制等。

考虑到系统监控点较多而显示设备较少，监控中心解码视频输出必须满足 1、4、9、16 画面分割显示，解码视频输出最高可支持 1080P。

医院监控中心、医院领导随时查看和调阅医院监控摄像机采集的图像。

各护士站配置相应的监控设备，对管辖的区域进行视频信息的监视。

考虑到系统资料的重要性，系统采用 1080P 进行资料保存，初步设计为 30 天，系统存储支持 RAID5，存储设备支持 NAS 及 IPSAN 的存储架构。

医院周界、停车场、药房、主要出入口、通道、取药等重要功能室等作为监控重点；其中周界的摄像头要有远程控制的高倍变焦功能。

系统支持智能分析，能锁定系统设置的黑名单，当黑名单人员出现在监控范围内，能在控制中心弹出该人员视频，供安保人员及时作出处置。系统支持红线设置，对越过红线触警要有预警功能。支持大容量直播和点播。

2. 施工流程

如图 7-5 所示。

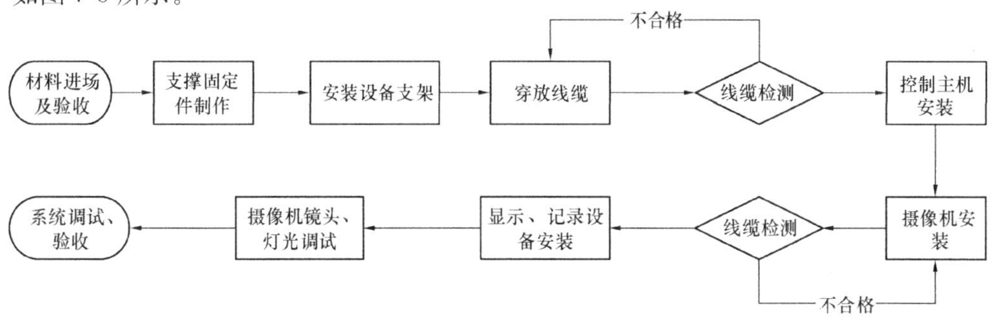

图 7-5 视频监控系统施工工艺流程图

3. 紧急施工优化

由于火神山医院视频监控系统的施工为紧急施工，较之普通的施工流程效率更高，主要的不同体现在流程的简化和优化方面。

1）分段施工

由于工期紧、任务重，现场施工采用分段施工的方式，用多个施工队分段施工方式，每个施工段同时作业，大大提高生产效率，缩短工期，火神山医院监控系统共分为4个施工分段。

2）办公室预调试

因为现场施工面紧张，多专业交叉，为了保障现场工作的效率，充分利用施工面，视频监控系统包括监控摄像机、视频存储设备等，并采用办公室预调试的施工方法。

办公室预调试的方法就是设备检验完成之后，在设备进场之前，在办公室由技术调试工程师组织项目人员在厂家工程师的指导下进行预调试，预调试完成之后设备再进场进行安装，安装完成之后再简单调试一下就能完成，不长时间占用工作面，提升自身效率的同时，不影响其他专业的施工。

本次火神山视频监控系统的预调试小组由调试工程师进行组织，预调试小组成员共5人，包含厂家工程师、技术工程师、技术工人以及管理人员。

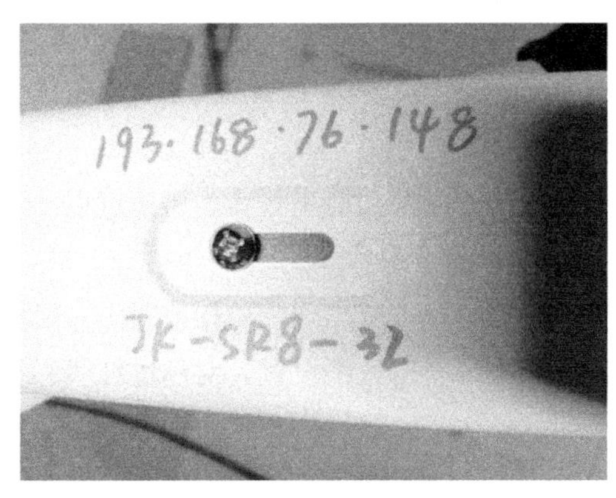

图7-6 监控摄像机编号

3）编号并贴标签

为了进一步提高效率，简化流程，办公室预调试之后，马上将设备进行编号，打标签，更方便进行现场安装。由于本次项目对工期的要求较之美观度更为重要，本次监控摄像机直接采用马克笔在非外观面进行编号，简化编号流程，方便施工。具体如图7-6所示。

监控摄像机如同其他IP设备一样，一般采用两个编号：一个是与IP规划对应的IP地址；一个是与图纸上对应的设备编号。两个编号直接用马克笔写在设备的非外观面上，到达现场之后，根据设备编号进行定位，根据IP地址做最后的调试和检查。

7.5.5 入侵报警系统

1. 系统概况

入侵报警系统由前端探测器、报警控制中心两部分组成。负责火神山医院内各个点、线、面和区域的侦测任务。

前端是各种探测器：由紧急按钮、双鉴移动探测等组成，它们负责探测人员的非法入侵，同时向报警控制中心发出报警信号。

报警控制中心由报警主机及报警管理软件组成。发生异常情况时发出声光报警，同时联动监控系统视频保存记录。

2. 施工流程

如图 7-7 所示。

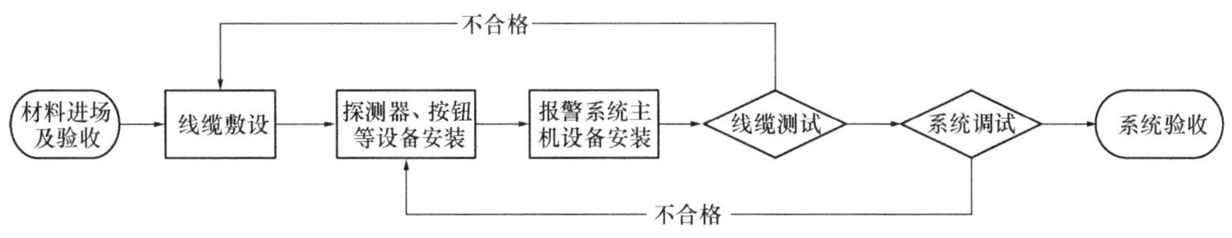

图 7-7　入侵报警系统施工工艺流程图

7.5.6 门禁系统

1. 系统概况

针对院区内各类人员的出入进行智能化管理，尤其是对患者进行严密的活动区域控制，以保障其他人员的安全。系统由输入设备、控制设备、信号联动设备、控制中心等组成，系统采用 TCP/IP 传输方式。在主要出入口及功能分区处设置出入口控制装置，只允许授权人员在规定时间内进出并记录所有出入人员、出入时间等信息。本项目门禁系统共设 6 个单门单向门禁，6 个单门双向门禁，81 个双门单向门禁，44 个双门双向门禁。共配置双门门禁控制器 125 台、双门磁力锁 169 个、单门门禁控制器 12 个、单门磁力锁 20 个、读卡器 166 个以及 60 个出门按钮。在设计过程中，针对门禁优化了 AB 门，并形成相应专利。门禁系统点位按照功能分区和医院使用特点设计。对污染区与室外、半污染区与洁净区所有门均设置了门禁，保证这些区域的严格隔离。在缓冲区和传递间设置 AB 互锁门禁，保证缓冲区每次只能开一扇门，防止可能的污染。

在病房病人走道与室外设置双向门禁，在每个病区入口另外设置与相应病区护士站连接的可视对讲系统，可以由病人呼叫护士站，得到授权后解除门禁进入病区。在医院洁净区与室外设置单向门禁，防止外部非授权人闯入医院。在脱防护服 1 与病人走道设置单向门禁，医生可通过授权的腕带，刷读卡器后由病人走廊进入脱防护服 1。缓冲间设置 AB 互锁门，缓冲间进出由门禁控制器设置每次只能打开一个方向门，医护人员在缓冲间进行消毒等操作，确保不会出现半污染区与洁净区直接相通、病毒泄露到洁净区的情况。每个传递间也设置 AB 互锁门，功能与缓冲间处门禁一致。

2. 施工流程

如图 7-8 所示。

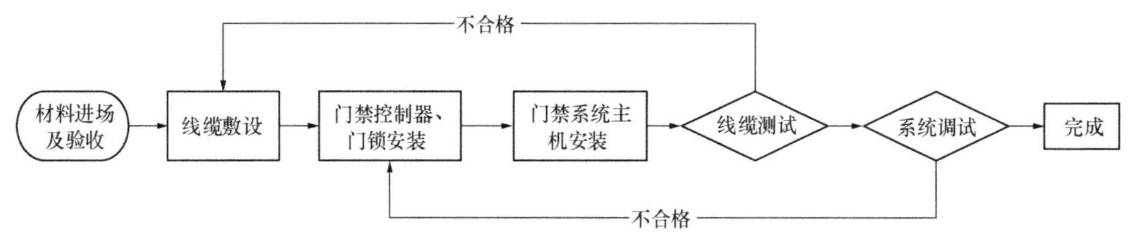

图 7-8 门禁系统施工工艺流程图

3. 紧急施工优化

由于火神山医院门禁系统的施工为紧急施工，较之普通的施工流程效率更高，主要的不同体现在流程的简化和优化。

1）分段施工

由于工期紧、任务重，现场施工采用分段施工的方式，用多个施工队分段施工方式，每个施工段同时作业，大大提高生产效率，缩短工期，火神山医院视频系统共分为 4 个大的施工分段。

2）办公室预调试

因为现场施工面紧张，多专业交叉，为了保障现场工作的效率，充分利用施工面，门禁系统预调的终端设备包括 IC 读卡器、双门控制器，均采用办公室预调试的施工方法。

办公室预调试的方法就是设备检验完成之后，在设备进场之前，在办公室由技术调试工程师组织项目人员在厂家工程师的指导下进行预调试，预调试完成之后设备再进场进行安装，安装完成之后再简单调试一下就能完成，不长时间占用工作面，提升自身效率的同时，不影响其他专业的施工。

本次火神山门禁系统的预调试小组包含调试工程师、厂家工程师、技术工程师、技术工人以及管理人员。

3）编号并贴标签

为了进一步提高效率，简化流程，办公室预调试之后，马上将设备进行编号，打标签，更方便进行现场安装。由于本次项目对工期的要求较之美观度更为重要，本次视频监控系统色号被直接采用马克笔在非外观面进行编号，简化编号流程，方便施工。

双门读卡器设备如同其他 IP 设备一样，一般采用两个编号：一个是与 IP 规划对应的 IP 地址；一个是与图纸上对应的设备编号。两个编号直接用马克笔写在设备的非外观面上，到达现场之后，根据设备编号进行定位，根据 IP 地址做最后的调试和检查。

读卡器则根据所属双门控制器进行编号，取料、安装时绑定双门控制器。

7.5.7 背景音乐系统

1. 系统概况

公共广播系统可实现分区、全区播放背景音乐，同时还可以实现来人、紧急通知、广播讲话、广播找人等功能。公共广播系统扬声器要分散均匀布置，无明显声源方向性，且音量适宜。火神山医院该系统共设计 9 个室外音柱、143 个室内扬声器、19 个护士站话筒。

2. 施工流程

如图 7-9 所示。

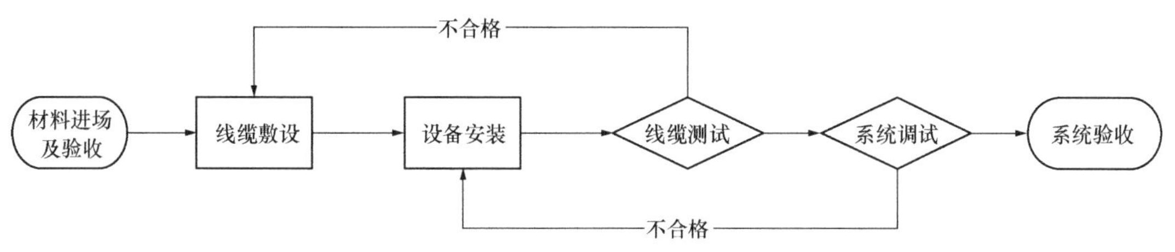

图 7-9　公共广播系统施工工艺流程图

7.5.8 停车场管理系统

1. 系统概况

停车场管理系统包括车牌识别系统和停车诱导系统。

车牌识别系统利用电动挡车器、出入口控制终端、车牌识别、线圈检测器等出入口设备做连动整合，对于每辆车停车时间亦可计算或限制，更加强防盗防弊功能，使对通过出入口的车辆能更有效地识别和管理。

2. 施工流程

如图 7-10 所示。

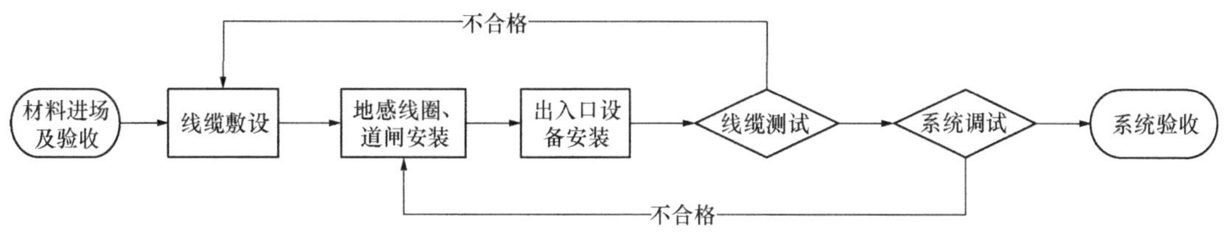

图 7-10　停车场管理系统施工工艺流程图

7.5.9 不间断（UPS）系统

1. 系统概况

本项目在网络机房处配置集中式不间断（UPS）系统为火神山医院的门禁、视频监控、网络系统等弱电井设备提供集中供电，在断电时保障设备正常运行。

UPS 是能够提供持续、稳定、不间断电源供应的重要外部设备，UPS 可以在市电出现异常时，有效地净化市电；还可以在市电突然中断时持续一定时间给电脑等设备供电，提供充裕的时间应对市电中断的情况。随着信息化社会的来临，UPS 广泛地应用于从信息采集、传送、处理、储存到应用的各个环节，其重要性是随着信息应用重要性的日益提高而增加的。

2. 施工流程

如图 7-11 所示。

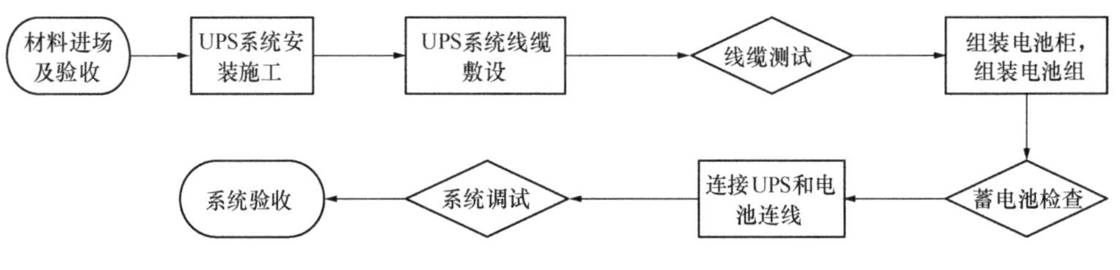

图 7-11　机房 UPS 系统施工工艺流程图

7.6 系统调试

应急传染科专项医院工程项目施工，智能化设备调试是一项难度较大的工作，它是高新技术在建筑领域应用的产物，其主要特点是：系统技术含量高、管理的对象复杂以及综合协调要求高。弱电施工工作量大、调试难点多，同时要求智能系统要达到的使用要求也很高。根据智能化系统设计、验收规范及系统使用功能需求展开智能化系统调试。

7.6.1 调试要点

借助图纸、点表，整理区域的设备清单。

将每个区域的设备清单，由区域负责人提交至物资管理团队，让物资团队按照区域进行准备，同时调试组也会协助物资团队进行前期的设备组装，例如机柜中安装挡板、PDU 等。

调试准备完成之后，进行预调试，本项工作是在库房完成的。首先会将各个区域的设备分类找出之后，进行单个设备的调试，并进行设备的区域 IP 划分、确认设备数量及是否能用。

调试组将调试完的设备，分别交于各个区域的负责人手中，并进行培训交底，同时培训小组同事记录会议纪要，确保交底完整性。

在设备安装完成之后，线下工程师需要到现场进行所有设备的检修以及系统联调，对网络机房设备的安装、机柜设备的安装、所有信息点网络的通断、摄像机是否点亮、方向是否与图纸一致，逐一检测。同时还需要对每片区域进行逐步联调，确保无误。

待项目完成之后，需要与维保组进行技术交底，明确每部分的设备数量，以及相关设备调试的内容。

7.6.2　系统调试阶段划分

预调试阶段与土建板房实施、设备安装、电气安装、管道安装并行进行。

系统联调阶段：土建板房全部施工完成、设备及电气安装完成插入系统联调。

7.6.3　系统调试所需的施工资料

收集项目施工过程资料，主要包括施工技术方案、设备配置清单、点表、施工平面图、系统图、布置大样图、线路编号表、线路敷设检查记录等。

7.6.4　调试内容

具体如表7-5所示。

调试内容　表7-5

序号	系统	调试内容
1	综合布线系统	（1）采用专用FLUKE测试仪器对所有六类非屏蔽线缆进行全面的连续运行测试，测各项性能质量参数是否合格。 （2）按整体测试内容要求，根据各信息点的标记图进行一一测试，测试的同时做好标号工作，把各点号码在信息点处及配线架处用标签纸标明，并在平面图上注明，以便今后对系统进行管理、使用及维护
2	无线对讲系统	（1）配备良好，能提供清脆且更清楚响亮的语音质量，嘈杂的环境中也能听清对讲消息。 （2）设置对电量不足及时预警。 （3）设置可切换射频功率：优化覆盖区并节省电池消耗。 （4）调节天线功率，手持对讲机到建筑物各个区域进行测试。使其无线对讲系统覆盖整个区域95%以上且不超出建筑物外200m。 （5）调配每条天线的发射功率不超过0.5W
3	视频监控系统	（1）在安装之前提前对摄像机按照IP地址规划进行IP设置，并做好标记，按区域单独存放，便于各区域施工人员便捷领取材料。 （2）采用工程宝/笔记本，接通对应设备逐一进行单体调试并做好记录。 （3）在各项设备单体调试完毕，进行系统调试。调试过程中，每项试验应做好记录，按照预设的设备IP规划表及编码表将设备添加进视频监控平台，绘制竣工图
4	门禁系统	（1）检查接线是否正确。 （2）接通电源，如有异常情况则立即断电。 （3）测试，测试内容如下：指示灯正常情况下红灯亮或红灯闪烁，按动开门按钮指示灯变绿；蜂鸣器正常情况下不发出声音，按动开门按钮蜂鸣器鸣叫一声；将卡靠近读卡器，蜂鸣器应鸣叫二声；电控锁平常上锁，按动开门按钮时打开，维持数秒后应自动关闭。 若测试结果符合以上四项，则该点通过测试

续表

序号	系统	调试内容
5	停车场管理系统	(1) 入口设备试运行：反复试验入口功能，观察入口设备是否工作正常。 (2) 收银管理设备试运行：使用入口试验凭据及数据反复试验收银管理设备，观察收银管理设备是否工作正常。 (3) 出口设备试运行：使用入口、收银管理试验凭据及数据反复试验出口设备，观察出口设备是否工作正常
6	机房UPS系统	确定市电的允许负荷应大于UPS的输入容量，UPS的输入容量计算公式如下： UPS输入容量＝额定输出容量×1.1＋充电器功率 P_2（P_2＝电池电压×电池容量×0.1） 检查UPS输出线路（即负载线路）有无短路等故障。 UPS输入接市电（3kVA以上机型需合上后面的开关），测量UPS主机外接电池端口的电压是否正常。 市电不要断开，将已连接好的外接电池组连接到UPS上。 UPS开机，测量输出电压是否正常。 断开市电，测量输出电压是否正常。 恢复市电输入，观察UPS是否回到市电供电状态。 接上负载，观察UPS的负载容量显示
7	护理对讲系统	首先系统接线有三芯总线，接入数模转换器，确保三根总线与设备连接顺序正确，然后进行设备测试。 步骤一：护理对讲服务器调试，设备通电接入网络后，通过电脑浏览器进入设备网页，通过账户和密码登录，登录之后进行基本配置（包含设备IP、网关等）； 步骤二：调试护士站和控制主机，在设备接入网络后，在主机设备上进行系统设置，设置设备IP地址和编号； 步骤三：调试数模转换器，设备通电接入网络后，通过电脑浏览器进入设备网页，通过账户和密码登录，登录之后进行基本配置（包含设备IP、网关等）； 步骤四：走廊点阵屏调试，备通电接入网络后，通过默认IP进入设备网页，通过账户和密码登录，登录之后进行基本配置，然后重启保存，将点阵屏断电重启。重启之后登录护士站主机，设置点阵屏地址及端口。 步骤五：病房床头机及洗手间按钮编码，登录护士站主机，设置分机在线编码。 步骤六：分机测试：在房间的床头分机界面上长按呼叫按钮5s左右，主机端会有红色弹框显示，此时给分机编码1，并提示编码成功后，那么该分机就代表1床，洗手间按钮编码也是一样长按红色按钮编码
8	广播系统调试方法	公共广播系统安装完毕后，应进行系统检测和功能检测。 系统调试包括以下内容： (1) 系统的输入输出不平衡度、音频线的敷设和接地形式，保证安装质量符合设计要求，设备之间阻抗匹配合理； (2) 放声系统应分布合理，符合设计要求； (3) 最高输出电平、输出信噪比、声压级和频宽的技术指标应符合设计要求；通过对响度、音色和音质的主观评价，评定系统的音响效果； (4) 紧急广播与公共广播共用设备时，其紧急广播由消防分机控制，具有最高优先权，在火灾和突发事故发生时，应能强制切换为紧急广播并以最大音量播出；紧急广播功能检测按有关规定执行；功率放大器应冗余配置，并在主机故障时，按设计要求备用机自动投入运行；公共广播系统应分区控制，分区的划分不得与消防分区的划分产生矛盾

7.7 施工总结

7.7.1 施工总结

按照火神山医院的智能化系统的建设规模至少需要半年至一年时间。因此在施工过程中需要细致思考施工方案，详细编制施工计划、物资供应计划、劳动力需求计划，确保每个工艺流程的衔接合理高效。主要有以下几个措施：

1）优化设计方案，优化施工工序，提高建造效率。

本项目属于应急项目，是将设计、施工、协调交叉进行的项目。项目进场后，在与设计院充分沟通的前提下，结合其他医院智能化实施经验，适时调整智能化系统方案，使得方案更符合医院使用需求。施工过程中采用流水化作业方式。将施工步骤划分为 5 个工序，即安装桥架、铺管、穿线、打模块、调试。工人按工序进行分工，增加工人操作熟练程度，提高施工效率。同时，采用倒序法，即提前安装调试机房设备，后进行布线测试，点和面同时开展，在保证工程质量的前提下，大大加快了施工进度。

2）自制便捷工具，以机具创新换时间。

现场工程师与工人根据现场施工情况自制各类便捷施工工具。简易放线机，将光纤、大对数电缆、电源线同时进行放线，加快放线速度。便捷测试仪，将测试仪器连接测试线，可省去现场搭建测试环境，实现即插即用，提高测试效率。

3）推出流动仓库，以移动空间换时间。

项目征调了一辆货车作为流动仓库，在仓库和现场流动送货，根据现场需要提供材料，缩短材料运送时间，既保证各类材料的及时供应，又避免了某个区域某种材料过剩。同时配备了专门的材料搬运队伍，确保现场物料充足，不浪费现场技术工人时间。

4）设备提前调试，以难点前置换时间。

调试工作是智能化工程最复杂、也是最耗时的工作，建设单位抽调专业技术人员成立调试小组，对设备安装方式进行提前预制和调试，将现场的工作前移至室内仓库进行，搭建模拟环境进行设备的组装和调试。调试完成后，将设备进行分区码放，按照图纸对设备进行编码。各区域施工班组按照图纸编号和设备编号对照安装，安装完成系统即可上线，大大节省智能化设备调试时间。

5）材料提前组装，以成套模式换时间。

推出成套出库模式，将有条件的设备在仓库完成组装，例如提前将摄像机的支架等组装完成，将机柜与设备组装成套。工人拿到现场可直接使用，节省组装时间。同时，材料实行限额领料，对于重要设备进行分组码放，按照清单逐一发放和登记。

6）开展劳动竞赛，以激励机制换时间。

现场招募了 200 名劳务工人，按工区编排为不同班组，以班组为单位进行劳动竞赛，发挥激励作用，对做得又快又好的队伍进行额外奖励。现场配备了 50 余名管理人员，对施工要求进行详细交底，为工人操作示范，协调各穿插工序，对项目的施工难点逐一解答，力求一次做对，确保高效优质完成施工任务。

7.7.2 技术总结

1. 模块化机房技术亮点

一是模块化机房部署简单，建设周期短，易扩容；二是采用标准化接口；三是多种方案能够灵活配置，场景适应性强；四是设备高度兼容，质量高；五是智能管理系统实现了智能化的运维，减少人工维护的成本，远程监控及 PAD、移动 APP 结合使用，帮助客户轻松运维。

应用要点：火神山医院信息机房总体面积 $90m^2$，占用 5 个标准集装箱。机柜排布需要注意送风方式以提高制冷效果，本项目采用精密空调上回风送风方式（图 7-12）；机房地板承重需要通过复核确保受力合理，整体散力架均分受力；后备电源模块化容量复核及排布。

图 7-12　机房空调风向图

解决困难：一是解决了集装箱高度不够的情况下精密空调送风问题，达到高效降温的效果；二是解决了地板受力不足问题，通过整体部署模块化散力架实现载荷均匀分布；三是解决了布局问题，通过模块化设备整体选型，节约安装空间，使布局更加合理；四是解决了工期问题，采用模块化机房技术一天内就完成了搭建，为信息化系统上线留足了时间。

2. 线缆预端接技术亮点

极大地减少线缆在现场端接的工作量，提高线缆整体施工质量，实现工程现场的快速布线（图 7-13）。

图 7-13　弱电井机柜线缆排布

应用要点：一是提前规划好光纤、音频等线缆的长度、端接接口；二是在库房进行端接、测试、编号形成成品端接线缆；三是对已经端接的成品线缆进行分类领取并交底。

解决困难：一是提前预端接能减少现场施工时间，线缆即插即用；二是能减少现场线缆材料的浪费，由于是提前端接，线缆长度能准确计算，现场不存在二次预留等问题；三是施工质量能得到保障，线缆端接要求工序和环境复杂，在库房或加工区完成能极大地保障链路的质量，同时复测起来相对容易。

3. 数字化调试技术亮点

减少设备现场调试的工作量，提升智能化系统部署速度，实现工程现场的快速部署上线。应用要点：一是提前规划数字化设备 IP、编号；二是在库房进行单体设备测试、编号；三是通过局域网实现数字化远程调试。

解决困难：一是减少设备现场调试时间，设备安装完成后可以通过该技术实现远程调试；二是能减少现场交叉作业，由于是远程调试可以减少弱电井等狭小区域的交叉作业；三是解决了设备数量多情况下的批量调试工作。

4. 基于视频分析的周界监控技术亮点

通过对负责周界防范的监控视频进行智能分析，采用多种周界防范规则：一是穿越虚拟警戒墙检测，即在视频画面中，设置虚拟围墙，自动检测目标穿越围墙的情形并将报警信号传输至安防控制中心；二是区域入侵检测，针对医院的主要出入口，启用分时段入侵检测，提升整个医院的周界防范等级；三是徘徊检测，针对医院外的公共区域启用防徘徊检测。

解决困难：在医院周界处每 50m 左右布置一个室外枪式摄像机，并在关键区域设置球机的方式组成室外监控防范区域，实现了院区室外视频监控、周界防入侵报警，又节约了施工内容，提升了施工效率。

5. 智慧消防系统技术亮点

1）在污染区、重点火检区等区域安装具有消防分析功能的摄像机，辅助运维人员；

2）提供电子地图，地图上实时显示所有消防设备的工作状态及位置；

3）通过智慧消防中心平台和手机 APP 实时动态监管、智能预警、快速反应；

4）智慧消防系统所有设备即装即用。

解决困难：

1）解决施工需要布置大量线缆，减少线缆。

2）工程移交后，现场运维人员需要佩戴防护设备，行动不便，且非必要不得进入半污染区和污染区进行巡检工作，故传统消防系统在后期运维管理中无法对消防设备进行实时监管。

第8章

总承包管理

8.1 组织架构与工作机制

为贯彻落实党中央、国务院关于防控新型冠状病毒肺炎感染的重要指示，按照湖北省、武汉市人民政府统一部署，在武汉市蔡甸区武汉职工疗养院内新建一座全功能呼吸类传染病大型专科医院，取名“火神山医院”。为保证医院建设组织得力、运转高效、沟通顺畅，确保高速度、高标准、高质量完成，打赢疫情防控第一战，建立健全组织架构是关键。

根据项目特点，组建覆盖政府组织、各参建施工企业和各参建劳务（专业）分包单位的三个层级管理组织架构，具体如下（图 8-1）：

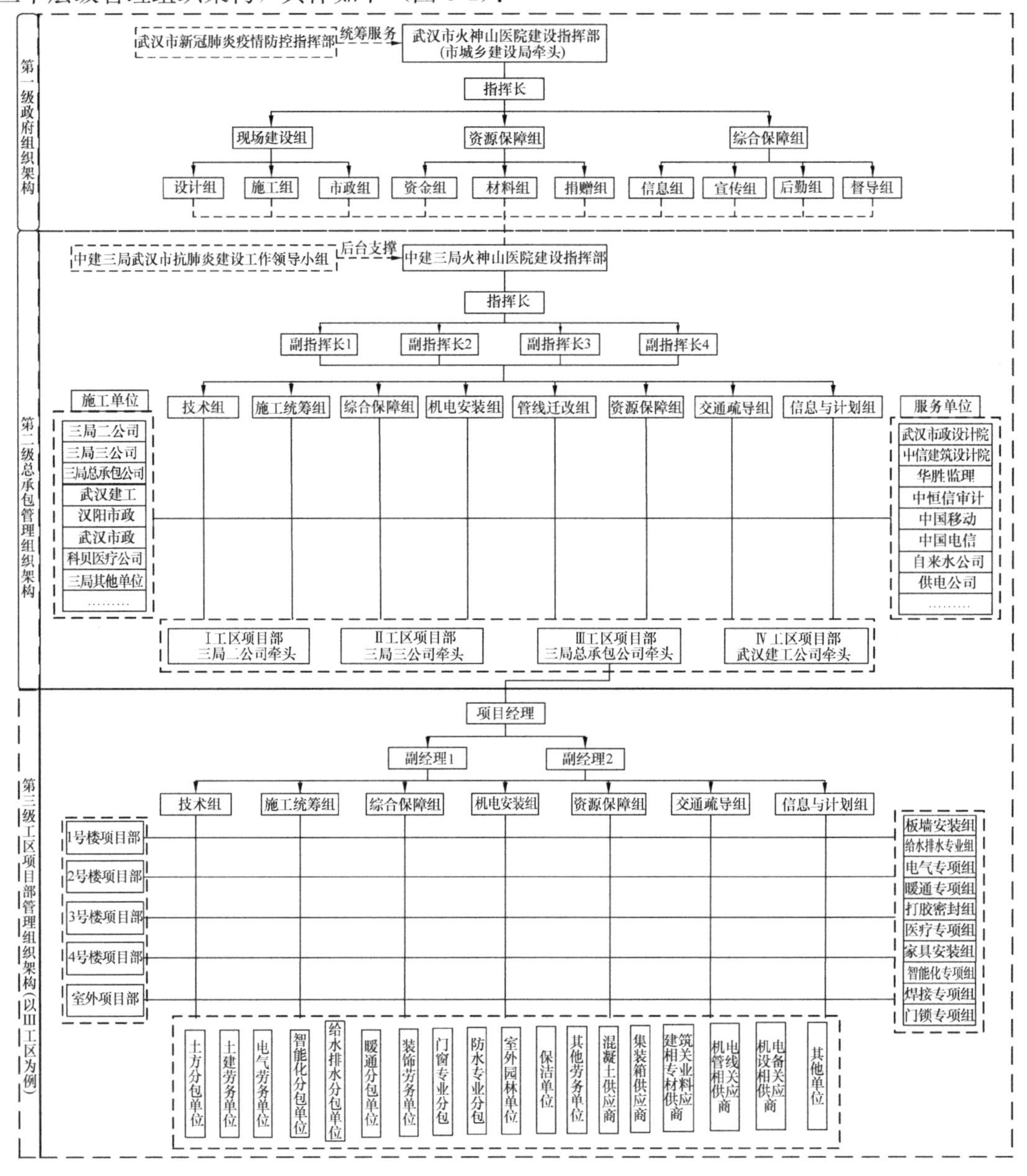

图 8-1　武汉市火神山医院应急项目“三层级”组织架构图

1）第一层级：政府组织机构，由武汉市新冠肺炎疫情防控指挥部统筹，武汉市城乡建设局牵头，成立“武汉市火神山医院建设指挥部”。

2）第二层级：总承包管理组织架构，由中建三局牵头，武汉建工、武汉市政、汉阳市政共 4 家主承建单位以及供电公司、水务公司、园林公司等参建专业单位，共同组建“中建三局武汉市火神山医院项目指挥部”。其中中建三局下属单位二公司、三公司、总承包公司、基建投公司、安装公司、绿投公司、智能化公司参与建设。

3）第三层级：工区项目部组织架构，由各参建企业组织相应劳务分包单位、专业分包单位组成“工区项目部”。

8.1.1　政府组织架构

为确保医院顺利建设，武汉市城乡建设局组织成立“武汉市火神山医院建设指挥部”，主要职责统筹协调医院工程整体建设，为工程参建单位提供支持和帮助。建设指挥部设置为“扁平”的组织结构，下设指挥长 1 名和现场建设组、资源保障组、综合保障组共 3 个工作组，“上承”市疫情防控指挥部要求，协调政府职能部门，“下达”施工生产目标任务，解决具体问题。其中现场建设组下设设计组、施工组、市政组共 3 个工作小组，资源保障组下设资金组、材料组、捐赠组共 3 个工作小组，综合保障组下设信息组、宣传组、后勤组、督导组共 4 个工作小组。如图 8-2 所示。

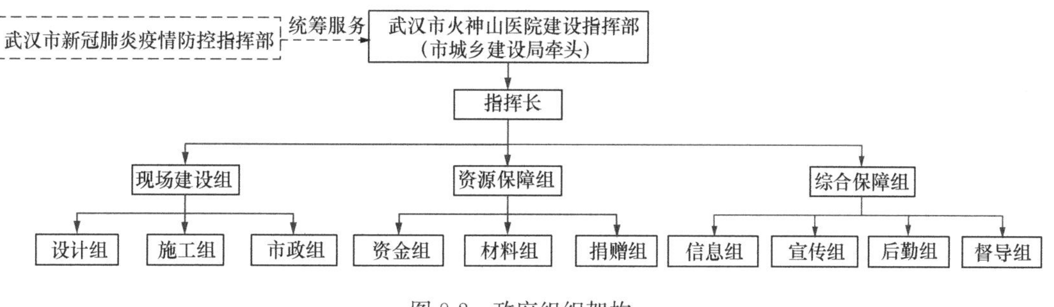

图 8-2　政府组织架构

工程施工处于疫情和春节的特殊时期，为确保武汉市各级政府行政机关、各职能部门以及各企事业单位承担的社会公共服务职能满足工程建设需要，由武汉市新冠肺炎疫情防控指挥部统筹，协调市政府各委、局职能部门和医院建设地管辖政府提供工程建设必要的保障工作(图 8-3)。

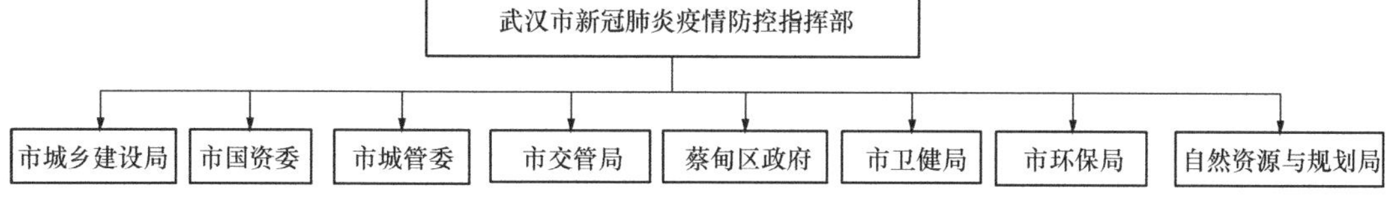

图 8-3　武汉市新冠肺炎疫情防控指挥部

服务保障工作重点围绕“在此特殊情况下，恢复各级政府应该承担的公共服务职能”方面开展，主要是：

1）工程建设应依法依规。一是项目应依法立项，市国土资源和房产管理局、市规划局、市环保局等部门协同完善可研报告等有关立项及审批手续；二是建设应依法开工、过程依法监管、完工依法竣工备案，市城乡建设局牵头，相关参建单位配合，共同完善工程邀标、施工许可、完工竣备等的办理及审批手续。

2）各类资源应集结到位。市国资委统一协调中建三局、武汉建工、武汉市政、汉阳市政等在汉央企、地方国企，主动调集资源投入建设，鼓励民营企业积极参与工程建设。

3）道路交通应畅通有序。市交管局、市城管委联动相关参建单位，确保工程施工车辆、机械设备、物资材料运输车辆、人员通勤车辆的高效通行，限制与工程建设无关的社会车辆通行。

4）后勤服务应充足保障。蔡甸区人民政府负责协调辖区内医院、酒店、商场超市等提供必要的生活服务、防疫物资，做好参建人员的后勤保障工作。

8.1.2 总承包管理组织架构

受武汉市城乡建设局委托，中建三局牵头武汉建工、武汉市政、汉阳市政 4 家主承建单位以及供电公司、水务公司、园林公司等参建专业单位，共同组建“中建三局武汉市火神山医院项目指挥部”，统筹协调各参建单位，实行总承包管理，推进项目施工生产。

项目指挥部下设 1 个领导小组和 8 个工作组，领导小组由 1 名指挥长、4 名副指挥长组成，统筹火神山医院项目各工区的施工建设，协调各工作组工作。

工作组下设技术组、施工统筹组、综合保障组、机电安装组、管线迁改组、资源保障组、交通疏导组、信息与计划组共 8 个工作小组，各工作组按分工及工作需要，对接建设指挥部相应工作组，组织各项施工资源，协调各工区施工生产。

为进一步发挥中建三局集团资源组织与调配优势，加强企业总部对项目指挥部的后台支撑，中建三局成立了以集团董事长、总经理为组长，集团副总经理为副组长的应急工程建设工作领导小组，统筹协调工程项目建设，决策建设工作中的有关重大事项，筹划相关对外宣传及舆情等工作。领导小组下设协调组、新闻组、后勤组、技术组、安全组、工程组、物业组共 7 个工作小组。如图 8-4 所示。

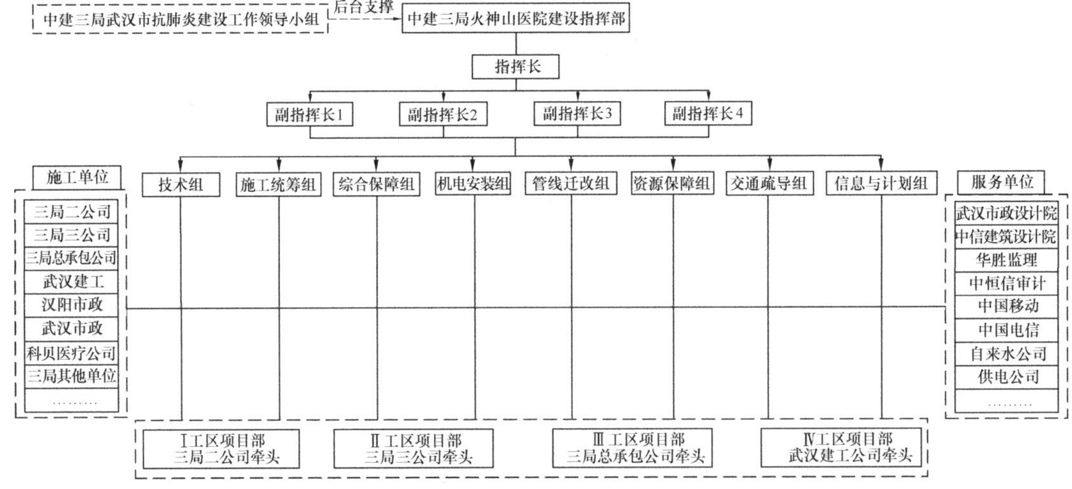

图 8-4　总承包管理项目指挥部“三维矩阵”式组织架构

项目指挥部通过召开“施工协调联席会”方式，统筹各类公共资源分配，协调各工区施工步调，解决项目施工困难。

8.1.3 工区项目部组织架构

根据工程施工分区，项目指挥部下设 4 个工区项目部，Ⅰ～Ⅳ工区分别由中建三局二公司、中建三局三公司、中建三局总承包公司和武汉建工负责组建。各工区项目部根据任务划分，统筹协调工区内参建施工单位，负责落实进度、质量、安全、防疫保证措施，做好施工现场人员生活生产及生命安全保障，确保高效率、高标准、高质量完成施工任务（图 8-5）。

以中建三局总承包公司承建的Ⅲ工区为例，按照工程设计的功能分区和实际工作任务分为五个（栋号）项目部，四栋病房区及相应护士站区分别为 1～4 栋号项目部，室外工程单独成立室外项目部。各栋号（室外）项目部接受建设单位、监理单位、总包部对区域内施工进度、质量、职业健康安全、文明施工等工作的监督和指导，按时向总包部汇报工程各方面工作。

各栋号（室外）项目部设项目经理 1 名，对区域内各项事务全权负责，用以统筹各项资源，协调各专业组人员配合完成工作任务。项目部下设副经理 2 人，配合项目经理协调生产资源调度以及两班倒人员的沟通管理工作。

除此之外，本工程在实施过程中，根据施工工艺，针对不同施工阶段的特点，对工区内各栋号（室外）项目部进行了动态的设置和灵活调整：

1）土方与地基阶段：现场设立一个工区，主要以平整场地、施工用临时道路和水、电等工程内容为主。按照工程设计要求，在保证工程质量、工期、成本及安全、环保等目标的前提下开展工作。

2）主体及装饰安装阶段：分为四个工区项目部，四栋病房分别为 1～4 号楼项目部，工作任务涵盖主体结构、机电安装、装饰装修等，负责落实本工区在技术、进度、质量、安全、文明施工等方面均达到要求，统一调配现场的施工资源，确保顺利交付。同时，各工区还接受建设单位、监理单位、总包部对工区施工进度、质量、职业健康安全、文明施工等工作的监督和指导，按时向总包部汇报工程各方面工作。

3）工作面交叉阶段：各工区隶属于总包部直接管理，各项目部楼栋间在护士站连廊划界，出现工作面交叉阶段由总包部统一调度，明确各职责范围，做到主次有序、动态调整，确保施工范围不漏项。

8.1.4 工作机制

1. 倒班工作机制

为确保项目安全平稳施工，推进各项工作有序开展，在指挥部和项目部实行两班倒工作机制，以 12h 和 24h 相结合的方式，实现不间断作业的目的。

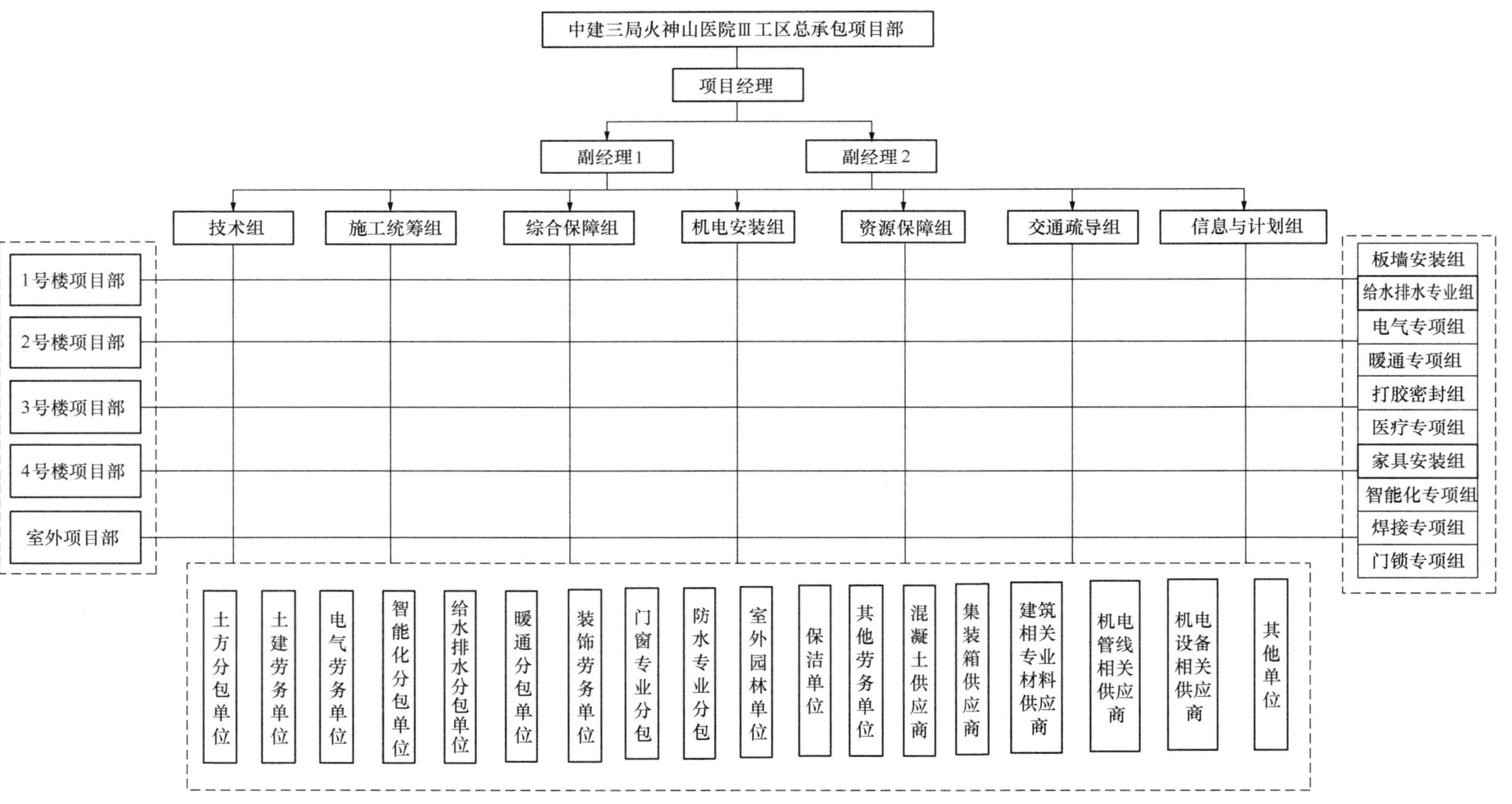

图 8-5 工区项目部“矩阵式”组织架构

1）指挥部 12h 倒班制。指挥部各小组根据业务不同调整两班倒人员数量，将人员合理分配到两个班次，确保部门不空岗。工作时间为早上 8：00 到晚上 20：00，当班工作情况以书面形式向小组负责人进行汇报，做到白班夜班无缝隙交接，工作过程资料详细记录，切实为各工区、各专业组提供帮助与指导，有的放矢地监督与管理，为项目完美履约提供有力的支撑。

2）项目部动态倒班机制。项目部在前期施工作业中采用 12h 倒班制，分为白班和夜班，在后期即将交付阶段，采用 24h 倒班制。

（1）主体施工阶段实行 12h 倒班制，工作任务以土建施工为主，工序相对单一，工作时间段为早上 8：00 到晚上 20：00，倒班人员提前 15min 到达工作场地，交接时间不少于 1h，工作内容做到点对点交接，按照工作计划推进，当班期间工作任务由各工区负责人进行监督。

（2）安装及装修阶段实行 24h 倒班制，工作任务以机电安装、装饰装修为主，各项工序交叉复杂。受作业面影响，管理人员及作业工人交接频繁会导致管理效度降低，不利于项目施工进度的推进。24h 倒班制以每天早 8：00 为交接班时间，交接时间视工作内容而定，由工区项目经理牵头分别对当班期间工作情况做小结和布置当日工作任务，将作业时遇到的疑难问题逐一登记，明确具体责任人逐一销项。

2. 会议工作机制

为凝聚思想认识，提高沟通效率，合理安排分工，实现统一指挥，做到各项工作有计划、有部署、有检查、有落实，及时有效决策和解决生产过程中的困难和问题，形成了指挥部、工区间、工区内部三位一体的会议机制。从整体上看，各项会议重点关注施工生产，尤其是施工进度，研究解决影响生产的各类问题，部署下一阶段工作计划，并逐步实施。遇有重大问题或特殊情况，会议牵头人可以随时随地召集有关人员开会。但三种层级会议机制又有所不同：

1）建设指挥部会议。指挥部牵头各参建单位每日召开例会，武汉市城乡建设局负责人、各参建单位主要负责人、工区所属单位负责人（指挥长）参会。会议包含两个阶段：一是集中会议，面对面交流，传达上级精神指示，解决各单位施工过程中遇到的共性问题，集中讨论需要指挥部协调的外部资源问题，明确各单位工作区域界定及分工，并对下一日工作进行部署和安排；二是现场巡查，指挥部负责人带队到现场巡查工程进度，检查当日施工内容完成情况，现场反馈发现的各类问题。

2）项目指挥部会议。由项目指挥部指挥长牵头，每日定时召开，带班领导、各工作小组负责人、工区项目部负责人参加。会议主要讨论各工区当日进度完成情况、研究生产过程中遇到的各项问题，明确工区工作面、工作内容，并部署下一步工作计划。

3）工区项目部会议。各工区项目部负责人牵头，工区所有管理人员参加，每天利用交接班间隙在现场召开会议，每次会议 20～30min，集中讨论当班工作计划完成情况、需要解决的各项问题，制定下一班工作计划，并逐步实施。

3. 信息沟通工作机制

数据和信息的共享与交换对工程建设而言至关重要，信息沟通的效率是建设项目成功的关键要素之一。根据本工程紧急性、受关注度高、参建单位多等特点，为加强各参建单位信息沟通的效率，保证对外信息统一，由武汉市城乡建设局外宣处牵头成立信息沟通小组，各参建单位指定信息专员负责信息接收、转发和反馈，外宣处统一协调对接媒体。

除主要通过会议、公告、公函等形式实现双方或多方的信息传递和共享外，根据两级三维矩阵式组织架构图，以信息专用群形式搭建两级信息共享平台，确保上令下达高效。各参建单位每天上午 10：00、下午 18：00 报告形象进度、劳动力、机械设备、材料进出场情况及明日施工计划。

8.2 策划与计划

8.2.1 总体思路

本工程医院建设规模大、功能设施齐全，在严峻的疫情形势下建设工期异常紧张，时间就是生命，必须不惜一切代价尽全力保工期、保质量完成施工任务，在施工组织时应有快速建造、EPC 管理、设计与资源结合、科学组织、高效协调的管理思路。

1. 快速建造的思路

本工程建筑设计为 1～2 层大平面布置，并且有 10 余家参建单位，借鉴“兵团作战”思路，分片区包干，各区同时投入精干力量，投入充足甚至富裕的资源组织 24h 不间断施工，歇人不歇作业面。基础结构施工、箱式房吊装、墙板安装、机电安装等关键工序施工之间也要及时穿插，做到有工作面就有施工，不能参照常规工程按部就班地施工。

2. EPC 管理的思路

项目设计与施工同时开始，时间紧迫，虽不是 EPC 项目，但为达到高效建造的目的，项目从 EPC 模式推进管理，主动对接设计单位，寻求设计支持。在不违背设计要求的前提下，提出施工更为快捷的设计建议。例如：采用装配式设计＋建造的理念，医院主体采用装配式集装箱结构，有效提高建造速度；充分结合场地条件进行规划设计，考虑场地的自然标高，建筑总图进行不等高设计，综合考虑土方自平衡；基础结构采用整体筏板＋钢条基的基础形式，简化施工工序等。

3. 设计与资源结合的思路

工程施工处于疫情和春节的特殊时期，武汉市于 2020 年 1 月 23 日“封城”，材料供货商基本上已放假，工厂关闭，交通运输受限，材料设备等资源组织极为困难。在极端时期情况下，这就要求不能按照常规工程模式根据设计要求进行选购及订制材料设备，应当结合设计图纸，第一时间将能采购到的材料设备规格、相关参数反馈给设计单位，在保障使用功能的前提下，本着“有什么，用什么”的原则，选择常用而且能快速组织的建筑材料与设备，保障材料设备资源能快速组织到位。

4. 科学组织的思路

科学组织施工，特别是合理设计组织架构，精细工程策划，重点抓设计协调、资源组织、质量保障、交通疏导、安全防疫、信息沟通以及合理施工部署等关键环节，确保呼吸类传染病医院特有的负压病房以及“三区两通道”的功能实现。

5. 高效协调的思路

本工程参建单位达到十余家，参建单位之间接口非常多，在施工中普遍存在工作界面以及接口部位配合冲突、同一个工作面上不同工作内容相互干扰的问题，并且工程建设工期异常紧张，各类施工协调均需要在最短时间内得到响应，更不容有返工、纠错时间。这就需要以局指挥部统筹协调，按区明确施工任务，细化工作界面及接口管理，确保高效施工。

8.2.2 工程分区与界面管理

本医院工程参建单位众多，由中建三局牵头武汉建工、武汉市政、汉阳市政共4家主承建单位以及科贝医疗、供电公司、水务公司、园林公司等专业公司共同参与建设，其中中建三局下属参建单位又分为三局二公司、三局三公司、三局总承包公司、三局基建投公司、三局绿投、三局安装、三局智能化（三局二公司的子公司）。在如此众多的参建单位情况下，如何进行高效施工协调是本工程管理难点，结合快速建造的思路，这就要求合理划区，分片区管理，明确各区参建单位施工任务，各区同时组织施工，各工序及时穿插进行。

1. 分区原则

1）突出专业优势的原则

本工程参建单位众多，各个单位业务领域、专业优势不尽相同，应当将施工内容与各家单位专业优势匹配起来，科学合理划分工作面，“专业人做专业事”，如三局二公司、三局三公司、三局总承包公司和武汉建工在房建领域专业优势突出，三局基建投、武汉市政、汉阳市政在市政基础领域专业优势突出，三局绿投公司在水务环保领域专业优势突出。

2）工程量相近的原则

施工分区划分面积和工程量大致相等，相差幅度不超过10%～15%，施工难度也大致相同，确保施工进度节奏接近，甚至相同。

3）“属地”划分的原则

对于一些工程量相对较小、非关键线路的施工内容，遵循“属地”原则，划为同一区，由同一家单位负责，如室外附属构筑物。

4）结构整体性的原则

施工分区的界限应尽可能与结构界限（如沉降缝、伸缩缝等）相吻合，或设在对建筑结构整体性影响小的部位，以保证建筑结构的整体性。

5）独立施工的原则

各个施工分区相对独立，能同时开展施工。

2. 分区思路

1）首先分类罗列参建单位

发挥参建单位专业优势，按施工作业内容分级分类罗列。

（1）具有基础场平专业优势的单位：武汉市政、汉阳市政、三局基建投。

（2）具有房屋主体结构施工优势的单位：三局二公司、三局三公司、三局总承包公司、武汉建工。

（3）具有机电安装施工优势的单位：三局二公司、三局三公司、三局总承包公司、三局安装、武汉建工。

（4）具有医疗专业施工优势的单位：科贝医疗。

（5）具有智能化专业施工优势的单位：三局智能化。

（6）具有市政基础施工优势的单位：武汉市政、汉阳市政、三局基建投。

（7）具有市政供电施工优势的单位：供电公司。

（8）具有市政给水施工优势的单位：水务公司。

（9）具有园林景观优势的单位：园林公司。

2）其次确定分区数目

在上述参建单位分类中，具有房屋主体和机电安装施工优势的单位最多，且相互多为同一家单位，按此确定分区数目为 4 个。

3）最后划分施工分区

按建筑平面布置将工程划分为 4 个工区，每个分区工程量控制在 7000m^2 面积内。

3. 工程分区与界面划分管理

根据以上分区原则和思路，本医院建设工程共划分为 4 个工区，分别编号为Ⅰ区、Ⅱ区、Ⅲ区、Ⅳ区，各区相对独立且工程量均衡，具体分区如下（图 8-6）：

Ⅰ区、Ⅱ区、Ⅲ区、Ⅳ区分别由三局二公司、三局三公司、三局总承包公司、武汉建工单位进行建筑主体结构施工，其余参建单位在此分区基础上承担对应优势专业施工，具体施工区域由建设指挥部统一分配管理，部分施工内容按“属地”原则划分为同一家单位实施，如室外道路、室外排水管网由各区对应场平单位实施。

本工程分区界面划分如表 8-1 所示。

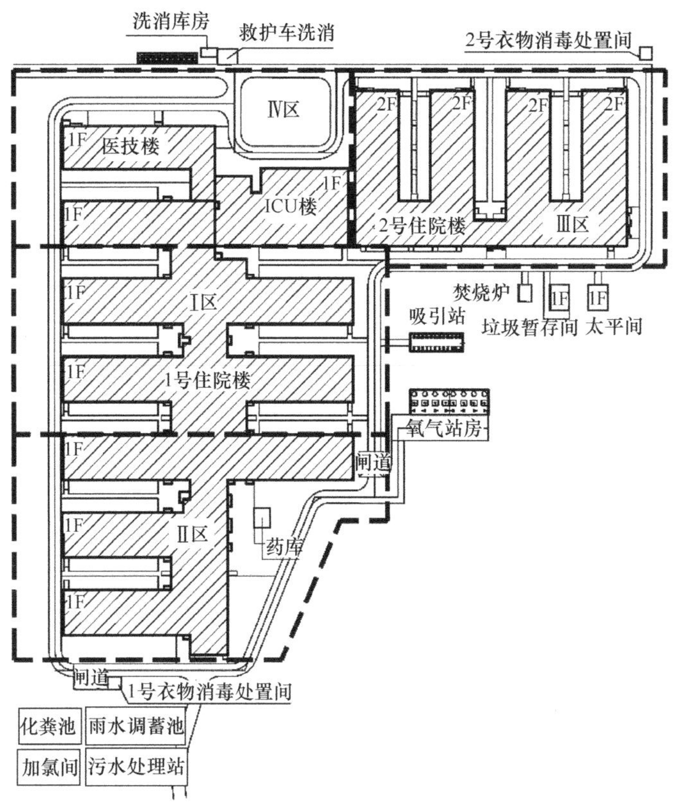

图 8-6　工程整体分区示意图

各施工分区界面划分表　　**表 8-1**

<table>
<tr><th colspan="2">施工分区 / 施工内容</th><th>Ⅰ区</th><th>Ⅱ区</th><th>Ⅲ区</th><th>Ⅳ区</th><th>备注</th></tr>
<tr><td colspan="2">土方平整、碎石砂回填</td><td>武汉市政</td><td>汉阳市政</td><td>三局基建投</td><td>武汉市政</td><td></td></tr>
<tr><td colspan="2">土工布和防渗膜铺贴</td><td>武汉市政</td><td>汉阳市政</td><td>三局绿投</td><td>武汉市政</td><td></td></tr>
<tr><td colspan="2">混凝土基础、箱式房及室内水电风机电系统</td><td>三局二公司</td><td>三局三公司</td><td>三局总承包</td><td>武汉建工</td><td></td></tr>
<tr><td colspan="2">室外道路（含挡土墙）</td><td>武汉市政</td><td>汉阳市政</td><td>三局基建投</td><td>武汉市政</td><td>“属地”原则</td></tr>
<tr><td rowspan="4">室外管网</td><td>排水管网（污水、排水）</td><td>武汉市政</td><td>汉阳市政</td><td>三局安装</td><td>武汉市政</td><td></td></tr>
<tr><td>给水管网</td><td colspan="4">武汉供水公司</td><td></td></tr>
<tr><td>散水</td><td>三局二公司</td><td>三局三公司</td><td>三局总承包</td><td>武汉建工</td><td>“属地”原则</td></tr>
<tr><td>强电</td><td colspan="4">三局安装提供材料，由各家场平单位负责施工</td><td>“属地”原则</td></tr>
</table>

续表

<table>
<tr><th colspan="2">施工分区
施工内容</th><th>Ⅰ区</th><th>Ⅱ区</th><th>Ⅲ区</th><th>Ⅳ区</th><th>备注</th></tr>
<tr><td rowspan="7">室外工程</td><td>雨水调蓄池化粪池</td><td colspan="4">三局基建投负责基坑开挖、基础施工三局安装负责设备及管道安装</td><td rowspan="5">现成资源</td></tr>
<tr><td>接触消毒池</td><td colspan="4">三局基建投负责基坑开挖、基础施工三局绿投负责设备及管道安装</td></tr>
<tr><td>污水处理站</td><td colspan="4">三局基建投负责基坑开挖三局绿投负责基础施工和设备及管道安装</td></tr>
<tr><td>闸道、围墙</td><td colspan="4">武汉市政</td></tr>
<tr><td>高压供电</td><td colspan="4">电缆沟开挖、砌筑及管道安放由各个分区场平单位负责高压设备及电缆敷设由武汉供电公司负责</td></tr>
<tr><td>柴油发电机</td><td colspan="4">混凝土基础及柴油发电机设备均由各区上部结构单位负责</td><td>“属地”原则</td></tr>
<tr><td>雨水提升站、路灯</td><td colspan="4">三局安装</td><td></td></tr>
</table>

各施工分区不同参建单位界面接口管理应遵循有利于组织施工、满足使用功能的原则，具体如下：

1）项目内部小市政排水（雨污水）在各个工区间的界面：以接驳处就近的雨污水水井为界，各家施工单位需提前沟通接口坐标，避免高差过大无法贯通。

2）项目内部小市政强弱电管群在各个工区间的界面：以接驳处的电井为界，由中建三局安装公司提供施工材料，由各家场平单位负责挖沟、埋管、回填施工。

3）项目给水管道在各个工区间的界面：室内给水管道（含消防）施工至室外第一个给水阀门（不含），整个室外给水管道（含消防）以及给水阀门由室外管网单位负责施工，整个项目室外给水管网单位为武汉供水公司。

4）项目室内排水管道在各个工区间的界面：室内排水管道施工至室外第一个排水井（不含），整个室外排水管道（污水和雨水）以及排水井由室外管网单位负责施工，室外污水和雨水管网施工单位：Ⅰ工区、Ⅳ工区为武汉市政单位，Ⅱ工区为汉阳市政单位，Ⅲ工区为中建三局安装公司。

8.2.3 工程推演

为确保项目快速、保质完成，在熟悉项目设计图纸及施工内容后，进行工程施工推演，分析和理清项目实施思路，推进项目的全过程管理。根据工程特点，从“工程整体、室内工序、室外工序”三个层级进行工程推演。

1. 工程整体推演

从整体上将本工程划分为四个阶段依次进行工程推演，分别为：

第一阶段：场地平整（表 8-2）。

第二阶段：基础施工（表 8-3）。

第三阶段：箱式房安装（表 8-4）。

第四阶段：室内机电及医疗设备安装（表 8-5）。

表 8-2

场地平整阶段施工推演

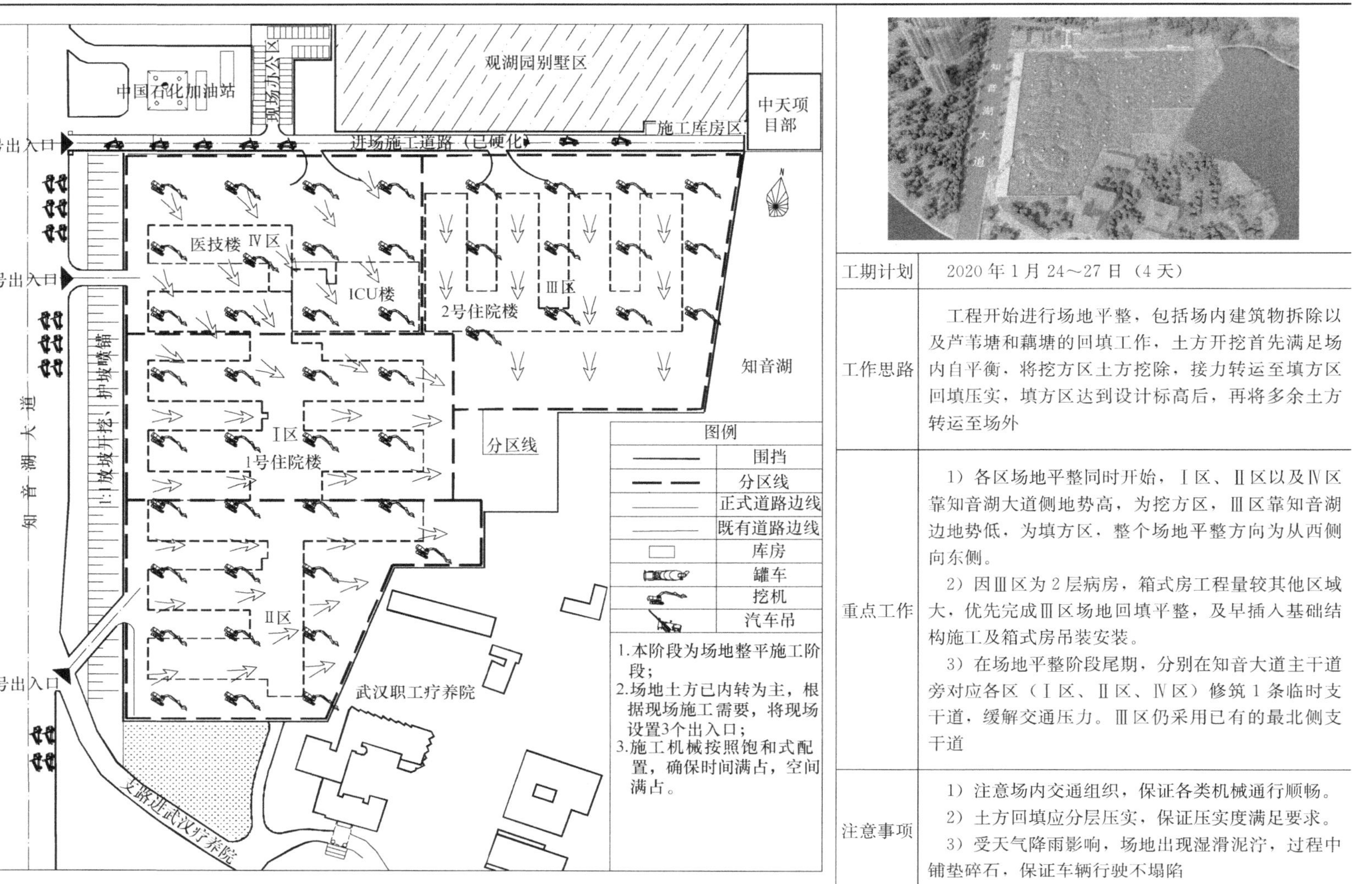

工期计划	2020 年 1 月 24～27 日（4 天）
工作思路	工程开始进行场地平整，包括场内建筑物拆除以及芦苇塘和藕塘的回填工作，土方开挖首先满足场内自平衡，将挖方区土方挖除，接力转运至填方区回填压实，填方区达到设计标高后，再将多余土方转运至场外
重点工作	1）各区场地平整同时开始，Ⅰ区、Ⅱ区以及Ⅳ区靠知音湖大道侧地势高，为挖方区，Ⅲ区靠知音湖边地势低，为填方区，整个场地平整方向为从西侧向东侧。 2）因Ⅲ区为 2 层病房，箱式房工程量较其他区域大，优先完成Ⅲ区场地回填平整，及早插入基础结构施工及箱式房吊装安装。 3）在场地平整阶段尾期，分别在知音大道主干道旁对应各区（Ⅰ区、Ⅱ区、Ⅳ区）修筑 1 条临时支干道，缓解交通压力。Ⅲ区仍采用已有的最北侧支干道
注意事项	1）注意场内交通组织，保证各类机械通行顺畅。 2）土方回填应分层压实，保证压实度满足要求。 3）受天气降雨影响，场地出现湿滑泥泞，过程中铺垫碎石，保证车辆行驶不塌陷

表 8-3

基础施工阶段施工推演

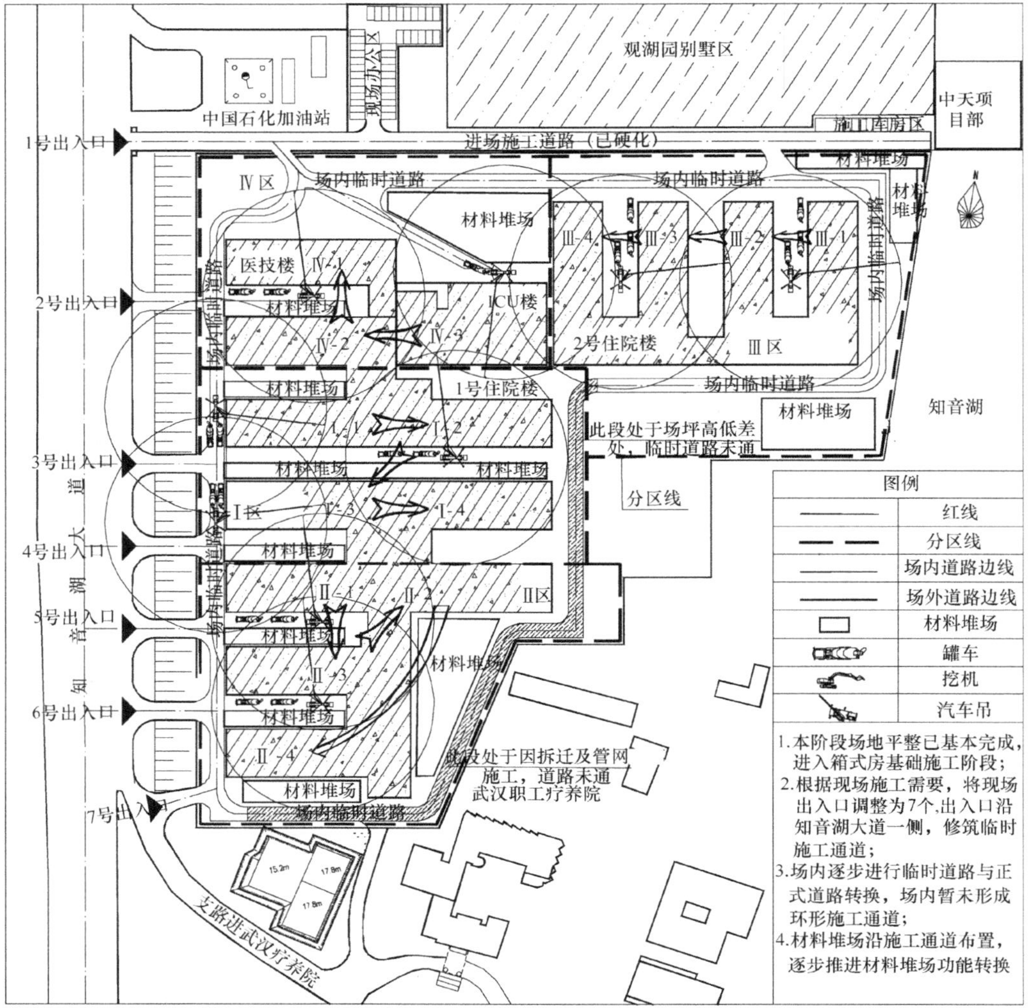

工期计划	2020 年 1 月 25～29 日（4 天）
工作思路	随场地平整进度，各区及时插入基础结构施工，同步进行室内机电管线预留预埋工作，同时插入室外埋地敷设的给水排水、强弱电管网以及南侧污水处理站、雨水调蓄池、消毒池施工。视场地平整进度情况，Ⅲ区场平应最先结束，进入到基础结构施工，Ⅰ区、Ⅱ区以及Ⅳ区场平进度相当，基础结构施工时间基本持平
重点工作	1）各区基础结构施工视场地平整进度分块进行，施工小流水顺序为：Ⅰ区：Ⅰ-1 区→Ⅰ-2 区→Ⅰ-3 区→Ⅰ-4 区；Ⅱ区：Ⅱ-1 区→Ⅱ-3 区→Ⅱ-2 区→Ⅰ-4 区；Ⅲ区：Ⅲ-1 区→Ⅱ-2 区→Ⅱ-3 区→Ⅱ-4 区；Ⅳ区：Ⅳ-3 区→Ⅳ-2 区→Ⅳ-1 区。 2）在场地平整完成后，先进行土工布和 HDPE 防渗膜（两布一膜）施工，防渗膜搭接按照施工工艺进行。 3）因室外管网大部分布置在室外道路下面，此阶段应及时插入室外管网施工，不影响室外道路施工
注意事项	1）各类材料，如钢筋、防渗膜、模板、预埋管线等，均应提前组织进场。 2）在基础结构混凝土施工前应将机电管线预留预埋到位

表 8-4

箱式房安装阶段施工推演

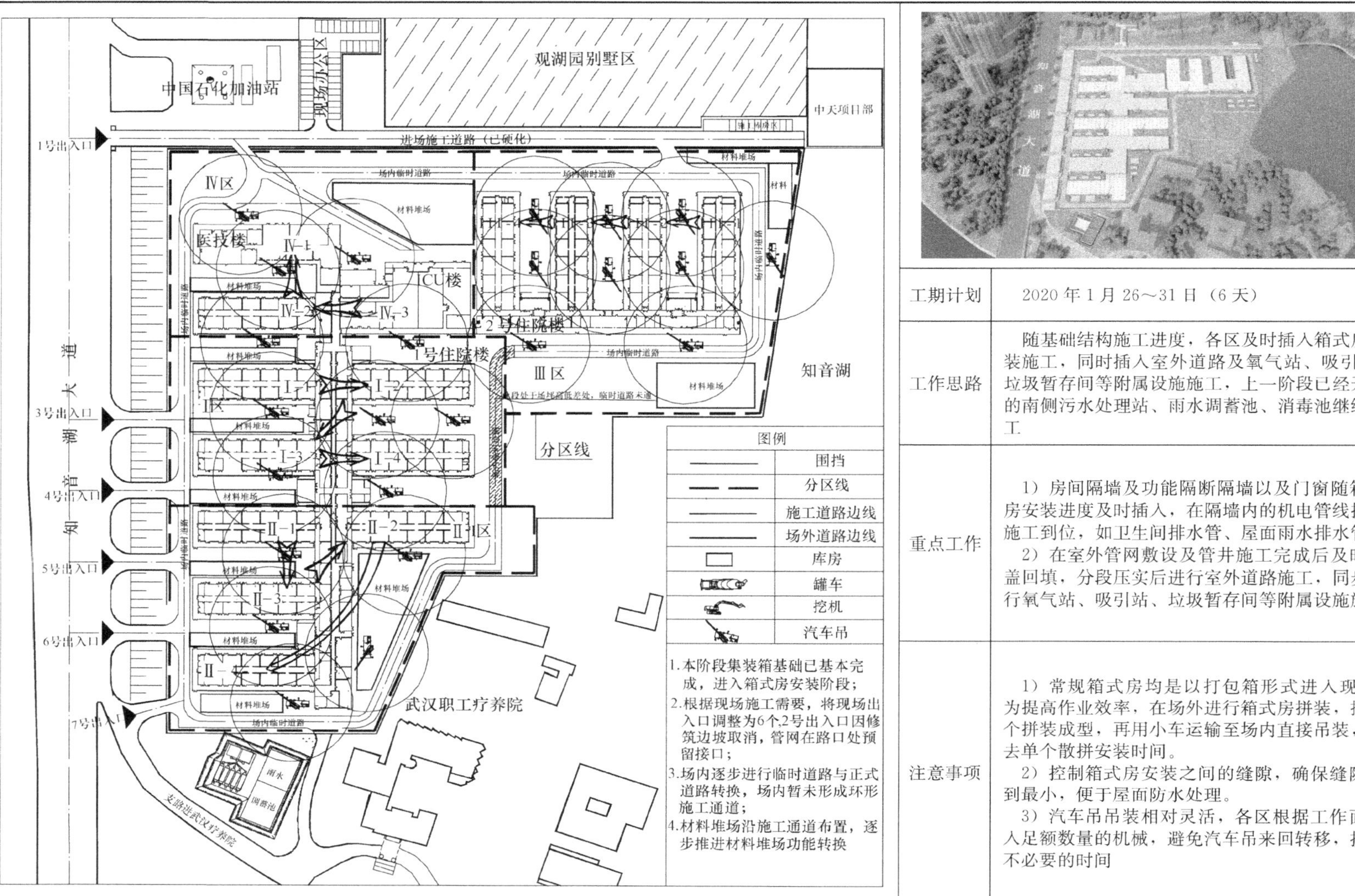

工期计划	2020 年 1 月 26～31 日（6 天）
工作思路	随基础结构施工进度，各区及时插入箱式房安装施工，同时插入室外道路及氧气站、吸引站、垃圾暂存间等附属设施施工，上一阶段已经开展的南侧污水处理站、雨水调蓄池、消毒池继续施工
重点工作	1）房间隔墙及功能隔断隔墙以及门窗随箱式房安装进度及时插入，在隔墙内的机电管线提前施工到位，如卫生间排水管、屋面雨水排水管。 2）在室外管网敷设及管井施工完成后及时覆盖回填，分段压实后进行室外道路施工，同步进行氧气站、吸引站、垃圾暂存间等附属设施施工
注意事项	1）常规箱式房均是以打包箱形式进入现场，为提高作业效率，在场外进行箱式房拼装，按单个拼装成型，再用小车运输至场内直接吊装，免去单个散拼安装时间。 2）控制箱式房安装之间的缝隙，确保缝隙达到最小，便于屋面防水处理。 3）汽车吊吊装相对灵活，各区根据工作面投入足额数量的机械，避免汽车吊来回转移，损失不必要的时间

室内机电及医疗设备安装阶段施工推演 **表 8-5**

观湖园别墅区
中天项目部
施工库房区
中国石化加油站
现场办公区
1号出入口
7号出入口
进场施工道路（移交时封闭）
救护车洗消
正式道路
Ⅰ区
Ⅱ区
Ⅲ区
Ⅳ区
材料堆场
医技楼
ICU楼
1号住院楼
2号住院楼
吸引站
氧气站房
知音湖
知音湖大道
武汉职工疗养院
支路进武汉疗养院

图例	
—WALL—	围挡
— —	分区线
——	场内道路边线
——	场外道路边线
□	材料堆场
（图标）	罐车
（图标）	挖机
（图标）	汽车吊

说明：

1. 本阶段集装箱安装已基本完成，进入室内机电安装及医疗设备安装阶段；
2. 根据正式道路及封闭围挡的施工需要，调整为两个出入口。其他出入口取消，为修筑边坡及室外管网施工提供条件；
3. 场内正式道路已施工完成，形成环形施工通道。1号出入口由北侧既有道路进入场内正式道路，7号出入口由进入疗养院之路进入场内正式道路；
4. 材料堆场沿施工通道布置，逐步推进材料堆场功能转换

工期计划	2020年1月28日～2020年2月2日（6天）
工作思路	提前加工预制部分风管、水管、联合支吊架等，随箱式房分区施工进度，全面插入室内水电风机电及医疗设备安装施工。室外氧气站、吸引站、垃圾暂存间等附属设施在箱式房主体完成后开展室内机电施工
重点工作	1）Ⅰ区、Ⅱ区、Ⅳ区风管量较少，周边无加工风管空间，直接预制成品风管运输至各区周边；Ⅲ区风管量较大，预制加工半成品风管，在场地东北角库房附近进行拼装后运输至各个单元。 2）协调加工场对镀锌薄钢板风管等大宗材料进行工厂化预制加工，减轻场内材料仓储及运输压力。 3）室内以及周边机电管线设备随箱式房安装进度及时插入施工，全面铺开作业，保证室内与室外同步进行。 4）房间墙体、门窗应施工在室内机电及医疗设备前面
注意事项	1）为确保形成对应的压力梯度，需确保病房的密封性，墙体接缝处、墙体洞口开凿处等均应密封严密。 2）本工期建造时间紧，室内机电系统应“随施工、随检查、随整改、随调试”，做好完工交付准备

2. 室内工序分析

火神山医院工程室内包含土建、通风、空调、强电、给水排水、弱电以及医院等专业，工序繁多。由于建设工期紧，各专业工序交叉明显。为明确各专业工序间相互关系，在工程整体推演的基础上，分专业对室内工序进行分析（图 8-7）。

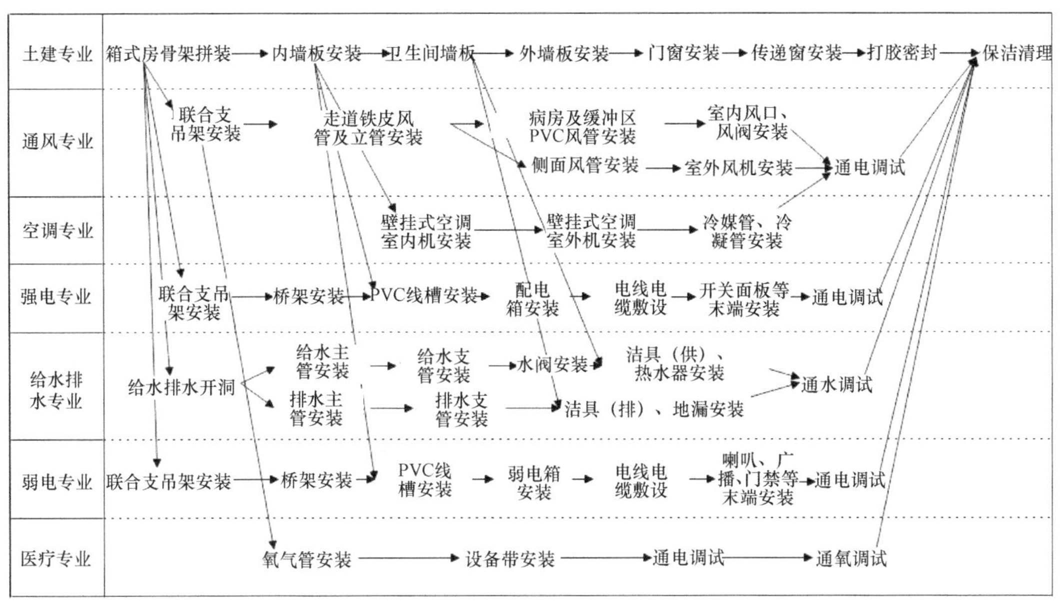

图 8-7　室内工序实施分析

3. 室外工序分析

火神山医院工程室外工序包括市政电、市政水、排水排污管网、给水管网、强电、道路、污水处理站、雨水调蓄池以及氧气站、吸引站、垃圾暂存间等室外附属设施。为达到快速建造目的，在场地平整完成后将室外工序和室内主线同时进行施工，相互配合，确保室外工序不占用关键线路时间。在室内各阶段主线对应的室外工序施工开展实施分析，如表 8-6 所示。

室外工序实施分析　　表 8-6

序号	室外工序	施工关系			
		场地平整阶段	基础结构阶段	箱房安装阶段	机电与医疗设备安装阶段
1	市政电施工	——			
2	市政水施工	——			
3	室外综合管网施工		——	——	
4	室外道路施工				——
5	污水处理站施工		——	——	——
6	雨水调蓄池施工		——	——	——
7	氧气站、吸引站等室外附属设施施工			——	——

8.2.4 计划管理

1. 计划管理难点

1）在严峻的疫情形势下，建设工期异常紧张，总体要求在进度上建设要快，在质量上要满足使用功能。

2）参建单位众多，工作界面及接口部位相互配合繁多，同一个工作面上不同工作内容相互干扰问题突出，需要全方面高效协调管理。

3）工程处于疫情和春节的特殊时期，人材机等资源组织十分困难，确保工程进度最基本的要素“人、机、料”组织困难。

2. 计划管理思路

1）精细化管理思路。理清工程各项工序以及工序间的关键线路，每一道工序的时间安排都要精确到以小时来计算。本项目关键线路为：场地平整→碎石铺填→砂子填筑推平→防渗膜铺设→箱式房基础结构施工→箱式房安装及改造→房内机电系统及医疗设备安装，同步适时插入雨污排水管网、道路以及附属设施等室外工程。

2）分级计划管理思路。制定总进度计划，以总进度计划为指导，分级编制工区计划、日计划、小时计划。

3）资源最大化思路。各区同时组织施工，投入充足甚至富裕的资源，24h不间断施工。资源及时组织进场，宁可资源等现场，也绝不能现场等资源。

4）工作计划管理，各项工作计划响应要及时。

3. 计划过程管理

1）计划管理的内容

计划管理的范围涵盖方方面面，可以说有工作就会有计划，在工程施工生产方面表现在进度、资源、工作三个方面，这三者之间是呈现相互制约和联动的关系的。具体来说就是，进度计划需由资源计划的保障实现，资源计划需要工作计划的实施来实现，工作计划需要进度计划的要求来支撑，并且最终服务于进度计划。

因此计划管理按照管理内容分为进度计划管理、资源计划管理和工作计划管理：进度计划管理包括总计划、总目标的梳理及制定，过程计划的收集及审核，计划的跟踪、分析和纠偏措施的制定以及计划的考核。资源计划涵盖人、机、料、法、环各个方面，与各业务口息息相关。工作计划主要指各部门的工作计划。

通过下发节点计划，实现对进度目标的下达。通过日报的形式，对每日工作进度及资源、材料进场情况进行跟踪和通报；通过例会通报的形式，对进度完成情况进行分析，提出纠偏措施；通过节点评比的形式，对进度计划进行考核；通过过程协调，对各项资源计划进行监督；通过工作计划的收集及完成情况通报、每日需协调解决问题，实现对工作计划的控制。

2）计划管理的核心

结合对本项目计划管理工作开展过程中存在不足的认识，计划管理的核心应紧紧抓住“考核评比”。

一个计划，如果没有考核，那么它会丧失所拥有的大部分意义，很可能会流于形式。计划一旦制定后，不应该总想着计划编制不合理，面对的困难有多大，而应该想着如何去实现计划，出现偏差了如何纠偏。从全局性来说，一般计划第一次经过深思熟虑的编制后，后面调整的空间不大，更多的是补救。因此过程考核成为计划实现的主要手段。

3）计划管理的跟踪

在以“考核评比”为核心的计划管理动作，计划跟踪主要体现在以下两个方面：

（1）通过结合资源组织难度、天气、任务难度等因素，制定一个基于节点目标多方面考虑的、相对切实可行的进度计划，并将这个进度计划提升到作为全项目的最高目标之一的高度来进行管控。这个目标是基于有效工序分析编排、资源组织难度及组织方式考虑的，强调节点目标的实现而不特别强调过程每一道工序是否按时完成，因为最终的节点目标可以通过对过程中细部工序的计划纠偏来实现。

（2）通过每日日报的形式对重点资源进场、每日进度完成情况及重要工作完成情况进行通报，通过计划完成情况与总计划对比的形式对滞后情况进行通报。这个通报的过程即是计划跟踪的过程。要实现计划跟踪，首先要有个基准，这个基准就是总进度计划，而总进度计划就是制定的切实可行的项目进度节点目标。

4）计划管理的纠偏

通过制定和贯彻落实进度纠偏措施，在计划滚动的过程中实现对进度执行不到位情况的及时弥补，保证项目重大节点目标的实现。进度滞后了怎么办？不采取补救措施而放任滞后等于是对项目总进度目标的放弃，只要还坚持项目总进度目标，就不能放任滞后，要采取额外的措施。这个额外的措施可能涉及一部分经济投入，但相比最终目标的实现，就是值得的。进度纠偏措施可以要求其一步到位，也可以结合困难程度以牺牲部分重大节点为代价分批进行，只要能保证最终节点的按时实现。而一旦调整了重大节点，则超出了进度纠偏范围，而属于计划调整。

5）计划管理的考核

及时组织进度考核评比，实现过程激励与鞭策。针对重大节点组织的进度考核评比，是对分解目标的过程总结。

8.3 设计与深化设计

8.3.1 对设计的理解与分析

1. 设计的重难点

1）设计标准要求高

本次新型冠状病毒感染的肺炎传染病传播速度快，蔓延范围广。为满足患者快速隔离、治疗的需求，设计的医院需要建造速度快，同时又能高效安全运行。设计需要充分考虑病患的治疗维生系统，又要保障医护人员的安全，相比北京小汤山医院而言，对传染病的控制更加严格，标准更高。

2）设计时间要求紧

火神山医院的设计就是与时间赛跑，与病魔赛跑，跑赢了才会给更多人生的希望。设计院需要以最快的速度完成出图，给现场资源组织与施工建造提供条件，预留时间。

3）设计场地条件受限

火神山医院选址位于武汉市蔡甸区知音湖畔，与既有的武汉职工疗养院毗邻。场地西邻知音湖大道，东侧为知音湖，南侧为职工疗养院，北侧有商品房尚未交付，可用地面积十分有限，且地势起伏不平，还间隔有池塘、沟壑以及临时小楼等，对整个规划总平面设计影响较大。

2. 需解决的问题

1）如何契合地形条件设计并满足使用功能需求

整个场地情况复杂，可用地面积有限，但是病毒的传播和蔓延速度很快，病患急剧增加，需要火神山医院尽可能多地提供床位。这对医院的规划方案设计尤其是平面布局要求很高，需要充分利用场地，同时又要避免现场的拆改过大，减少场平工作。

2）如何及时出图满足现场施工的进度要求

医院的设计与施工几乎是同时启动，时间紧，任务重，出图时间短，但等所有图纸出来再组织资源与施工，时间上不允许，需要按照施工工艺先后顺序，分批出图。

3）如何进行设备材料选型提升设计的可招采性

工程建设正处于春节和疫情爆发的特殊时期，各类资源组织受限。设计选择的材料设备是否货源充足，能否在最短的时间内运输到现场，是保障项目建设的关键。

4）如何通过方案比选提升设计的可建造性

设计所选择的结构形式、构造做法、节点处理方式等直接影响到施工组织的安排以及施工工艺流程，是项目能否实现高效建造、快速建造的关键。

8.3.2 设计管理的思路

1. 总承包管理意识

火神山医院项目采用施工总承包的发包模式，在项目组织架构的搭建中，充分运用EPC项目管理的思维，创新设置专门的设计协调组，配备各专业设计管理人员，并将中建三局其他子单位以及武汉建工、武汉市政、汉阳市政纳入统筹管理，一起协助业主开展设计管理工作，真正实现设计施工一体化，保障项目的高效建造。

2. 组织与工作机制

1）组织分工

项目设计管理团队按专业分为 5 个小组，包括建筑结构组、机电组、室外组、深化组、图纸资料组。每个小组的职责分工如表 8-7 所示。

各小组职责分工　　表 8-7

序号	分组	职责
1	建筑结构组	负责反馈场地实际情况，跟进建筑结构专业设计进度，根据施工需求对设计方案、材料做法提出建议，并跟进落实。绘制部分节点详图，同设计确认
2	机电组	负责跟进电气、暖通、给水排水以及弱电专业设计进度，根据施工需求和资源组织情况对机电设备和管材的选型提出建议，并跟进落实
3	室外组	负责跟进室外配套附属设施的设计进度，对配套建筑的结构形式、基础形式、材料规格提出建议，并跟进落实
4	深化组	负责集装箱深化设计，包括集装箱的排布、门窗尺寸及位置的深化、拼缝及节点的处理以及医技楼、ICU 等轻钢结构房屋的深化，包含设计钢构件的布置方式、计算构件尺寸
5	图纸资料组	负责图纸收集、发放，以及后期设计资料整理归档

2）工作机制

（1）驻场办公（图 8-8）。2020 年 1 月 23 日接到建设任务后，当晚调派 2 名设计管理人员进驻设计院，1 月 24 日增加至 7 名，1 月 25 日累计达到 15 名，包含建筑、结构、给水排水、电气、暖通、弱电等专业。设计管理团队常驻设计院办公，实行两班倒工作机制，与设计团队工作同步，高效对接。

图 8-8　驻场办公

（2）日报制。在设计院驻场办公期间，每天晚上 12：00 组织召开设计管理碰头会。各专业梳理当天设计进展情况和遇到的问题，以及第二天的设计出图计划，形成《火神山医院设计管理日报》，各方通过日报知晓设计出图情况，筹划相关施工组织安排。

（3）手绘图辅助设计（图 8-9）。在设计与施工过程中经常会出现紧急状况，对于一些细部做法、节点处理等需要及时出图。为应对这种状况，采用手绘图的方式来辅助设计，指导现场施工，及时解决问题。

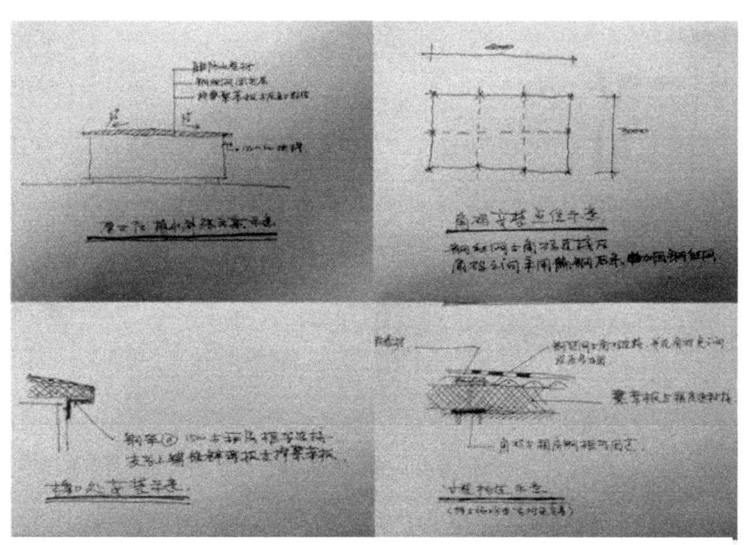

图 8-9　手绘图

3. 管理思路与措施

火神山医院作为疫情形式下的应急抢救医院，制约工程建设难点的是设计出图的及时性以及设计质量，设计质量主要表现在设计图纸的可建造性与资源可采购性。作为总承包方，需要进行深入分析，积极主动，采取有效的应对措施，而不是坐等出图。如表 8-8 所示。

管理要点与应对措施　　**表 8-8**

管理要点	影响因素分析	应对措施
出图及时性	1. 本工程时间紧，任务重，出图时间短，但等所有图纸出来再施工，时间上不允许，需要按照施工工艺先后顺序，分批出图。 2. 设计对现场信息不能完全掌握，需要施工方及时跟进。 3. 设计绘图地点在设计院汉口的办公室，电话沟通容易出现信息偏差	1. 派设计管理人员进驻设计院，督促出图。 2. 驻设计院人员及时将现场信息（如：场地高差）反馈给设计师，更新稳定设计输入条件。 3. 一些节点图，由派驻人员绘制，由设计师签字确认，提高出图效率
图纸传递准确性	1. 本工程参建单位众多，除中建三局，还有武汉建工、武汉市政、汉阳市政等单位，需要确保图纸及变更第一时间完整无误地传递给各单位。 2. 设计地点在汉口，且受疫情影响，交通不便，需要采用信息化手段传递图纸信息	1. 第一时间收集各单位对接的人员，各单位指定电子邮箱收图。 2. 建立微信群，总包方将相关图纸信息及时在群内公布，提醒各方在邮箱中收图。 3. 纸质版图纸由设计院提供

续表

管理要点	影响因素分析	应对措施
设计可建造性	1. 本工程工期异常紧张，需简化施工工序，缩短施工工期。 2. 因工期紧张，施工工序调整，同时为前道工序施工留作业空间。 3. 工艺节点须保证工程质量	1. 集思广益，积极提建议，及时与设计师沟通，取得认可，意见融入图纸中。 2. 因本工程不是常规的框架或框剪结构，相应的封堵及防水措施需要考虑更细致
资源可采购性	1. 本工程工期紧、任务重，必须使用市场上的现货作为建筑材料，或者使用加工周期短（一般 2 天左右）的建筑材料。 2. 相关建筑材料的应用必须获得建筑师的认可，同时要保证建筑使用功能及施工质量为前提条件	1. 跟进设计师的第一版图纸，梳理相关材料计划表，及时联系供应商，了解库存情况。 2. 就供应商能提供的材料规格及时与设计师沟通，只要满足功能需求即可，并立即修改图纸

8.3.3 设计方案的比选与优化

1. 契合地形条件进行设计与优化

1）总平面布局设计优化

（1）靠近知音湖大道一侧场地条件复杂，高差起伏大。为避开此区域，减少土方开挖工作量，保障施工进度，将整个建筑往东平移 15m。

（2）平移之后，总平面图中院区左侧的环形道路仍与现有围墙冲突，但 2 号病房楼右侧已临湖，因此将左侧环形道路的宽度局部从 7m 减为 6m，位置向主楼靠近。

（3）围墙底部与病房楼区域场地高差接近 3m，进行放坡支护。

结论：经过建筑平移、道路调整、放坡支护等一系列措施，充分保证总平面布局，并降低施工难度。

2）场地高差设计（图 8-10）

（1）在场平施工过程中，东西两侧的场平标高相差 2.1m，为避免土方工作量太大，采用高差设计。整个医院设置两个正负零标高，1 号病房楼区域 24.35m，2 号病房楼区域为 22.35m。高差处采用挡土墙，环形道路采用平缓放坡。

（2）ICU 与 2 号病房楼连接处采用错层设计，设置连廊，将 ICU 与病房楼二层连通。

结论：采用场地高差设计，既满足使用功能要求，又极大减少了场平的工程量，大幅缩短工期。

3）附属配套设施布局优化（图 8-11）

（1）垃圾暂存间原先布置于 2 号楼病房楼右侧，施工过程中发现该处临湖，土层以淤泥为主。因此将暂存间以及后来增加的焚烧炉、吸引站、氧气站等附属配套设施移至 2 号病房楼南侧，该处虽为填湖区域，但经过多年沉积，土质已相对稳定。

（2）院区西南角的回车场距离场地现有的高压电线杆及电线太近，因此重新布局此处的

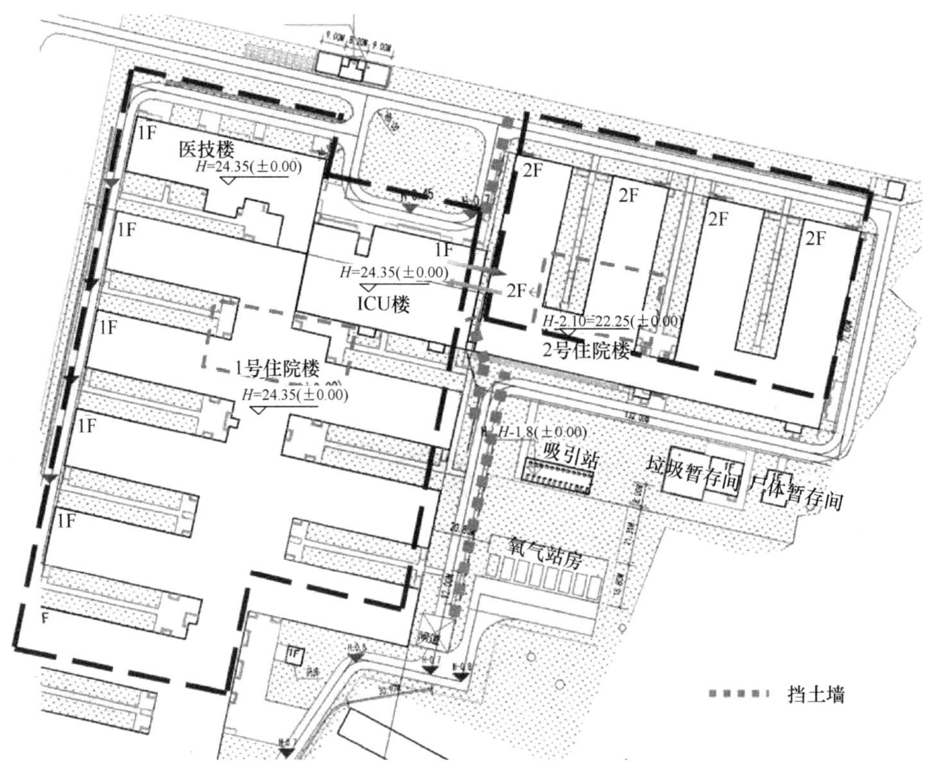

图 8-10　场地高差设计

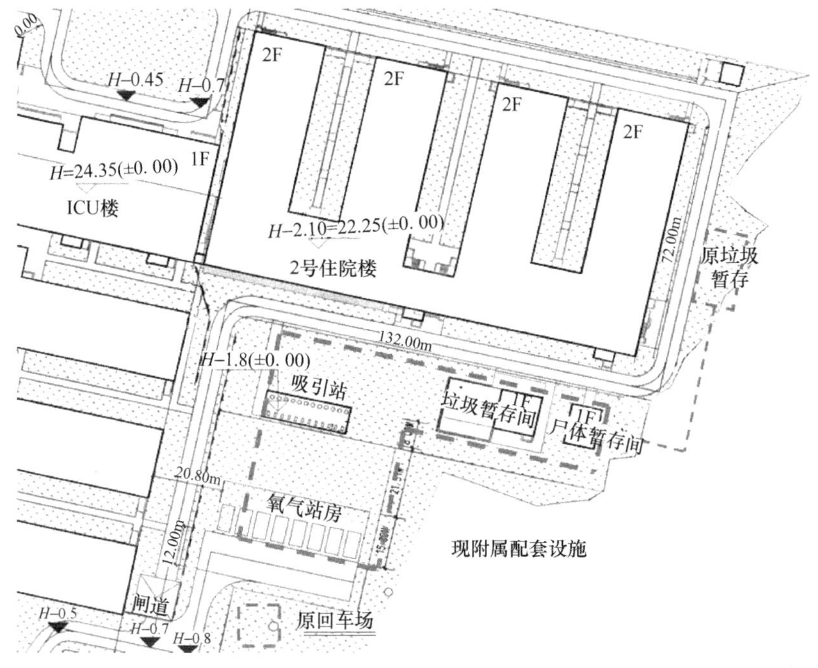

图 8-11　附属配套设施布局优化

行车路线。

结论：结合地质状况以及环境条件进行建筑布局，保证了施工可实施性。

4）院区入口道路优化（图 8-12）

（1）院区北侧入口道路边有柴油机房，道路下面存在大量市政管线预埋，与道路施工冲突，存在工序等待。但是 2 号病房楼最右侧护理单元需要提前交付，致使入口道路必须提前完工，能够保证进出院区畅通。

（2）为满足提前交付使用，将院区的入口改到靠近知音湖大道一侧，避开柴油机房与市政管线的施工区域，使用时将此段封闭施工。

结论：结合分批交付的情况，调整设计与施工部署，满足边施工边使用的要求。

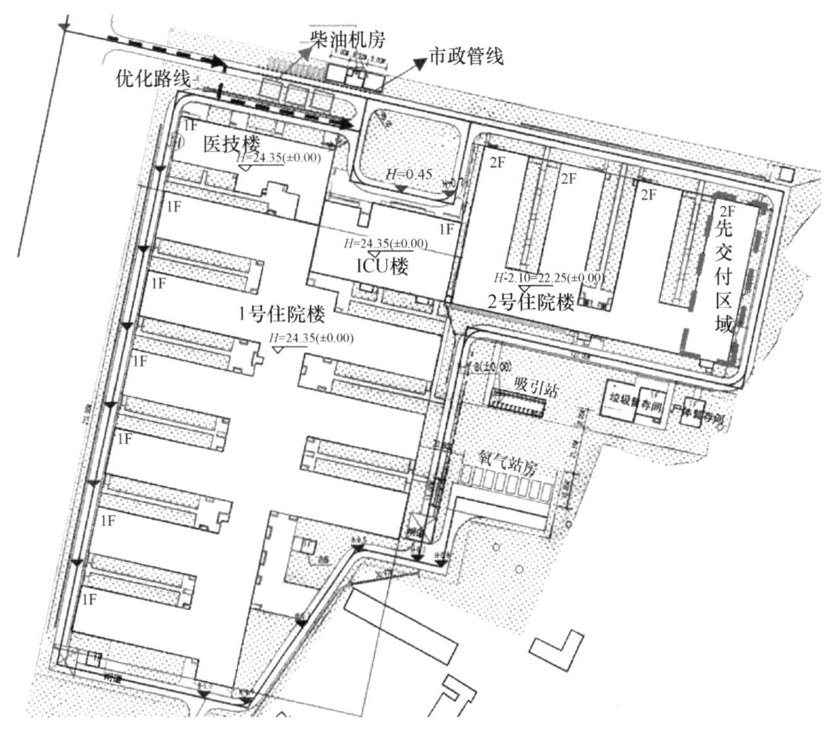

图 8-12　道路优化

2. 结合资源组织进行材料设备选型

1）基础形式的比选分析

（1）条形基础

较为经济，混凝土用量较少，而且在房子与地面之间形成架空空间，可用于上下管线的进出通道。但是存在以下问题：①条基施工需进行大量支模；②条基是按理想状况进行布置，而集装箱拼装会存在偏差和累积误差，而且无法准确预测，导致后续集装箱可能无法搁置在已施工完成的基础上。

（2）筏板基础

整体性较好，有利于减小不均匀沉降，施工方便，同时在筏板上搁置方钢，作为集装箱的条基，同样可以使房子与地面之间形成架空空间，作为管线进出通道。另外方钢可以灵活摆放，根据集装箱的拼装情况，灵活调整方钢位置，保证集装箱能搁置在方钢上。

结论：采用整体筏板基础，筏板上搁置方钢，作为集装箱的条基，施工灵活方便，并能适应集装箱拼装过程中的误差（图 8-13）。

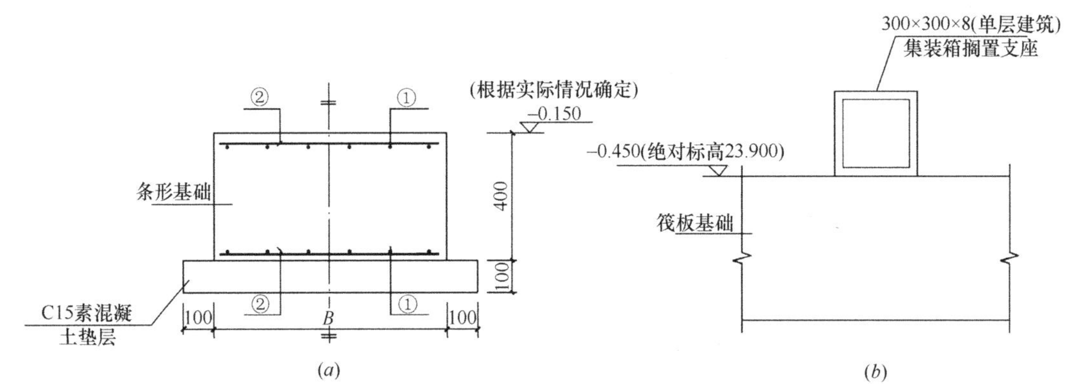

图 8-13 基础形式

（a）条基；（b）筏板基础及方钢固定大样

2）污水调蓄池优化调整（图 8-14）

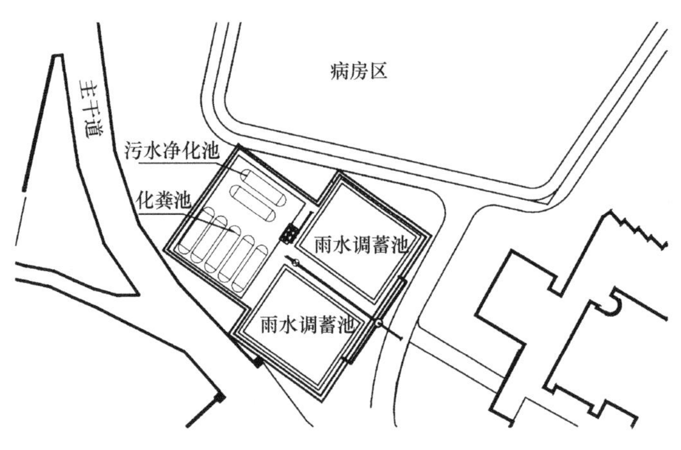

图 8-14 污水调蓄池优化

（1）按原设计方案化粪池、消毒池深化后西侧边坡与现场施工主干道冲突，若进行化粪池、消毒池开挖将导致现场临时施工主干道断路。在提请设计院复核后，在满足雨水调蓄需求的前提下，西侧一个雨水调蓄池采用异地建设，将化粪池、消毒池位置东移，确保了基坑施工过程中现场施工主干道的畅通。

（2）由于化粪池、消毒池基坑与雨水调蓄池基坑之间距离有限，若采取分坑开挖，在两坑之间将形成一共用的狭窄的夹心土坡，两侧基坑同时施工过程中该土坡的稳定性在施工过程中难以保持，易造成坑内施工的安全隐患。因此最后考虑合坑施工，避免了夹心土坡的安全问题，也方便了土方开挖施工。

(3) 由于原结构设计方案基础设置为筏板基础，而实际开挖过程中基底均为性质较好的中风化基岩，根据工程经验提请结构设计单位根据现场地质情况进行基础方案调整，将筏板基础改为粗细砂调平的形式，节约了钢筋混凝土筏板施工流程需要的钢筋绑扎、混凝土泵车调配、混凝土浇筑及养护、混凝土硬化等工序所需时间超过 12h 以上。

结论：结合工程经验，根据现场施工总平面布置、实际开挖地质情况等对原有条件下的支护设计及基础方案进行调整优化，保证了现场施工道路的畅通和基坑施工的安全性和工期要求。

3) 院区围墙设计（图 8-15）

大多数项目的现场临时围挡都采用 PVC 围墙，现成资源充足，施工可以灵活调配，还能循环利用。采用这种围墙施工方便，也能满足医院隔离的要求。

结论：临时应急医院围墙采用 PVC 围墙，施工便利且资源充足。

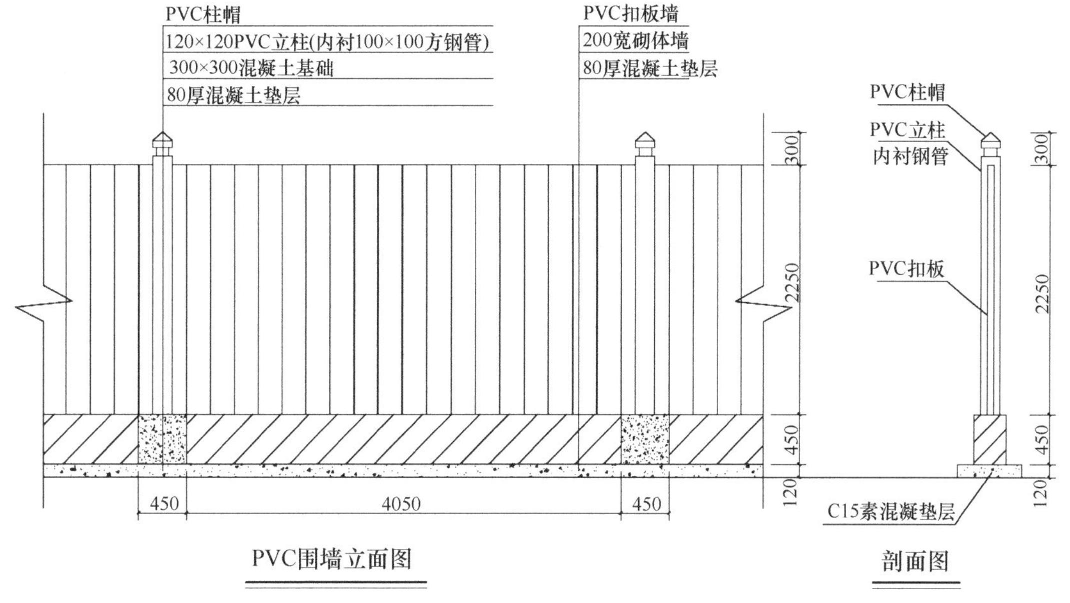

图 8-15 院区围墙设计

4) 卫生间防水设计（图 8-16）

(1) 二楼卫生间采用集成卫浴，防止漏水到一楼房间，影响使用。

(2) 排水管防水采用 PVC 地胶上翻一定高度进行密封，缝隙处泡沫胶填充，密封胶封堵，施工工序少，简单方便。

结论：建议卫生间全部采用集成卫浴，另外设置地漏。

5) 集装箱屋面拼缝处理（图 8-17）

(1) 单个集装箱屋面自带找坡与排水措施，通过顶部四周边梁上的沟槽将水引入四个角点，然后再通过暗柱在四根立柱中的排水管将水排出。

(2) 集装箱屋面拼缝处的防水措施采用镀锌薄钢板封盖，然后铺设自粘卷材，工序较少，施工方便。集装箱顶部设计有整体坡屋面，这种拼缝处的处理措施可以作为密封处理，

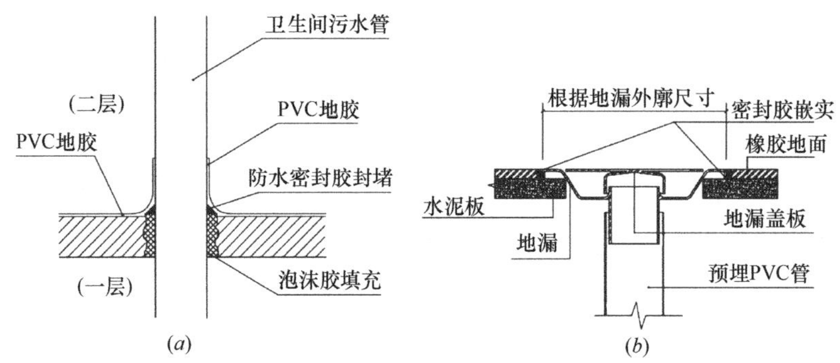

图 8-16　卫生间防水设计

（a）二层卫生间排水管防水做法；（b）地漏处理详图

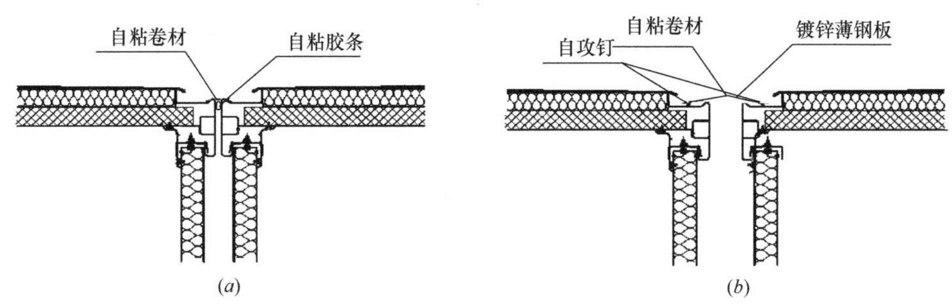

图 8-17　屋面接缝处理

（a）缝宽≤14mm 时的等高屋面接缝处理；（b）缝宽＞14mm 时的等高屋面接缝处理

对少量漏雨的情况，作第二道防线。

结论：建议整体坡屋面作为第一道防水措施，拼缝处理作为第二道防水措施。

6）屋面管线设计优化

（1）管线设备布置在屋面：医院管线及设备较多，若放置在屋面，安装过程中容易破坏集装箱屋面，也影响后期屋面防水施工，而且集装箱屋面承重能力不足，还需另外进行加固处理。

（2）管线设备不放在屋面：沿房屋周边设置轻钢支架，作为管线设备支撑，避免与屋面防水施工冲突，也减小对集装箱成型屋面的破坏，降低渗漏风险。

结论：建议管线设备尽量不要放在集装箱屋面，再另行做支架作为支撑。

7）配电方案设计优化

（1）原设计病房重要负荷用电为一路市政一路柴发。若市政停电 30s 后柴发的电才能正式启用。

（2）在室外两路市政变压器间加设双电源切换柜（ATSE），在不改变室外进户电缆敷设量的情况下，重要负荷变为两路市政和一路柴发供电，且两路市政互为备用，切换时间缩短到 0.2s。

结论：临时医院应保证其用电的可靠性。

8）风管材质的比选分析（图 8-18）

（1）风管原设计全部采用镀锌薄钢板，图纸优化过程中发现风管支管、短管及弯头较多，工程量大，镀锌钢板风管施工难度大，调整风管材质，将支管改为塑料材质，可保证工程质量，减少漏风率，提高工效。

（2）分析风管阻力及流速等，对管道优化，减少风管型号，提高生产效率。

结论：结合加工生产及材料供应情况进行风管材质及型号优化，保证了施工工期。

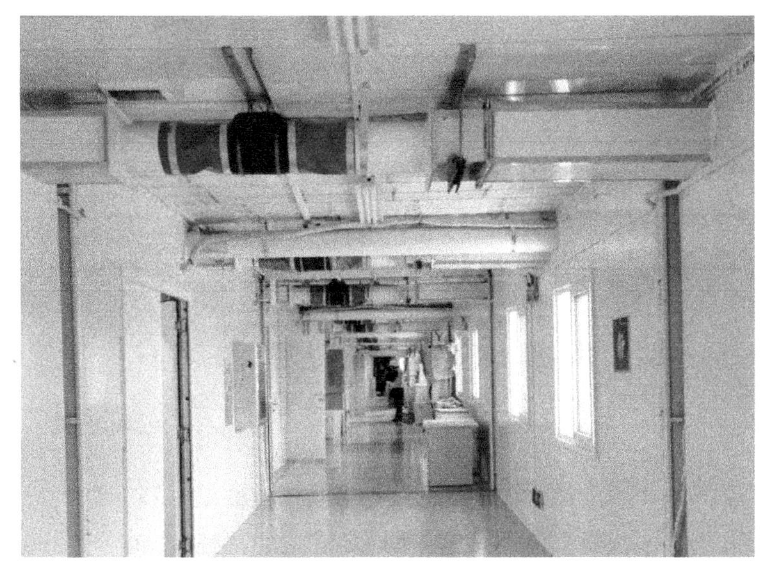

图 8-18　风管材质

8.3.4　深化设计重点与措施

1. 集装箱排布深化

1）集装箱深化设计进度与现场施工进度的同步性（图 8-19）

深化设计进度必须在最短时间内完成，如果深化设计进度滞后会影响项目后续采购、施工、安装等工作完成，很难实现医院按期交付。

图 8-19　设计与施工同步进行

解决思路：一是为确保应急医院的深化设计质量及进度，公司安排深化设计人员集中在中信建筑设计研究总院有限公司与设计人员一同办公，与设计同步深化，减少后续设计变更；二是为确保应急医院现场施工质量与进度，深化设计人员到施工现场技术支持，现场办公，解决现场施工问题及协助现场设计变更处理。

2）采购集装箱尺寸与原建筑设计方案标准模数有偏差

采购集装箱尺寸与原建筑设计方案标准模数有偏差分析表（表 8-9）。

偏差分析 **表 8-9**

分项	长（mm）	宽（mm）
原建筑设计标准模块平面尺寸	6000	3000
采购集装箱标准模块平面尺寸	6055	2990
标准模块平面误差	+55	−10

按建筑设计方案“两横+一竖”的布置原则，即病房为两个标准模块横放布置+走道为一个标准模块竖向布置，出现拼装误差 6055−2×2990=75mm，远大于标准模块间隙 10～12mm，如果缝宽处理不当会产生屋面漏渗水隐患，同时会影响室内后期装修等问题。

解决思路：原则上以过道箱体尺寸为总控，房间箱体宽缝（75mm 或 138mm）的位置留在标准模块间分户墙（双墙）位置，箱体间穿过位置的缝应为 10～12mm 的密拼方式。走道的箱体的缝应为 10～12mm 的密拼方式，其拼装误差消除在 3 个走道箱体（为一个标准组）范围内（图 8-20）。

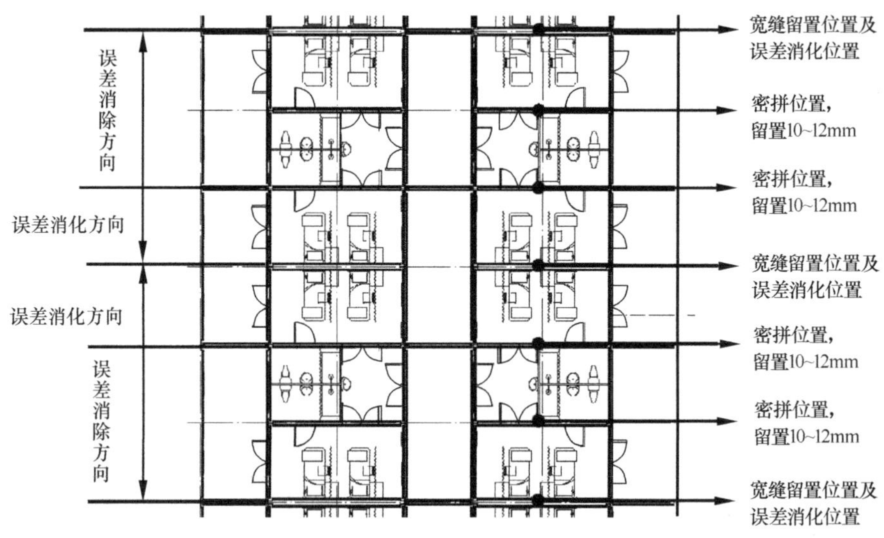

图 8-20 偏差消除措施

3）采购集装箱尺寸偏差导致现场建筑平面累计误差偏大（表 8-10）

采购集装箱尺寸偏差导致现场建筑平面累计误差分析表 **表 8-10**

分类	长（mm）	宽（mm）
原建筑设计平面尺寸	129000	72000
按采购集装箱放样平面尺寸	130397	72729
平面累计误差	1397	729

按原建筑设计方案平面功能布置集装箱原则，出现拼装误差长度方向累计误差 1397mm，宽度方向累计误差 729mm。误差偏差会产生的问题有：①原设计筏板边界不能满足集装箱排布要求；②影响现场施工方案选择，出现靠西侧挡土墙位置空间不够等问题。

解决思路：按采购集装箱实际尺寸，1∶1 比例进行深化设计，重新排布，根据深化设计的平面布置图重新设计筏板边界线位置，出筏板偏差位置误差图，指导现场筏板后续增补施工（图 8-21）。

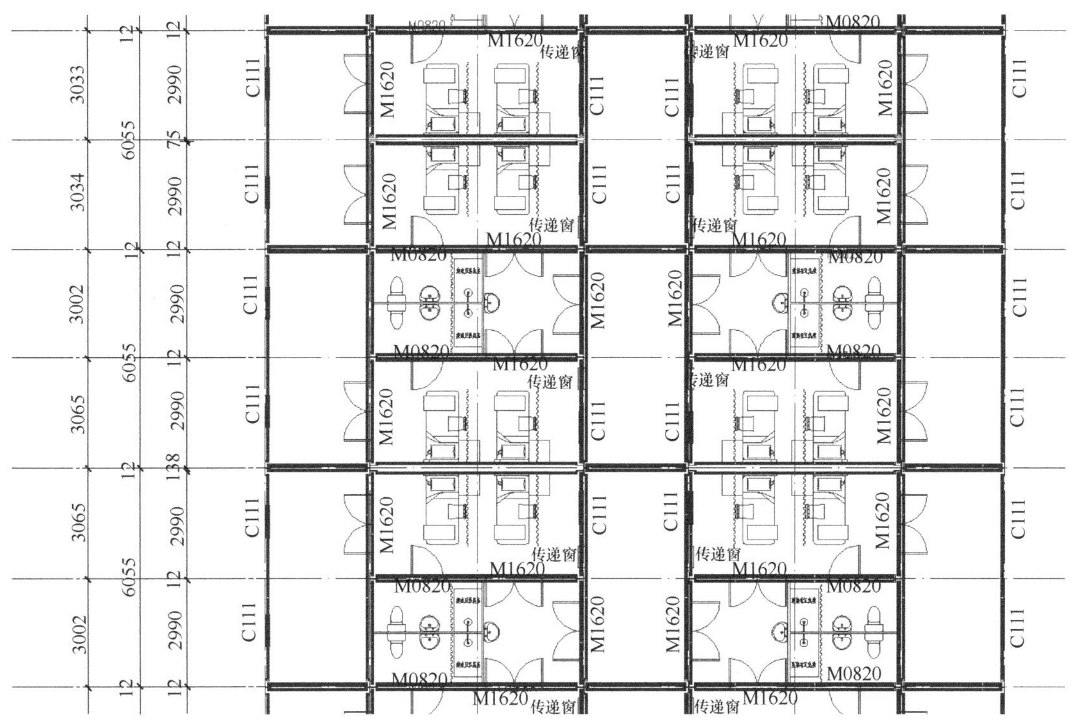

图 8-21 1∶1 比例绘制集装箱排布图

4）集装箱深化设计与其他专业协同

集装箱深化设计与其他专业分开深化设计，施工现场出现了以下问题：

（1）风管与门位置冲突（图 8-22）；

（2）防火门上封堵与风管吊挂结构干涉（图 8-23）；

（3）现场楼板开孔位置与结构冲突等问题，现场返工问题严重。

解决思路：针对应急项目制定各专业集中深化设计策划方案；对标准模块采用 BIM 应用技术三维模拟施工，解决深化设计碰撞问题及降低结构安全风险（图 8-24）。

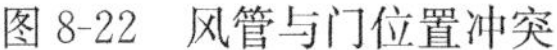

图 8-22　风管与门位置冲突

图 8-23　封堵与风管吊挂结构干涉

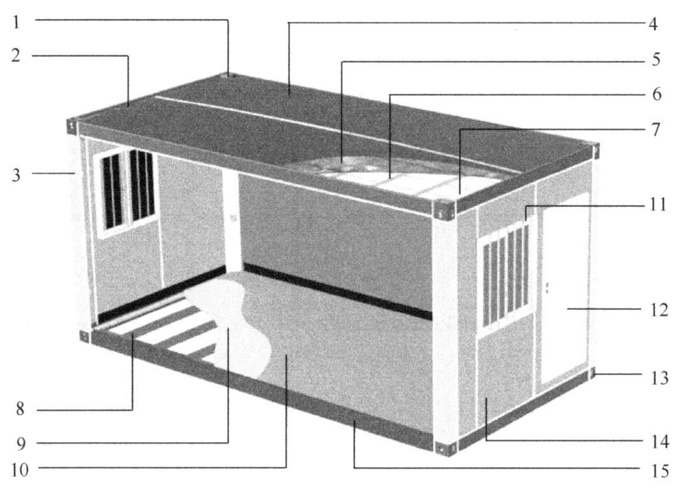

1—上吊角件	6—顶框方管	11—窗
2—顶框架	7—室内吊顶板	12—门
3—角柱	8—底框方管	13—下吊角件
4—屋顶蒙皮	9—地板	14—墙板
5—顶框保温棉	10—地板革	15—底框

图 8-24　三维模拟施工

5）集装箱现场施工误差导致集装箱标准包边件尺寸不统一

传统集装箱的包边件尺寸是标准化设计，但集装箱群吊装拼装，现场会产生一定的安装误差，特别是集装箱与集装箱之间的包边件尺寸难以统一，处理不当会有渗水隐患，影响建筑使用功能。

解决思路：屋面缝的封堵节点深化设计参考伸缩缝位置包边件形式，解决屋面缝隙问题；楼板、阴阳角、立柱等处包边件根据现场实际尺寸进行深化设计（图 8-25～图 8-28）。

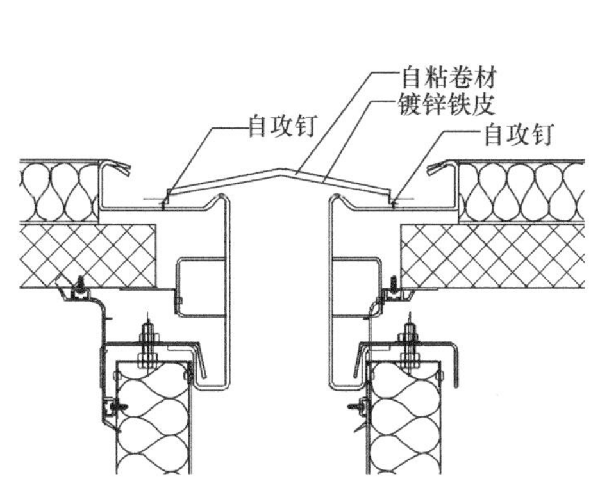

图 8-25　面缝封堵节点

图 8-26　墙体内包边节点

图 8-27　立柱的包边节点

图 8-28　吊顶的包边节点

2. 屋面构造深化

1）防水屋面结构材料选取

建筑防水屋面方案设计采用压型钢板金属屋面，其结构做法采用方钢管屋架或 H 型钢轻钢形式，但这些方案的材料采购、加工制作、运输、施工效率周期较长，难以满足整个项目的施工交付要求。

解决措施：以因地制宜、按照“有什么用什么”的原则，盘点公司资源库储备物资，钢管架材料库存量约 4500t，故选取钢管架材料（钢管 $\phi48\times3.0$）为防水屋面的结构设计材料，大大节省了材料采购周期、施工安装时间。

2）防水屋面结构钢管架搭设方案的优化

防水屋面结构钢管架搭设方案，要以项目施工工期为导向，还要确保屋面结构安全可靠，结合考虑屋面下部支撑箱体的结构受力特点，大大增加防水屋面结构方案深化设计难度。

解决措施：通过多种搭设方案比对分析，并结合优化计算分析结果，选择结构受力合理、安装高效的搭设方案（图 8-29）。

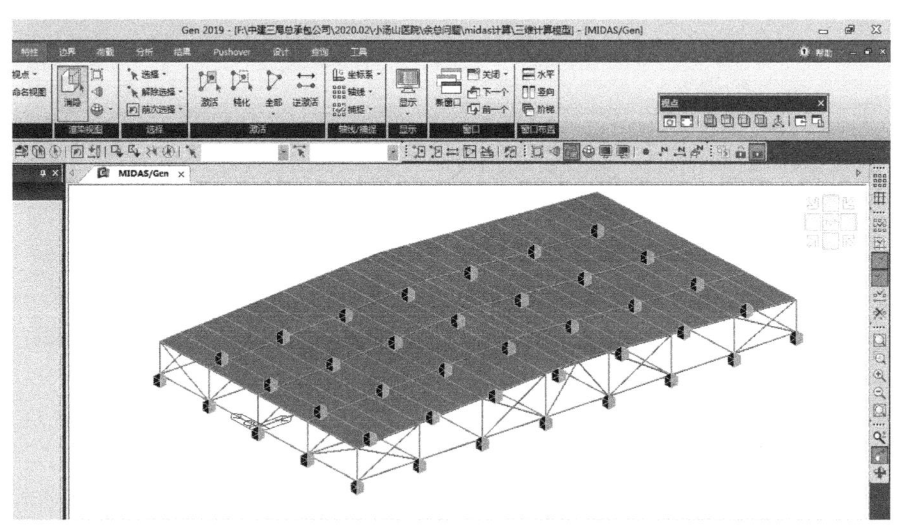

图 8-29　优化设计方案计算

3. 管线综合深化

本项目管线主要集中在医护区走道和病房区走道，管线涉及空调、电气、弱电及医疗气体（氧气和真空吸引）等，此区域管线较多且专业分包多，短时内需要全部施工完成，如严格按照图纸施工会造成现场管线交叉打架。

解决措施：在施工前主动了解除水电风外其他专业的设计思路，了解主要管线路由走向，了解各专业施工工艺，预留合理的施工空间，统一制定管线综合图，支架安装的位置和型号统一深化，统一施工，减少交叉作业，提高施工效率。

深化效果：本项目集装箱净高 2.55m，送风管设置在正中间，强弱电桥架排在两侧方便电缆敷设，同时预留足够医用气体管道空间（图 8-30、图 8-31）。施工完走道净高 2.15m。

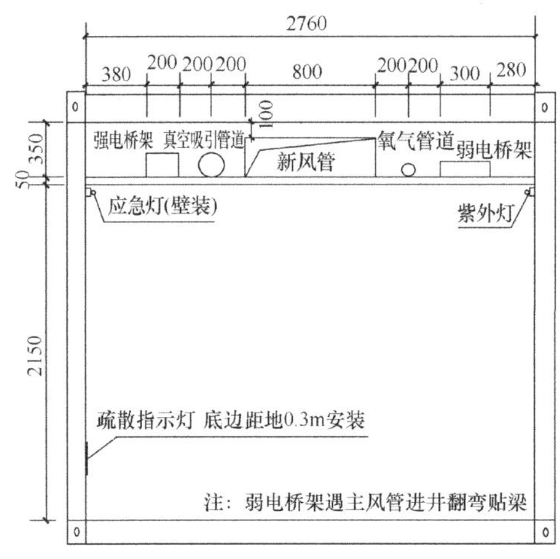

图 8-30　病房走道剖面图

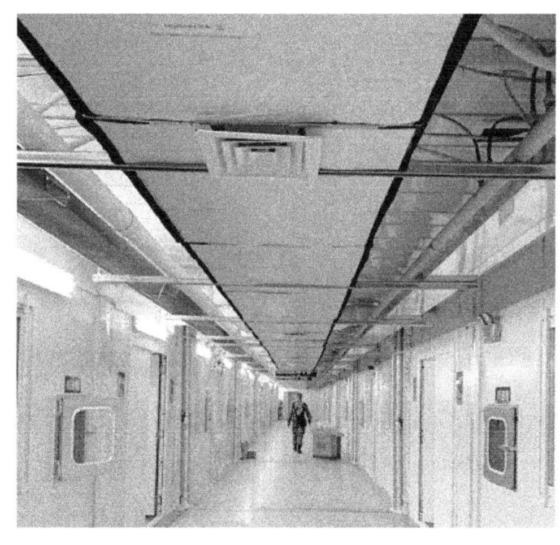

图 8-31　实施效果图

8.4 资源组织

8.4.1 资源分析

1. 资源组织难点分析

非常的时期，特殊的任务，外部环境尤其恶劣，建设条件异常特殊，工期非常紧张，10 天内确保一所先进的、全功能的、高标准的大型传染病专科医院的各项资源保障，是工程重点，更是工程难点。在特殊的条件下，要全面做好项目各项资源保障，实现资源供应的高效运作，顺利推进工程建设，工程的“紧迫性、特殊性、特别性、封闭性、传染性、完整性”是建设者打好火神山一役必须攻克的“6 座大山”。

1）工期的紧迫性，从收到任务到竣工交付仅 10 天时间。

2020 年 1 月 23 日下午，武汉市政府召开紧急会议，提出由中建三局牵头，武汉建工、武汉市政、汉阳市政等多家单位共同参与，建设武汉火神山医院应急工程，并要求 2020 年 2 月 2 日，完成建筑面积约 3.39 万 m^2，设计病床数约 1000 床，全功能、高标准的大型传染病专科医院建设，工期仅 10 天。

2）开工时间的特殊性，正值中国传统节日——春节期间。

2020 年 1 月 24 日～2020 年 1 月 25 日，正是中国的传统节日——除夕和春节，往后 5 天均为国家规定的传统节假日，外出作业工人均已返乡过年，各地供应商停止供货，物流单位放假，公司战斗力强的劳动力资源无法赶到现场，长期合作的核心物资及分包资源无法在短时间内组建生产能力并完成半成品、成品供应，这给劳动力、材料及设备等各项资源组织带来极大的挑战。

3）工程地点的特别性，工程正处于全国疫情中心。

火神山医院处于湖北省武汉市蔡甸区，武汉市正是新型冠状病毒的爆发区，是疫情漩涡中心，是全国疫情最严重地区。全国感染者人数约 7.67 万人，武汉市感染者人数高达 5 万人左右，数量占据全国的 65%，湖北省感染者人数高达 6.8 万人左右，数量占据全国的 89%。武汉市乃至湖北省其他县市，所有住宅小区、村庄均实行封闭管理，禁止所有人员、车辆通行，这给劳动力组织带来极大的阻力。

4）外部交通的封闭性，武汉正处于封城期间。

由于疫情爆发，“内防扩散、外防输出”，成为疫情防控最紧要的任务。武汉市新型冠状病毒感染的肺炎疫情防控指挥部发布通告，自 2020 年 1 月 23 日 10 时起，全市城市公交、地铁、轮渡、长途客运暂停运营；机场、火车站离汉通道暂时关闭。武汉市乃至湖北省均已启动一级响应、战时响应，武汉市外部物资、作业人员进入武汉困难，给各项资源输送带来极大的影响。

5）新型冠状病毒的传染性，现场聚集大量劳务工人作业。

工程建设期间，正是全国新型冠状病毒的爆发期，每天新增感染人数达 3000～5000 人。

组织成千上万建设者在疫情爆发期间进行大会战，项目虽采取了严格的防疫措施，疫情的传染性和感染人数的飞速增长仍会给参建者极大的心理压力。在确保各项资源保障的同时，要做好管理人员、工厂工人、物流人员、劳务工人及专业施工队的防护措施、监控措施和心理疏导，防疫要求高、风险大。

6）传染病医院的完整性，这是一所全功能的、高标准的大型传染病专科医院。

与17年前的小汤山医院相比，火神山医院规模更大、仪器更加先进，应急保障更加完善，标准更高，封闭性要求更加严格。医院功能齐全，设有接诊室、负压病房楼、重症监护室、CT室、手术室、检验室、网络机房以及救护车洗消间、垃圾焚烧炉等附属用房，设备数量和工程量至少是同类常规医院工程的1.5倍。规模的扩大以及功能的高度完善，给资源组织带来了极大挑战。

2. 资源特点分析

1）劳动力分析

劳动力需求量大，工种多。项目体量大，工作内容繁杂，施工人数高达13000人多，每日后备劳动力高达3000多人，分10余个不同的专业工种，且特殊时期，进场难。由于春节及严格管制，公司成建制的有战斗力的优秀劳务队伍短时间内无法到达现场，大量施工人员需要临时组织、临时拼凑。集成箱房工人储备少。湖北地区储备的板房安装人员常年维持在20～60人，远不能达到项目所需。

2）材料分析

（1）大宗材料

大宗材料需求量大。项目所需钢筋、混凝土分别为2000t和15000m^3，均需在3天内全部进场。供方原材料紧缺，如混凝土搅拌站节日期间砂石及水泥库存均有限，钢厂库存钢筋型号不齐，无法办理正常的取货提货手续。

（2）一般材料

本工程一般材料种类繁多，灵活性强，变量大，涵盖板房基础方钢和各类型钢、门窗、楼梯、吊顶、密封条及各类包边包角等装饰材料。各种材料需要根据传染病专科医院特点逐一摸排，不仅要考虑储备量，而且还要考虑各类材料如何到达现场，多种因素预判必须前置，然后根据计划量逐一摸排、对比、筛选，确定并组织进场。

（3）零星材料

本工程零星材料需求范围广、种类多，供应要求快、协调量大。涉及灯具电料，五金用品，劳保及安全用品，塑料、橡胶制品，电器安装材料及设备，电线电缆，阀门，管道安装材料及设备，金属管配件，仪表安装材料及仪器，（小型）机具设备，油漆、涂料及化工材料，焊接材料及设备，消防器材，厨卫洁具，其他杂件等16大类。需联动多家零材供货商，挖掘多个渠道，协调武汉各区，甚至周边城市共同保障零材供应，累计供应达700余车次。

（4）特殊材料

本工程为大型传染病专科医院，特殊材料需求多。部分关键物资市场告急，如本工程集装箱共需 1600 套，武汉市 2019 年的年使用量仅 700 余套，集装箱资源非常急缺，需积极调配省外力量，组织多家单位供应。再如医用传递窗实际需 500 套，此类资源市场紧缺，厂家储备不足，需协调多家单位共同拼凑，保障供应。

3）机械设备分析

机械设备需求量大，进出场节奏快。场平阶段所需的推土机、挖掘机和压路机等多达 200 余台，均需当日组织到现场，另需配备 200 余台自卸汽车，设备进出场组织难度极大。小型机具品种多，要求“随叫随到”，对资源组织提出了更高的要求。

3. 场内资源管理分析

1）场内交通管理分析

火神山医院所处地理位置独特，场地周边交通受限，场地东侧临湖，南侧为武汉职工疗养院，材料物资均从西侧知音湖大道进入施工现场，高峰期每天有近 5000 车次通行，极容易造成道路堵塞。

2）临时堆场管理分析

火神山项目材料按施工阶段及区域主要分为四大类：大宗材料、一般材料、零星材料、特殊材料。设置临时堆场前，结合施工部署确定位置，确保不影响施工及场内交通；在同一施工阶段内，无堆场转移时间；在不同施工阶段的转换前，要严格按照计划时间对堆场内未用完的材料提前转移，保证下一工作面及工序不受影响。尤其是基础施工阶段到集装箱施工阶段的转换，场内平面转换变化最为明显，对防渗膜、无纺布、方钢等材料转场尤为重要。

3）集中供应管理分析

工程实施条件特殊，在生产力无法保障的情况下，各类资源需选择多种来源集中供应，给资源的组织协调带来了进一步的难度。比如劳动力无法选择成建制的队伍，双开门、传递窗无法选择同一厂家等都增加了资源组织与协调的工作量。

8.4.2 组织保证措施

1. 公司层面

1）资源采购全授权

指挥部设置资源保障组，负责火神山医院项目的机具设备、主材及零星材料采购和劳务资源供应，由公司董事长直接授权，直接下放权限，无需请示，资源保障组掌握全部话语权，以法人名义开展资源保障工作，直接代表法人做出决策，从组织机构上保障了物资采购和劳务工人组织的权威性、快速性、实施性及可行性。

2）简化资源采购流程

针对工程物资、施工机具等供方资源，由资源保障组全权负责物资招标、采购、议价、定价、起草合同、签订合同、结算等工作，不用另行审核审批，在资源摸排、沟通、采购过程中，把握主观性和能动性，当场即可完成合同签订、财务迅速进行预付款支付，并组织资源进场。针对劳动力资源，资源保障组提前罗列项目一般工种、专业工种、特殊工种，并提前制定各工种白班、夜班工作制薪酬方案，统一请示获批，在各项劳动力资源组织过程中，劳务组执行预定方案，把控原则，统一各工种标准，直接锁定时薪、日薪。程序上，简化了资源保供流程；组织上，提高了资源供应的效率；实操上，形成了独立自主的战斗序列。

3）全过程资金保障

为了顺利推进火神山医院建设，武汉市政府、局及公司紧急调动工程应急资金，全程做好工程建设资金保障。同时积极与银行沟通，放开节假日大额网银转账限制，协调银行从分行金库紧急调配现场所需现金。劳务工人个人卡入账通过跨行代发方式支付，解决因账户不清退票的问题。公司董事长直接授权，简化资金应用审核审批流程，财务工作组根据现场资金需求，可直接前往银行提取。组织上设立前台和后台工作组，前台工作组深入火神山医院现场，24h 轮班制，全程提供现金支持，结合工人作业时间，每天 06：00、18：00、24：00，定时定点，实名制发放工人工资，并做好每日资金需求统计，摸排资金需求计划。后台工作组根据前台工作组提供的供方信息，负责项目供方资源网银付款服务，建立专款专用机制，每天清点资金余量，做好资金流线等工作。实现高效付款、快速付款、精准付款。

2. 小组层面

1）建立高效的组织保障机构

在指挥部总体组织架构下，资源保障组内部设置技术计划组、专业分包组、板房组、机械设备组、劳务组、现场物资组和综合办公室，聚集公司总部、分公司、工程装备公司及项目部等专业管理人员，配置技术、招采、财务、现场物资、行政等专业技术人员，提供计划、招标、采购、进场、结算、后勤一站式服务。

2）建立清晰明了的组织分工

根据组内组织架构，配置各组成员，并设立小组长，责任下沉、定人定责、细化分工，分别负责设计对接、计划报送、资源摸排、物资采购、板房采购、施工机具采购、劳动力组织、现场物资管理、通行证办理、普工登记、防护用品检查、合同签订及后期结算等工作，各小组密切配合、层层推进、环环紧扣，建立全面的、完善的内部资源保障链（图 8-32）。

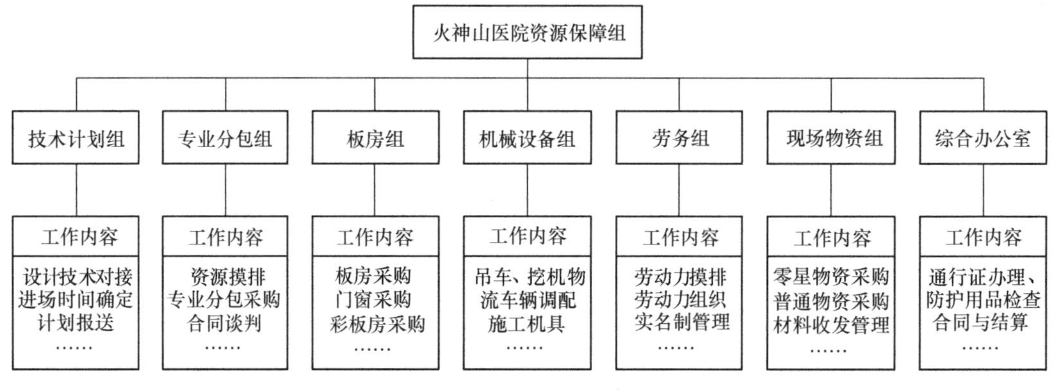

图 8-32　资源保障组

3）细化组内资源采购授权机制

明确小组内资源招议标原则与流程，并明确小组内授权范围及定价原则，确定常规工种、特殊工种、常规机械设备的台班费用，各组成员严格执行，不抬价、不降价、公开明了，严格执行；明确一定范围内的工程量或合同额，各小组类比以往项目自主议价、明确合同条件，直接签订物资采购合同，确保招采过程的合规、高效。对于工程量或合同额达到一定范围后，经请示资源保障组组长同意或资源保障组组长直接约谈各分包商，综合定价。

8.4.3 资源组织管理

1. 组织意识管理

1）组织谋划意识

孙子兵法言："上兵伐谋"；"夫未战而庙算胜者，得算多也；未战而庙算不胜者，得算少也"，历代任何战争的胜利，都得益于前期快捷地、坚决地和周密地谋划。火神山战役也是一样，这是一场新时代的兵团大作战，资源谋划工作是工程的重点也是难点，强化全员谋划意识更是重中之重。

2020 年 1 月 24 日，项目进场后，公司董事长组织资源保障工作组专题会议，强调"以正合，以奇胜"管理模式，以"战略、谋划、执行"运作模式，让资源保障立于不败之地；研究并找出了火神山一役的主要矛盾，利用公司成建制的优势资源支撑及长期合作伙伴的支持，迅速分析、策划和谋划本项目各项需用资源、优势资源和可调配资源。随后资源保障组内部展开头脑风暴，结合传染病专科医院的特点和工程建设资源保障难点分析，分工协作，谋划内部组织架构，谋划供方、物流、交通管制、作业人员后勤保障等可能遇到的突发情况，谋划火神山医院的一般资源、常规资源、特殊资源。

2）全员识图意识

（1）组织全员看图。项目进场初期，组织所有成员集中看图，熟悉工程平面布局、结构形式、基础做法、屋面及细部节点建筑做法、室外附属功能及其他需求，了解医院工程的资源需求，做到胸有成竹，点对点保障资源供应。

（2）提炼资源清单。以组内成员为个体，单独罗列出本工程资源需求，开展头脑风暴，集中谈论、各抒己见、统一汇总，形成全面的资源储备清单，做到知己知彼，确保百战百胜。

3）设计招采联动意识

把握"有什么，用什么"的原则，全面摸排公司资源储备，结合相关规范及设计要求，在确保使用功能保持不变或使用功能进一步提升的前提下，充分利用现有资源，提供现有资源参数，深度参与设计方案比选，分析、优化、细化设计方案，强化设计与招采的全过程联动，快速推进现场进度。

4）专业服务意识

资源保障是作为火神山医院最重要的后勤保障，在这种应急工程建设中，大量材料集中供应，现场工序繁琐而杂乱。为了确保所有资源顺利移交到施工人员手里，资源保障组下设现场物资组，现场办公，设置现场库房，分片区、分楼栋设置专职材料员，全面负责该区所有物资分配与管理工作，24h 轮班制，直接对接现场各区、各楼栋，负责下计划、联系物资、跟踪车辆、接车、卸货、分发、余量摸排等工作。执行定人定责，推进一跟到底的责任制，强化全员一站式服务意识。

5）因素预判意识

资源组织时，要知道场内劳动力需求情况，了解供方生产能力、物流车辆数量、卸货等待时间及可能遇到的交通关卡。特别是特殊医疗资源，是否有现货，是否能用其他产品替代，是否有特殊功能（药品、消毒、密封）需求等，均需提前预判，确保资源保障工作顺利开展。

6）应急管理意识

在物资采购时，选择多方集中供应；厂内劳动力不足时，联动局、公司、分公司及局内兄弟单位，根据其在当地的资源情况，协调相关劳动力，前往支援。在资源组织时，统筹考虑人、材、机配套资源，并做好各项资源、各个环节的应急措施。

2. 资源计划管理

1）资源计划的及时性

（1）强化资源预判意识。项目进场初期，结合大型专科应急医院功能需求及以往医院工程施工经验，预估本工程的各类资源需求，形成全面的资源储备清单。

（2）加强设计与招采联动机制。资源保障组内部设置技术计划组，直接对接设计人员，统计、核算项目资源，主动提报资源计划。通过与设计的深入沟通，全面了解设计意图，根据类似项目施工经验，判别项目所需资源，测算各工序所需工程量。

（3）密切跟进深化设计。跟踪辅助设施、专业单位的深化设计，及时收集军方、政府相关单位的变更信息，落实资源储备，全面核查施工图纸，查漏补缺，保障资源计划的全面性和高效性。

2）资源计划的准确性

（1）时间准确性，精确预估供方生产能力与运输周期。在工期紧、多资源集中供应等特殊条件形成的高强压力下，资源计划应充分考虑供方生产能力、场内劳动力组织情况、物流车辆数量，以及可能遇到的交通关卡及现场车辆卸货的等待时间。精准判断各项资源进场时间。根据现场每日施工进场进度计划，细化资源进场计划，全面覆盖零星材料、大宗材料、特殊材料及施工机具等资源，准确把控各项资源进场时间差，谋求最佳进场时间，高效运作资源供应。

（2）数量准确性，要紧紧把控“宁可资源等现场，切勿现场等资源”的原则。结合项目模块化、单元化设计的特点，细化单个医疗单元深化设计及施工方案，并开展施工推演，考虑各项施工不利因素影响，比如施工所需的辅机辅材储备、工序或单元交接界面处理等，厘清项目全过程资源需求清单，确保资源需用计划工程量的准确性。

（3）标准准确性，结合相关规范及设计要求，在确保使用功能保持不变或使用功能进一步提升的前提下，提供现有或临近周边的资源标准参数，深度参与设计方案对比分析，优化细化设计方案，确保资源标准的准确性、组织的高效性。

3）资源计划的可行性

鉴于火神山医院工程自身的特殊性及内外部环境的特殊性，根据资源需求计划，在明确资源类型、需求数量、进场时间的基础上，全面摸排项目所需资源，进一步清楚资源在哪里、供应能力可否满足项目需求、加工周期及运输时间可否满足进度要求，提前做好各种因素的应急预案。积极根据进场材料在现场的实施情况，主动协助解决现场安装方案、工艺优化等施工环节，如双开门进场后，由于此类门的特殊性，材质、壁厚、规格标准较高，门体质量较重，常规安装方式无法满足安全性、稳定性要求，深入现场模拟安装后，优化双开门固定形式并解决配套人材机问题。

4）资源计划的全面性

首先，资源计划要满足人、材、机需求。从厂家到现场，从基础结构阶段到维修保养阶段，所需的人、材、机，在资源紧缺、供方歇业停产的条件下，需全面考虑，联动供方解决现场所需人、材、机需求。其次，在资源进场前，密切联系设计人员，精准对接设计，充分了解设计变更情况，第一时间落实相关资源，确保资源的全面性。最后，提报资源计划时，要全面考虑进场时间、所用区域、联系人、对接人、需用物流车辆情况、随行人员情况、需用工人情况等，了然于胸，快速推进计划管理的实施性。

3. 合约招采管理

1）合约规划管理

本项目合约规划以资源组织“快”为首要目标，从每日工期节点、关键工序、订货周期、供货能力及疫情期间人、材、机组织进场所需时长等综合考虑。通过合约规划，一方面指导该项目招采工作开展，做好事前谋划；另一方面合理划分专业标段，明确合约界面，避免出现工作界面遗漏。

（1）搭建合约框架，指导资源组织。

根据本工程的特殊性以及所处的建设时间段，搭建合约框架，明确合约包划分，统筹各项资源，是为项目高效履约，提供有条不紊的资源支撑的重要手段。具体划分如表 8-11 所示。

火神山医院合约采购框架表　　表 8-11

土建类	专业分包	防水	—
		集装箱	根据供货能力，现场一个区域为材料、人工分别招标组织
	劳务	钢筋、混凝土班组	—
		板房安装工人	应急增加
		门窗安装工人	应急增加
		装饰装修工人	打胶、锡箔纸粘贴

续表

土建类	劳务	焊工	变形缝、栏杆、门窗安装配合
		钢结构安装工人	—
		杂工（清理垃圾、保洁）	—
	物资设备	运输车辆租赁	—
		吊车租赁	—
		混凝土供应	—
		钢筋供应	—
		300mm×300mm 方管供应	—
		双开门供应	—
		防火门供应	—
		传递窗供应	—
		栏杆供应	—
		整体卫浴底座供应	—
		变形缝盖板供应	—
		钢结构加工	—
		零星材料供应	—
机电安装	劳务	给水、排水管线及阀门安装	—
		电气桥架安装	—
		通风管道安装	—
		配电设备安装	—
		空调设备安装	—
		通风设备安装	—
		电线电缆敷设	—
		灯具安装	—
		洁具安装	—
		消防器材安装	—
		柴油发电机组安装	—
		风管保温施工	—
	物资设备	升降平台租赁	—
		吊车、叉车租赁	—
		钢材供应	—
		PPR 管材供应	—
		PVC 管材供应	—
		阀门供应	—
		消防器材供应	—
		桥架供应	—
		配电箱供应	—
		灯具开关插座供应	—

续表

机电安装	物资设备	复合风管供应	—
		铁皮风管供应	—
		风口风阀供应	—
		过滤器供应	—
		风机供应	—
		柴油发电机供应	—
		零星材料供应	—
市政配套	场平土方工程		
	室外管网工程		—
	室外道路工程		—
	弱电工程		—
	供配电工程		—
专业工程	防渗膜施工		—
	氧气工程		—
	医疗设备工程		—
	交通标示工程		—

(2) 合约动态调整，适用“三边工程”所需。

本项目既是“三边”工程，又是工期紧、变更频繁的应急项目，资源供应强调“快”，因此合约包须依据变更和现场工作量及时动态调整。引起合约包动态调整的主要有以下几种情况：图纸变更新增内容，因现场劳动力不足进行的界面调整增补，施工方案、供货周期太长不满足要求进行的界面调整等。基于上述情况，调整了以下几个合约：

调整集装箱专业分包合约包，临时增加了门窗锁具安装、立柱焊接安装劳务；

调整屋面工程变形缝分包合约包，增加了变形缝施工劳务；

调整屋面防水专业分包合约包，增加了防水施工劳务；

调整了集成卫浴底座分包合约包，增加了配合安装劳务；

增加了锡箔纸粘贴、密封打胶、镜子、一楼卫生间隔断等装饰装修合约包。

……

(3) 厘清合约界面，便于现场资源管理。

根据医院功能要求，为保障各合约包的有效衔接，避免施工界面的遗漏或重叠，对本工程进行界面划分，制定总界面划分表，根据总界面划分表制定分项工程详细界面划分，通过两级合约界面的划分，实现有序施工，避免资源浪费。具体划分如表 8-12 所示。

总界面划分表　　**表 8-12**

序号	分部分项工程	负责单位	工作内容
1	场平土方工程	场平土方分包	土方平整、碎石、砂回填，满足直接铺设土工布的条件

续表

序号	分部分项工程	负责单位	工作内容
2	防渗膜工程	防渗膜分包	土工布＋HDPE 膜铺贴，满足垫层浇筑工作要求
3	混凝土基础及集装箱施工	总包单位	基础、集装箱（门窗安装），满足结构及房间装饰装修标准
4	打包箱内给水、强电、通风安装工程	总包单位	满足移交使用标准
5	弱电工程	弱电分包	满足移交使用标准
6	室外道路	道路分包	满足移交使用标准
7	室外管网—排水工程	总包单位	满足移交使用标准
8	室外管网—给水工程	室外管网分包	满足移交使用标准
9	供配电工程	供配电分包	满足移交使用标准
10	氧气工程	氧气分包	满足移交使用标准
11	医疗设备工程	建设方	满足移交使用标准
12	交通标示工程	标示标牌分包	满足移交使用标准

火神山医院根据土建、安装两大类将合约包划分为 23 个小项，进行合约界面管理，详细情况如表 8-13 所示。

具体划分明细 **表 8-13**

序号	类别	工作内容	劳务分包	物资设备采购包（主材＋辅材）	施工机具采购包	施工机械租赁包	专业分包	备注
1	土建类	垫层	√	√	—	—	—	—
2		打包箱	√	√	√	√	√	部分区域专业分包
3		防火门	√	√	—	—		—
4		双开门	√	√	—	—		—
5		防水工程			—	—	√	—
6		屋面变形缝	√	√	—	√	—	—
7		室内装饰装修	√	√	—	—	—	打胶、锡箔纸密封
8		钢结构工程	√	√	—	√		—
9		栏杆	√	√	—	—	—	—
10		整体卫浴底座	√	√	—	—	—	—
11		其他零星工程	√	√	—	—	—	—
1	安装类	给水、排水管线及阀门安装	√	√	√	—	—	—
2		电气桥架安装	√	√	√	—	—	—
3		通风管道安装	√	√	√	√	—	升降平台
4		配电设备安装	√	√	√	—	—	—
5		空调设备安装	√	√		—	—	—
6		通风设备安装	√	√	√	√	—	吊车

续表

序号	类别	工作内容	劳务分包	物资设备采购包（主材+辅材）	施工机具采购包	施工机械租赁包	专业分包	备注
7	安装类	电线电缆敷设	✓	✓	✓	✓	—	吊车
8		灯具安装	✓	✓	✓	—	—	—
9		洁具安装	✓	✓	✓	—	—	—
10		消防器材安装	✓	✓	—	—	—	—
11		柴油发电机组安装	✓	✓	✓	✓	—	吊车
12		风管保温施工	✓	✓	✓	—	—	—

2）合约招采管理

（1）劳动力招采管理

① 提前锁定工种，测算劳动力需求。根据每日进度计划，结合各工序工程量，联动现场管理人员，提前一天测算、统计各工区、各工序劳动力需求，专人负责，定时联系、跟踪、落实并锁定劳动力资源，联系车辆、办理通行证，确保各工种准时到达施工现场，保障劳动力供应。

② 摸清劳动力需求，全面保障劳动力供应。根据资源需求计划，明确劳动力工种、来源、到场时间、进场时间，提前做好各种因素的应急预案，确保各工种提前进场，即使出现窝工现象，也要确保工人等现场，而不是现场等工人。

③ 多方位寻找劳动力资源。紧紧依靠公司强大的劳动力资源体系，举全司之力，紧急征用科教文卫、基础设施及直管项目等长期合作单位核心劳动力资源，从中原、中南等地征调有经验的施工人员紧急支援，利用局内、中建系统内兄弟单位的大力支持，联动其他供应单位，启动网络动员，通过多种方式召集社会资源，筛选劳动力，解决工序劳动力短缺的问题。

（2）物资招采管理

打破常规招采模式，迅速锁定资源。利用平时积累的资源，充分调动公司及二级单位的招采资源，强化业务系统内沟通，摸排各类型资源储备情况。采用当时洽商、当时签订合同、当时支付预付款、当时组织进场的运作模式，确保所有物资供应手续规范、程序合规，把控流程不遗漏，手续尽量不候补的原则，确保供方资源顺利进场。

① 针对大宗材料，充分利用平时公司及二级单位集采供应商，加强组内成员沟通，集思广益，先筛选出能够供应的供应商，在能够供应的单位里面选择距离近、供应迅速的供应商，选取三家及以上的供应商，同时再选两家作为备用。

② 针对一般材料及零星材料，依托公司集采平台以及云筑网，将能够供货的单位全部纳入火神山供方清单，内部共享，统一管理，分工进行资源组织，提前摸排、逐一询问各个供方供应能力。

③ 针对特殊材料，协调各个专业分包、板房供方、劳务班组，获取有利信息。加大与

二级单位以及局属其他单位的沟通，充分发挥三局资源优势。

（3）机械设备招采管理

项目物流所需货车资源包括半挂车、随车吊、平板车、面包车等各种车型，需求量大，为了避免因物流因素而影响相关物资进场，资源保障过程中，引进三个物流单位，其中一家为全国大件运输协会会员，可在全国各地快速调配地方物流车辆，进行资源配送，大大提高资源供应速度，解决供方物流车辆不足问题；提前与相关政府单位沟通，办理工程车辆特别通行证，确保各项资源顺利抵达现场。

3）合同管理

（1）特殊资源合同

集成箱房是项目最关键资源之一，锁定集成箱房资源是整个资源组织的重中之重。在资源组得到全授权的前提下，迅速约见多家板房单位，谈定主要合同条款。以公司通用合同为载体，当场制定合同并完成签订，当时支付预付款，锁定资源。

（2）其他物资及设备资源合同

主要依托于各二级单位现有合作供方，直接引入项目进行使用。通过简化招采流程，现场预定价格及相关条款，完成合同草签，在供应过程中完成合同签订。如吊车资源平时便服务于各个项目的施工生产，在火神山项目进场后便快速响应，敲定供应单价后迅速签订合同。

（3）劳动力合同

劳动力资源主要有三种形式：第一种是长期合作的分包单位和成建制的劳务班组；第二种是临时突击的班组；第三种是临时招募的工人。第一种均与中建三局有长期合作关系，合同处理方式等同于合作供方；后两种则是在特殊条件下先进行简易劳务协议的签订，组建临时班组，迅速投入生产，随后完成用工合同签订。

4）结算与付款管理

本项目结算涉及人工、材料、机械、后勤防疫及专业分包等300余家单位，且需要直接对接劳务工人进行隔离费统计及发放，结算工作异常艰巨。由于应急工程特点，政府性投资，后期需接受国家审计，对资料标准化、可追溯度也提出了很高要求。

项目结算工作在项目实体完成并投入使用后启动，公司商务管理部牵头，按照“谁联系、谁配合结算”的原则，各参建单位积极参与，统一集中办公，然后交由公司财务统一集中付款。

（1）主材结算。材料员负责及时将原始单据提交给招采员，招采员一日一统计，一日一对账，将统计好的材料清单及时办理验收，要求现场组与供方确认数量及价格，统一交由资源组组长审批并签字。供应完成后，将办理好的结算单交由财务部并配合财务要求办理付款手续。对于急需付款的物资或者需要现金才能供货的物资，及时汇报给资源组组长，经组长审批或者直接约谈供方负责人后，以办理预付款的形式进行先付款后结算。

（2）零星材料及设备结算。按照公司物资验收管理流程，形成“供应合同—原始送货记录—现场收料记录—结算办理记录”的可追溯结算体系，最终形成结算书或验收单，双方各签字盖章后交由财务统一付款。设备结算大致与材料相同，结算依据则为现场记录的机械台班。

4. 资源进场管理

1）资源储备管理

（1）摸排资源

① 建立多级供方保障体系。整个资源保障体系由中标单位、投标单位、资源库单位及外围扩充资源库四个层级构成。每种资源中标单位至少三家，往下每个层级储备的供方资源均以指数级递增。以确保资源供应为原则，优选高层级供方，不满足条件逐渐往下选择，拓展有效合作单位的维度。

集成箱房作为本项目最主要的资源之一，是医院病房的主体结构，资源摸排从 2020 年 1 月 23 日中午接到新建抗肺炎医院的任务开始，在当时未确定采取何种主要结构的情况下，迅速对接到超过 20 家临建板房及集装箱供方，摸排到临建板房资源 17000m^2，固定集装箱资源 1200 个，集成房屋资源 1080 个。

② 搭建储备资源信息平台。以微信群集合同类资源，统一摸排，防止各供应单位互为备用，造成摸排资源重复或存在水分；同时明确标准和要求，提高摸排效率和减少传递链条。以集装箱为例，项目整体需求约为 1600 个，指挥部下各工区（中建三局总承包公司、二公司、三公司，武汉建工，武汉市政，汉阳市政等）分别落实资源，初期摸排资源重复率达 30%以上，且标准不一，后经总包部统一协调，建立统一标准，在信息平台上各供方单位的所辖资源均映射至工区，去除重复，坐实资源。

③ 多措并举扩充劳务资源。项目资源组依托全司及至全局资源体系，从多条战线迅速部署，保证了劳务资源的供给。一是分包单位自带，此部分作为专业度最强也是最核心的劳务资源。如板房单位自带的劳务工人均为长期从事房屋吊装的作业人员，熟练度及专业性均较高，也可对临时补充人员进行传帮带；二是对施工地人员的补充，紧急抽调地铁八号线、长江文创产业园等春节加班项目人员至火神山项目；三是外地分公司劳务资源的支持，本次中南、中原、华北等在外二级单位均不同程度地提供了劳务资源援助；四是合作劳务队伍的组织，此部分人员机动性较大，充当了普工及突击队的主力；五是动员社会资源，有条件的筛选编入。

（2）后备资源

后备资源包括场内后备资源和场外后备资源。场内后备资源，如焊条、玻纤布铝箔胶带、氧气乙炔等消耗品，以及各类工具配件、五金件和劳保用品，根据领用情况控制进场量。场外后备资源，充分利用周边项目库存以及周边供方库存，现场组织进行实地考察，统计各类项目所需物资储备情况，作为后备资源。

（3）周转资源

由于场地限制，现场材料堆放位置紧凑，施工作业面广，对余量资源进行分阶段管控，实现早周转、早处理、早退场，现场组织做好记录并办理相关手续。基础施工阶段，如钢筋、模板木方等主材，可周转至其他楼栋及施工区域使用；板房拼装阶段，如打包箱、单开门、传递窗等物资，也可实现场内周转；板房收尾阶段，零星材料如工人手持工具、小型设备等物资进行回收，统一调拨至其他项目。

2）一站式服务管理

（1）全面落实现场施工配套资源需求。在资源筹备时，全面掌握工艺流程及其各工序施工所需的辅助配件、机具及劳保用品，同时落实人、材、机等所需的配套资源，确保各工序资源供应的全面性。以防水工程为例，不仅要进场防水卷材、汽油喷灯、滑轮、刷子、压子、铲刀卷尺、扫帚及劳保用品，联系专业施工队，甚至要考虑防水在集装箱上的固定材料及上屋面的人字梯，确保材料、工人、工具全部到位，提供一站式服务。

（2）现场办公，提供快捷高效服务。定人定责，实行24h轮班制，交接班做好移交，责任下沉至各工区、各病区，执行AB角，全面负责责任区内所有物资供应，坚决落实责任区内谁联系、谁负责、谁跟踪、谁接车、谁沟通、谁移交的物资管理体制，确保各项资源供应有序进行。物资组现场办公，直接服务于各工区，设置工地库房，直接分配资源，设置楼栋材料员，第一时间收集信息，解决问题，直接安排配送；以区域分工、真抓落实、直接反馈、快速对接，高效服务现场。

（3）落实资源服务最后1km

场外跟踪方面。根据项目所在地理位置，南至项目南面南湖大桥，北至项目北面马鞍山隧道，设置两个岗亭。在材料到达南北两个岗后，及时与交通组联系，通过工作群及时了解现场交通情况，项目急用材料优先进入现场。待材料到达施工场地入口时，材料员及时将材料分配到各个工区，堆放到指定堆场，零星材料及机具交由库房统一保管。

场内跟踪方面。到达指定堆场的材料，现场各楼栋材料员负责跟踪，及时对接现场工区长或管理人员，观察使用情况，检查材料的规格尺寸以及质量是否符合现场要求及标准。对现场关于材料使用的问题，如尺寸不符、质量缺陷、配件缺失、安装复杂等问题，及时反馈给现场组，提供解决方案。因上述问题不能使用的及时进行退货处理，使用起来遇到的配件缺失、辅材缺少等问题及时提报相应材料计划。

3）劳动力资源管理

（1）劳动力计划方面

各工区负责人每天17：00向资源保障组报次日计划使用工种及人数，资源保障组根据在场人员盘点次日所需增加劳动力，根据需求联系劳动力资源，落实现场劳动力计划。

（2）入场及实名制管理方面

设置专人负责办理火神山施工特别通行证，设置专业负责实名制登记，统一人员入场管理，规避串工风险，进行入场安全教育，统一领取防护用品；做好与现场对接，做到人员精准投放。

（3）后勤保障方面

后勤保障组分现场和后台两个小组，后台小组负责组织现场工人所需物资，如饮用水、一日三餐、夜班加餐、劳保用品等；现场小组负责盘点所需物资的数量、报送需用计划，组织物资运至现场内并派送到指定地点，为工人现场施工提供后勤保障。现场安全防疫组成员在测量体温的同时还备有部分药品、口罩、酒精等物品，对后勤保证予以补充。

（4）隔离退场方面

根据疫情防控部署，组织工友进行集中医学观察。针对武汉市内工友，14天留观期满后，组织返乡。针对省内市外工友，通道开启后，我们采取“点对点”“一站式”服务，组织工人陆续返乡。针对少数湖北省外工人，我们按照省、市疫情防控统一部署，协助政府部门积极为他们开辟绿色通道，全力配合好工友们的返乡。针对集中留观工友们在医学观察期间没有收入的情况，按天发放补贴，并统筹安排隔离人员住宿、测温、消毒等工作。

4）物资进场管理

（1）建立现场物资管理机制

① 确立了传统物资收发的工作体系。物资收料、领料是必不可少的过程，为交接明确、账务清晰夯实了基础。现场材料员分为工区材料员和分类资源材料员两个维度进行统一管理，实行早晚交接班制度。保证了材料进出场信息及时传递至工区并精准投放，现场工区材料需求也能够及时反馈并调整落实。

② 明确日清日结和准确交接的底线。为避免材料进场单据及其他信息滞留时间过长，规定每天交接前必须将经手的物资信息反馈至后台账务人员，形成材料进场准确清晰台账。特别是集成箱房进场，其构配件包括主要的上下框、墙板、立柱以及多达20余种零星材料，加之多家供应商同时进场，材料进场信息极易混淆，通过日清日结和准确交接确保了出现问题的及时暴露及消化，保障了项目正常运行。

③ 保留灵活操作空间。由于抢工、交叉作业多等因素，实际材料浪费也比一般项目大，一些配件如门锁、插座等丢失损耗率达15%以上，特殊时期补货将影响进度，项目部也设立临时库房进行适当储备，保证现场材料供应充足。配备强大、机动的物流团队，对确需及时响应的物资及时跟进，只要联系到了资源，立即出动，尽全力缩短现场等待时间。

（2）办理车辆特别通行证

正值春节之际，交通阻力相当大，各类材料进场都会遇到通行阻力，资源组当即确立专人24h制为各方送货人员办理通行证，以保障各类资源顺利到达现场。

（3）设置现场库房及中转堆场

进场初期，资源组便在现场设立8间库房，编制32名材料员，24h两班倒作业，做好库房整理、领料，要求管理人员带班制领料并签字，做好领料记录，每天更新库房各类物资库存，针对领料较多物资在进场后立即更新库存。

（4）专职人员AB角工作制度

针对招采组、现场组设置AB角，A角为小组负责人，对工作负主要责任，主要协调各类物资进场；B角为小组成员，如招采员、库管、各楼栋材料员，对工作负次要责任，主要落实各类材料收发、统计对账以及结算工作。

（5）设立健全的收、发管理体系

① 材料验收

大宗材料进场后，依据物资计划、采购合同以及所约定的质量标准、材质证明或合格证等进行验收。按照合同约定方法对进场物资数量进行核查，采取点数、检尺等方法对进场物资数量进行核对，并做好物资进场记录。

零星材料进场后，现场组直接进行验收。根据实际到场的物资数量，签收送货单，并让参与验收人员以及供应商双方签字确认，确认后及时报给招采员进行统计。

特殊材料进场后，现场材料员及时联系现场工区长，对材料进行外观、数量、质量验收。

② 材料领用

大宗材料领用，由现场组材料员带到指定使用部位或者指定堆放场地，通知现场工区长，材料员要求现场工区长签字领用，留存材料领用记录。一般材料和零星材料领用，由材料员交接给现场工区长或工区管理人员，非现场急需由材料员移交给库房，交由库管统一分发并领用，遵循“谁领用谁签字”原则，做好领用记录。特殊材料领用，交由专业工长，做好领用记录。

5）机械设备管理

（1）物流管理

建立三级物流资源响应体系，由物流协调员统一调配。结合现场需求，物流安排遵循项目整体按计划分楼栋依次进场，楼栋内部按工序所需框架→板材→配件→装饰材料依次进场，灵活处理物资进场的物流组织方式。

（2）设备管理

由资源组安排，投放进工区现场，原则上实行定人定岗定机的“三定”管理，资源组充当类职能管理角色，现场实际工作任务由各工区负责分配。强调设备资源的进退场能力及调配反应速度，通过充分动员，四家主要的吊车服务单位可调配的吊车台次达100台以上，提前办好通行证件，保障了现场吊车需求。

5. 资源联动管理

1）资源与设计的融合

（1）建立高效沟通机制

通过技术计划组直接对接设计管理结构组、机电组、室外组、深化组、图纸资料组成员，设计与采购在前期互相衔接、深度融合，有节奏有计划地实现招采前置，我们不等计划，内部提报计划，减少由技术组发放图纸、提报计划的过程，保证各项资源提前就位。火神山医院建设是一个典型的边设计、边施工的工程，设计管理图纸资料组成员第一时间发放图纸至技术计划组，技术计划组将资源摸排情况、专业分包资源和专业设备参数直接反馈给设计管理的结构组、机电组、室外组、深化组，双方密切沟通，使设计更精准、选型更可行，共同推进设计与招采的有效融合。

（2）摸清设计意图

设计启动后，技术计划组密切根据设计进度，全面了解主功能区及室外设施的设计意图，提前联系，储备资源。2020年1月24日上午，在设计方案完成后，了解到医院主功能区采用集装箱板房后，立即判定为紧缺资源，采取果断措施，抢夺资源，立即联系20多个供应商，逐一筛选、洽商、签订合同、支付预付款，并当天组织进场，锁定了4家供货商，1600套集装箱。

(3) 优化细化设计方案

把握有什么用什么的原则，根据现有资源储备引领设计，通过各项资源精准提资来优化、细化设计方案。本工程防火门原设计为FM甲1320、FM乙1320、FM甲1620和FM乙0819，门的高度、宽度均为非常规设计尺寸，若考虑生产加工，计划需7天，无法满足工期需求。根据摸排到的现有资源，防火等级均为甲级，尺寸略有差异，经过与设计沟通，调整原设计防火门尺寸及防火等级，将防火门分别优化为FM甲1221、FM甲1521、FM甲1021。

2) 资源与施工的融合

在材料进场后，技术计划组深入了解现场施工状况，做好资源保障末端服务，结合各区功能、设施及工艺要求，结合集装箱及附属设施的结构特点，模拟分析临时拼凑材料实施的可行性和便利性，联动施工现场，优化施工方案。如：本工程集装箱增设了大量双开门，集装箱厂家现有双开门储备不足，需临时拼装500余樘双开门。2020年1月30日21：00，在双开门进场后，技术计划组及专业分包组深入现场，检查发现临时拼凑的双开门多有材质、壁厚、规则等标准均高，门的重量是原配套双开门的2倍，按照传统安装模式，门的稳定性、安全性、牢固性均无法保证。经过多方案比选后，决定优化双开门固定形式，在双开门两侧增加钢立柱，并于当晚组织槽钢进场，电焊机、电焊工、拖线板、电源线等进场，做好资源保障末端服务。

3) 资源与功能的融合

在满足设计要求、结构安全及使用功能的前提下，资源供应与医院使用功能充分融合，进一步提升医院功能的便利性、实用性及舒适性。如本工程加氯间共设有4樘门，为了便于设备进出，其中3樘门尺寸较大，分别为3600mm×3900mm、1800mm×2700mm、1200mm×2700mm，按照传统钢制门的加工制作，门体重量较大，开启困难。经过分析加氯间功能需求，此门仅作为阻断外来事物使用，无其他特殊功能需求。结合加氯间是彩板房的结构特点，优化门的加工方案，门扇一端通过插销固定在门立柱上，另一端底部设置滑轮，利用地面承受门扇的重量，有效提高门扇开启的便利性，降低了加氯间彩板房结构因门扇大而重带来的安全隐患。

4) 资源与维保的融合

在资源供应时，考虑到医院运营及后期维保工作需求，资源保障组提供全过程跟踪服务，现场设置库房，储备常用应急物资。在医院投入使用后，资源保障组成员以工程维保名义，参与后期维保工作，深入病房，查看设备、灯具、开门等损坏情况，储备常用资源水带2000m，开关200个，传递窗电源线50条，双管荧光灯200个，插座300个，空气短路器

30 个，初效、中效、高效风机过滤器各 600 套，门锁 120 把等，作为工程应急物资，推进医院高效运作。

6. 资源动态管理

1）界面划分管理

由于现场施工单位多，工作内容零碎且繁杂，各单位工作面划分大范围内保持不变，局部存在微调，致使部分材料存在订货—退货—再订货的现象，资源保障组加强与供方沟通，始终确保第一时间落实资源，把控现场物资供应的主动性。本工程涉及武汉市城乡建设局、国资委、城管局、交通局、环保局等多个部门，医院工程建设部分与政府部门的界面异常复杂，界面转换时有发生。如焚烧炉水箱供应，存在多次供应责任方调整。即使如此，本着快速推进工程建设为原则，早一日完工，早一日投入使用，在招采员的努力下，灵活应对了界面划分的多次调整。

2）变更资源管理

火神山医院从开工建设到交付使用之后，变更始终伴随着整个过程。武汉市城乡建设局负责建设，但提出使用要求的是卫健委系统，国家、省、市卫健委的要求，军方的需求及专家会的要求并不是一步到位，而是在建设的过程中一点点逐步提出来的，最被动的一次大变更是 2020 年 1 月 31 日提出的，是涉及平面布局和使用功能的，改动的范围接近总面积的 1/3，仅剩下一天多的时间，现场资源组织难度极大。工程交付后，又在屋顶加盖了钢结构的斜坡屋面。资源保障组全程组织专人跟踪各项变更，直接对接项目设计人员，汇总、收集各方最终设计修改意见，提前筹备，保障资源供应。

3）信息更新管理

物资设备计划提报由技术计划组专人负责，遵循“提前沟通、及时提报、与设计联动”的原则，及时跟进设计变更及深化设计，及时更新资源计划信息，确保资源计划的及时性、准确性和全面性。现场物资组定人定责，专人负责各工区、各楼栋物资管理，排查资源进场量、余下工程量、现场物资剩余量，每日形成物资使用情况台账，第一时间摸排，第一时间反馈，做好全过程物资信息更新管理。

8.4.4 资源管理路线图

在火神山医院的资源管理中，内部细化分组，通过直接对接设计、技术，提报资源需求计划，明确进场时间，同时各组成员摸排资源储备情况，根据资源储备精确提资，反馈给设计人员，提高设计工作的精准度和可行性。统筹分析、预判资源保障工作各环节的重难点，并制定应急预案，在劳动力进场后，做好实名制、入场教育管理及防护设施等后勤保障。在材料进场后，专人跟踪，做好物资供应最后 1km 管理，确保材料分配高效、准确。火神山医院项目资源组织管理路线如图 8-33 所示。

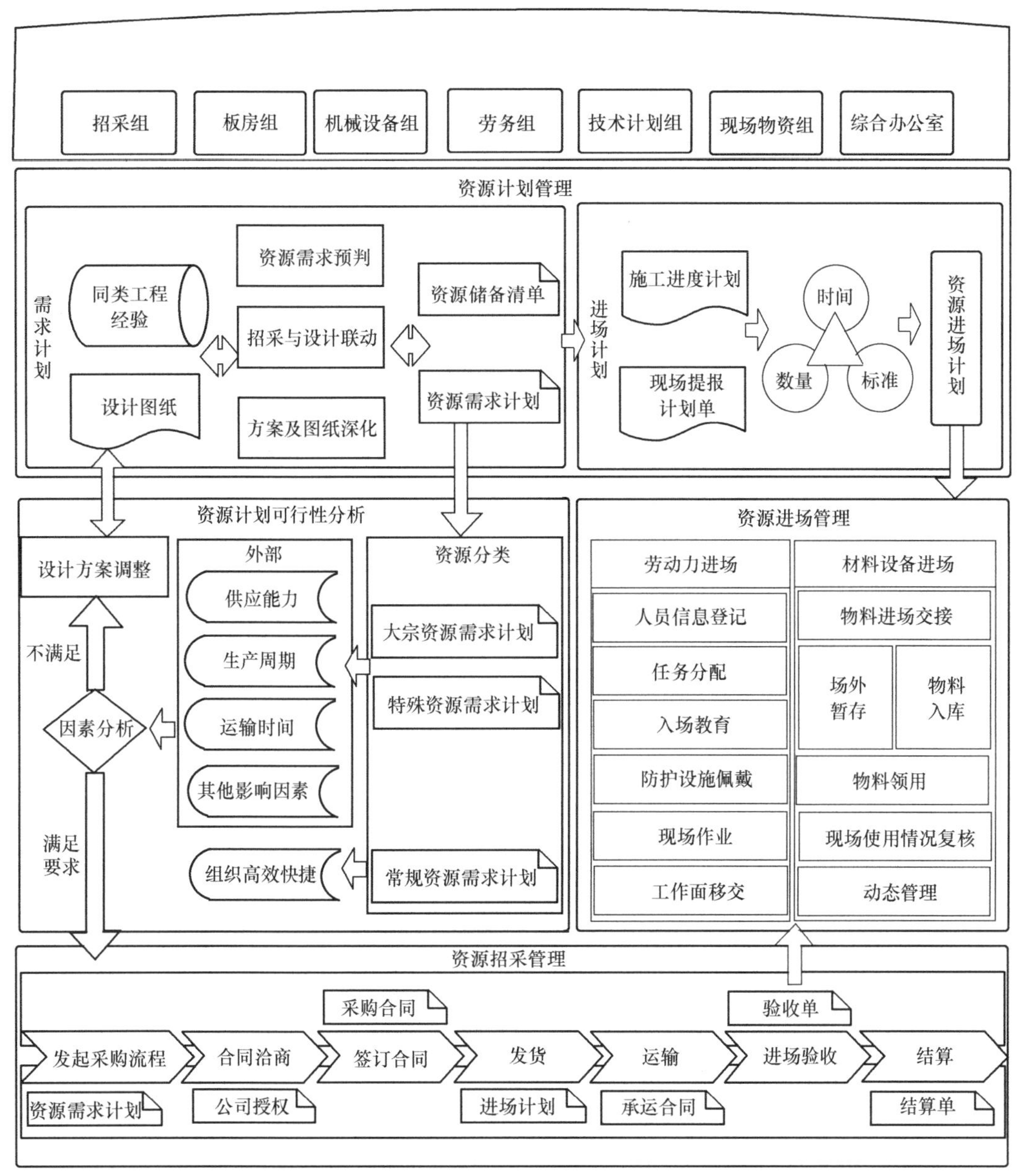

图 8-33　火神山医院项目资源组织管理路线图

8.5 总平面与交通物流

8.5.1 总平面管理

1. 总平面布置原则

施工总平面的合理布置是施工组织的重要环节，主要是通过立体的整体规划、平面的具体安排这两种基础手段，达到施工区域安排的合理化、程序化、系统化。

1）从时间上，做到策划先行和系统设计，既要统筹各工区单元和作业工序的有效衔接，又要保证总平面布置快速形成、灵活转换。

2）从空间上，认真测算和科学设计，对各工区和各生产环节场地进行合理布局，在尽量满足空间要求的基础上，保证现场动态流线清晰流畅，避免矛盾。

3）从资源上，将劳动力、材料设备、施工机械进行科学分配和综合平衡，对项目全过程、全专业统筹考虑，体现总平面利用价值，保证生产效率。

2. 总平面管理特点

武汉火神山医院项目作为武汉市抗击新冠肺炎的大型专科应急医院，总平面管理方面具有如下特点：

1）总平面施工与设计同步进行，前期施工处于无图状态。

火神山医院项目设计与施工同时接到建设任务。进场施工时，图纸尚处于设计阶段。为了最大限度推进工程进度，各施工单位全力以赴组织人员、材料、机械进场施工。场地的定位及标高无标准，现场施工处于无图施工状态。

2）时间紧迫，前期场地调查组织难度大。

项目进场施工正值春节期间，管理人员陆续进场后，对项目组织结构、项目组成及概况未充分理解即投入战斗。前进场地调查中与管线管理单位、构筑物管理单位对接、原始资料的收集及处理措施的确定，均需在短时间内确定，为确保后续施工创造条件。

3）场地地质条件复杂，无地质条件资料。

由于时间紧迫，越过了勘察环节，现场场地水文、地质等条件均需自行调查。场地西侧紧邻知音湖大道，拟建房屋处于绿化带，场地整平难度大。场地东侧为知音湖，空间有限，部分基础为知音湖回填基础，地质条件较差，不适用深基坑施工及大型设备基础。场地南侧空间有限且8m深处已出现强风化岩层，开挖难度大。

4）各专业同步施工，堆场不足

由于工期十分紧张，各专业施工几乎同步展开，场地有限。从室外工程的土方平整、基坑支护、道路工程、绿化工程、管网工程及配套设备工程到室内部分集装箱安装、室内装饰装修、室内给水排水、电气及通风工程在短短几天内同时施工。施工现场同时要布置50余台大型施工设备、1600余套集装箱材料及配件，现场保证每天进出货运车辆达1000余台次，场地条件需要做好的衔接，在有限的场地条件下做好场地布置难度很大。

5）室外水电管网多而杂，同步施工场地干扰大

武汉火神山医院防疫防污染的特点决定了室外管网要求高，管线复杂。室外变电室数量达23个，柴油发电机房8个，检查井达到90多个，几乎将场地北侧及东侧路边场地占满。同时由于场地有限，大量管线布置在道路下方。室外管网的土方二次开挖，不但破坏了施工通道，而且对场地占用较大，对整体现场施工影响较大。

6）短时间大量材料进场，场内外交通组织困难

场内外交通组织是项目建设的生命线。项目场地东侧、南侧无施工道路，材料物资均从西侧知音湖大道进入施工现场，无法形成环形道路。高峰期每天有近 5000 车次各类车辆通行知音湖大道，极容易造成道路堵塞。

3. 总平面管理思路

针对以上特点，总平面管理思路总结为保沟通、勤调查、多优化、强管理。

1）保沟通：与设计单位保持良好的沟通，及时将现场情况反馈设计，使设计单位能够掌握现场情况，及时调整设计，保证现场施工。

2）勤调查：对涉及现场的诸多单位，如燃气单位、电力单位、通信信号单位、市政给水排水单位、房屋拆迁单位及城建局组织到现场进行处理各项影响总平面施工的事项，每个专业派出责任人驻场。

3）多优化：对于现场平面缺陷，及时反馈设计单位，并提出优化意见。

4）强管理：对场内的堆场不足、综合管线复杂及交通组织困难情况，加强项目管理力量，确保施工有条不紊。

4. 总平面管理措施

1）保沟通

总平面施工与设计同步进行，前期施工在无图的情况下，与设计人员取得联系，尽早获得拟建场地的范围、标高数据及设计意图。在进场初期，场地整平过程中提供拟建场地的范围、标高数据即可指导施工，后期施工过程中继续保持联系。将施工中遇到的设计问题反馈至设计单位进行调整。

2）勤调查

前期进场调查阶段，作为重点工作进行。由指挥部负责对外协调的领导牵头，技术部带领测量组具体实施，设计单位、建设单位参与共同确定各类管线、既有构筑物拆迁、场地移位处理措施。

将建设单位、设计单位、施工单位、构筑物及管线管理单位共同组建总平面管理小组，建立室外场地处理清单，并明确责任人、处理时间及处理措施。现场派专人 24h 驻场处理场地平整过程中遇到的各类问题。

3）多优化

针对场地地质条件复杂、无地质条件资料情况，与设计院保持良好沟通，将场地条件实时反馈给设计单位，并提出优化建议。场地拟建医院原设计处于绿化带内，将医院整体右移 15m 后可避开绿化带，大大降低了场地平整的难度。因场地东侧为知音湖，场地无法满足医院空间要求，经与设计沟通修改了医院走廊长度，避免了再次填湖作业。

雨水蓄水池及化粪池对地质基础要求较高，且开挖深度大，不适于布置在知音湖回填区，而布置在场地南侧，空间不足。后经设计优化，减少一部分雨水蓄水池，满足了空间布局。同时场地南侧土质已出现强风化层，经与设计院沟通，在满足功能要求的同时减少了基坑开挖深度，为加快整体施工进度创造了条件。

4）强管理

（1）针对各专业同步施工，施工场地互相干扰、堆场不足的情况，将整体项目划分为 4 个工区项目部，各工区组织平行施工。每个工区各专业工序衔接，确保时间满占，空间满占。

（2）根据总体施工部署，做好各施工阶段总平面布置。临建布置前应在掌握主要材料、设备及施工工序的基础上，通过开会讨论共同确定施工道路及堆场划分。确定每个工序施工的时间及对应堆场的使用时间，要求上一工序的材料堆场及时转化为下一工序堆场。

（3）将每个专业施工单位负责人纳入总平面管理小组，实时监督堆场利用情况。能够提前进行堆场转换的，可以与指挥部联系，及时进行堆场功能转换。如不能按照既定时间进行堆场转换，则应提前告知指挥部采取其他措施。确保堆场能够充分利用，衔接紧密，工完场清。

（4）针对场内外交通组织困难情况，在总平面规划阶段，充分考虑材料的进场需求。道路无法满足进场需求的，尽量克服困难增加进场道路。如无法增加进场道路，则应充分做好道路的管理工作，使道路最大化利用。

（5）新建道路基本与施工通道重合，道路通行连续性打乱。在新建道路施工过程中，采取措施减少对道路通行的影响。如采用水泥稳定级配集料＋沥青混凝土，开放交通早，不占用场地。对工期紧张的施工现场，在工期和保持道路通行方面比现浇混凝土有很大的优势。

（6）针对室外水电管网多而杂、同步施工干扰大的情况，短时间大量材料进场，将室外管网施工纳入总平面管理，室外工程各专业负责人强化总平面管理规定，严格限制室外管网施工部署和场地占用时间，严格按照指挥部确定的场地占用范围及大小进行施工。指挥部派专人负责室外管网总平面管理，配备足量的测量人员，监督管网施工场地占用情况。对于影响现场施工的管网及设备基础定位进行优化，在满足使用功能的基础上，调整优化布局，减少对现场施工的影响。

5. 各施工阶段总平面布置情况

1）场地平整施工阶段总平面布置

场地土方以内转为主，根据现场施工需要，现场设置 3 个出入口。施工机械按照饱和式配置，确保时间满占，空间满占。场地地势南北两侧较高，中东部地势较低，场坪平整主要采用挖掘机开挖、推土机整平为主。场内泥浆、树根等不适宜回填的材料采用渣土车外运。主要材料为砂石材料进行场地基础处理，在地内按需堆放。详见图 8-34。

2）基础施工阶段总平面布置

根据现场施工需要，将现场出入口调整为 7 个，出入口沿知音湖大道一侧，修筑临时施工通道；场地主要进行箱式房基础及室外管网施工，并逐步进行临时道路与正式道路转换，因场内管网复杂，未形成环形施工通道。详见图 8-35。

3）箱式房安装阶段总平面布置

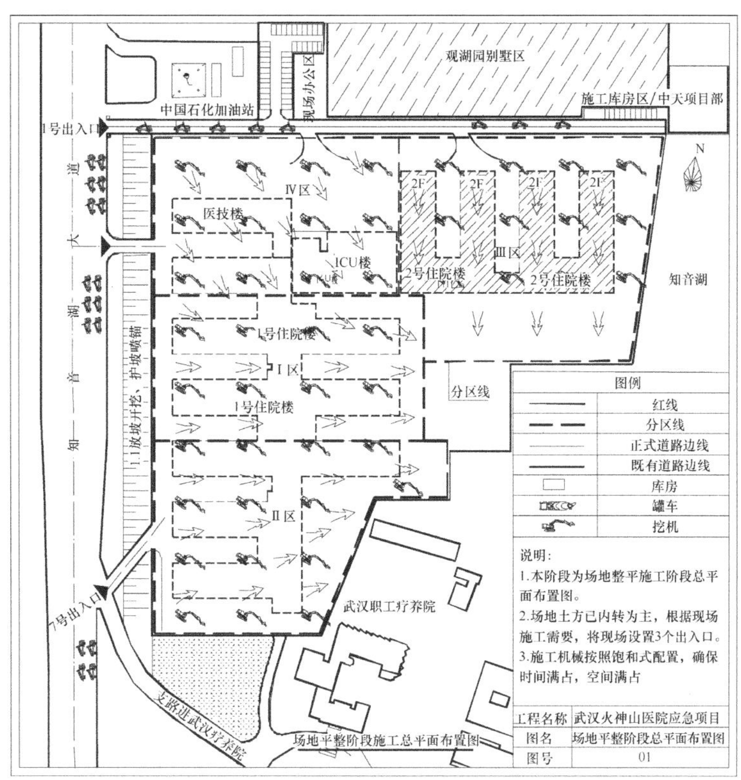

图 8-34　场地平整阶段总平面布置

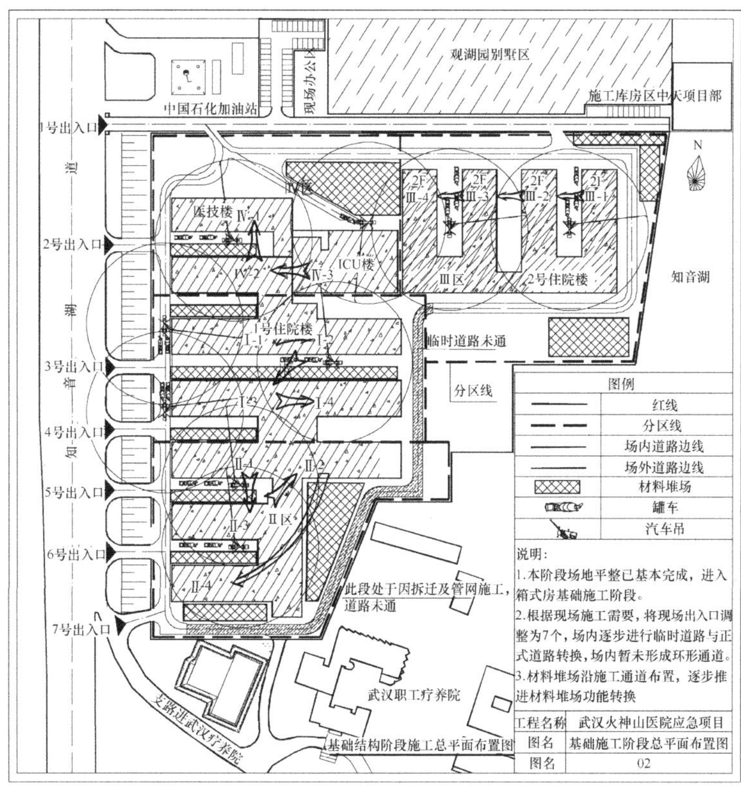

图 8-35　基础施工阶段总平面布置

根据现场施工需要，将现场出入口调整为 6 个，2 号出入口因修筑边坡取消，管网在路口处预留接口；场内逐步进行临时道路与正式道路转换，场内暂未形成环形施工通道。材料堆场沿施工通道布置，逐步推进材料堆场功能转换。水平运输主要采用平板车进行，垂直运输主要采用汽车吊进行。详见图 8-36。

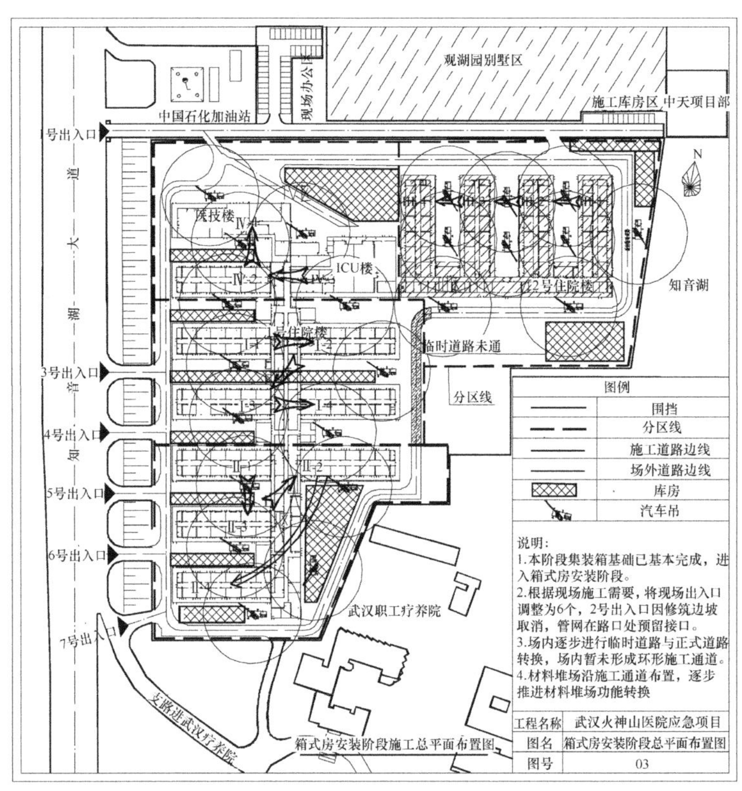

图 8-36　箱式房安装阶段总平面布置

4）机电设备施工阶段总平面布置

根据正式道路及封闭围挡的施工需要，调整为两个出入口，其他出入口取消，为修筑边坡及室外管网施工提供条件。场内正式道路已施工完成，形成环形施工通道。1 号出入口由北侧既有道路进入场内正式道路，7 号出入口由进入疗养院之路进入场内正式道路。材料堆场沿施工通道布置，逐步推进材料堆场功能转换。详见图 8-37。

5）新增屋面施工阶段总平面布置

新增屋面施工阶段火神山医院已投入使用，现场施工通道为 6m 宽正式道路，出入口两处均位于知音湖大道一侧。在确保满足不影响医院正常运转的情况下，布置吊车及材料堆场。吊车配置 25t、75t 型号吊车若干台满足垂直运输。详见图 8-38。

6）临时用水用电总平面布置图

本工程采用装配式箱式板房结构，未涉及临时用水。

根据现场面积大、用电分布广、工期紧的特点，每个分区配置一台 400kW 发电机主供，250kW 发电机备用。每个分区零星用电配置 5～15kW 柴油发电机约 10 台。临电采用 TN-S

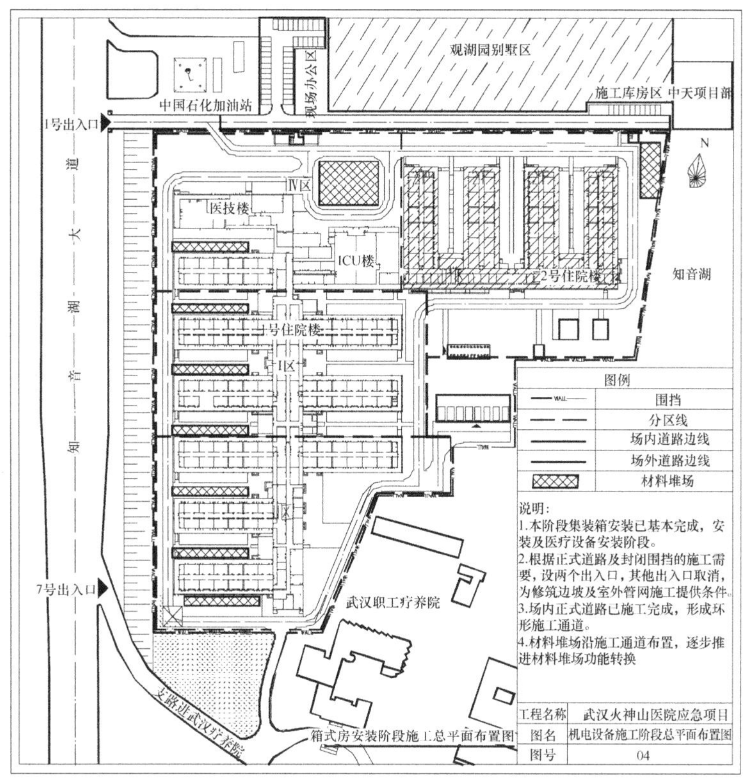

图 8-37　机电安装及医疗设备安装阶段总平面布置

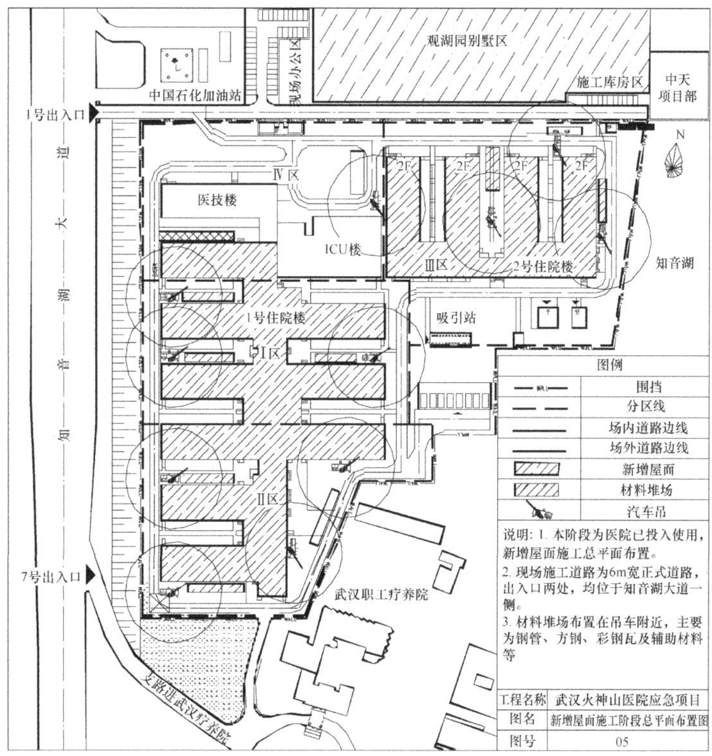

图 8-38　新增屋面施工阶段总平面布置图

系统，配电线采用架空敷设的方式，设三级配电二级保护。详见图 8-39。

6. 施工总平面布置图

各阶段施工总平面布置详见图 8-39。

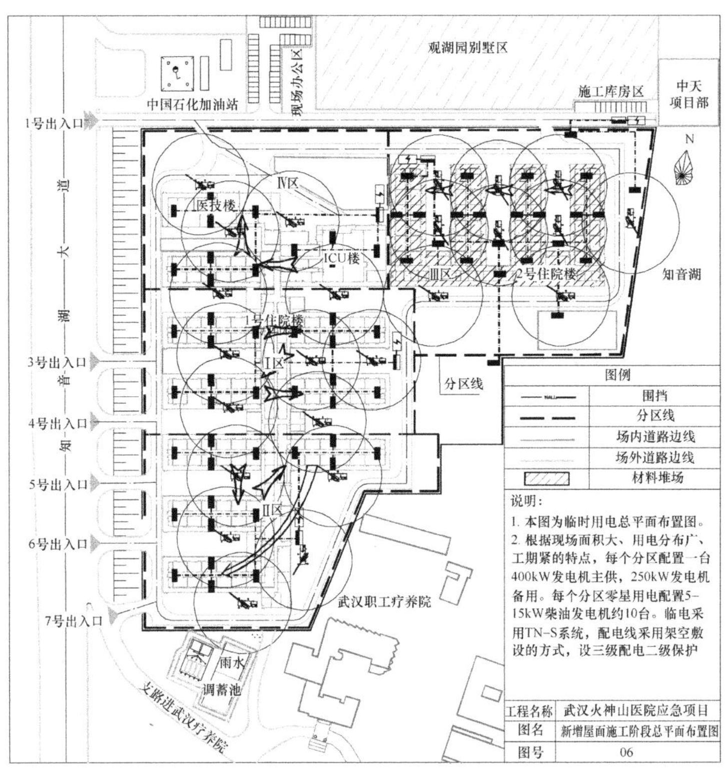

图 8-39 临时用电总平面布置

8.5.2 交通物流管理

1. 交通物流概况

1）市内外道路情况

火神山医院建设正值疫情爆发期，武汉封城，市内外各地都在执行严格的交通和防疫管控措施。

2）周边道路情况

所处地理位置独特，场地周边交通受限，资源均从西侧知音湖大道进入施工现场，周边道路情况如表 8-14 所示。

周边道路情况 **表 8-14**

序号	方向	道路情况	宽度（m）
1	东侧	没有道路	—

续表

序号	方向	道路情况	宽度（m）
2	西侧	知音湖大道，双向 8 车道	30
3	南侧	有进入疗养院道路，道路狭窄，仅能单向行驶	4～10
4	北侧	有施工道路，但仅能从西侧进入	8

3）场内道路情况

场内环路宽度为 6m，因部分区域高差加大，部分道路不能及时施工，导致场内环路不能及时形成环路，道路整体情况如图 8-40 所示。

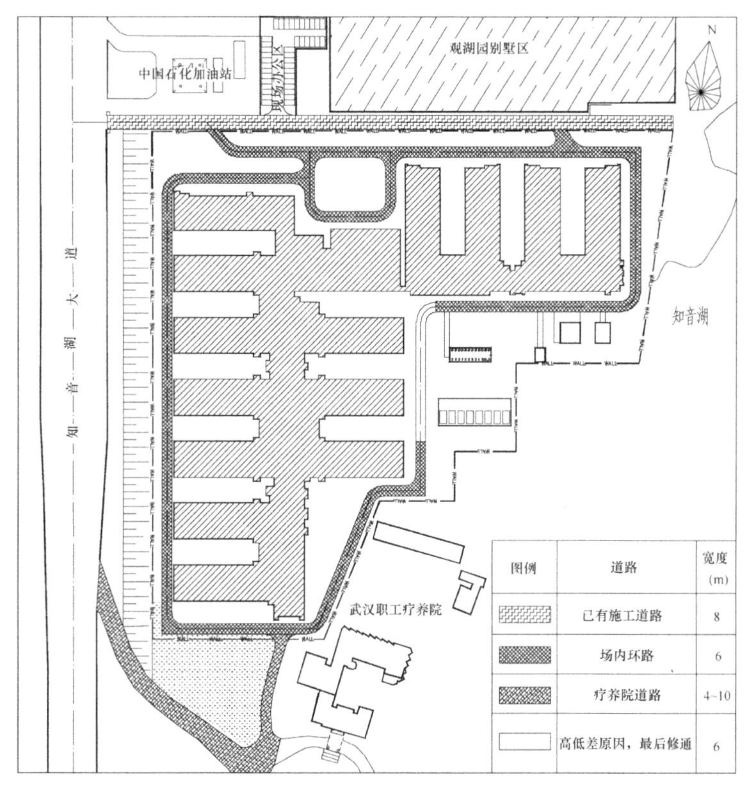

图 8-40　道路平面布置图

2. 交通物流管理特点

结合工程特点，火神山医院交通物流管理特点如下：

1）武汉封城，设定防疫管控，市内外资源流通难度大

医院建设正值疫情爆发期，武汉市自 2020 年 1 月 23 日上午 10 点采取封城措施，各地都在执行严格的交通和防疫管控措施，武汉市内外物资、建设人员资源进入现场流通难度大。

2）工程工期短，施工资源集中进场，场内交通分流难度大

施工资源仅从西侧知音湖大道进入施工现场，大门仅有两处，部分道路狭窄，且工期紧

张，人员、材料、机械集中进场，高峰期每天有近5000车次各类车辆通行知音湖大道，分流难度大，极容易造成道路堵塞。

3）环路无法及时形成，场内交通组织难度大

火神山医院总工期10天，如先施工正式道路，必将对整体工期产生影响，且部分区域高低差较大，道路施工时间较长。土方开挖及基础施工阶段环形道路无法及时形成，物流交通组织难度大。

4）施工单位多，工序繁杂，场内物流协调工作量大

工程由中建三局总承包公司、中建三局二公司、中建三局三公司、武汉建工等10余家施工单位共同施工，且土方开挖、基础施工、集装箱吊装、机电施工、室外管线等各工序相互穿插，物流交通整体协调工作大。

3. 交通物流管理思路

针对以上特点，本工程交通物流思路为保流通、限流量、控流向、定流程。

1）保流通：与政府机构联动，保证工程建设人员、车辆、材料能在市内外流通，及时进入现场，保证现场施工。

2）限流量：成立交通协调小组，设置分级限流岗亭，按照施工计划有序组织车辆进场，从而控制场内车辆数量，从源头上控制交通拥堵风险。

3）控流向：加快环形道路形成，按道路形成与物流相结合的原则，场内的流动按照既定路线行驶，保证车辆不拥堵。

4）定流程：对场内物流制度严格交底，场内占道、材料车辆进场实行审批制。

4. 交通物流管理措施

为确保项目交通物流顺畅，从下述4个方面措施保证现场物流管理。

1）保流通

（1）与武汉市新冠病毒疫情防控指挥部建立沟通机制，联动湖北省新冠病毒疫情防控指挥部，紧急出台《关于切实做好新冠病毒疫情期间交通保障工作的紧急通知》（鄂防指交发〔2020〕2号），从政策、制度上进行保障；

（2）与武汉市交管局密切联系，联动湖北省交管局，打通外围物资运输车辆及建设人员进入武汉市的绿色通道；

（3）与武汉市城乡建设局建立沟通平台，联动蔡甸区交通大队，随时解决市内交通遇到的突发问题。

2）限流量

（1）成立以政府机构为协调，局指挥部统管，工区实施的交通协调小组，高峰期有成员56名，明确岗位职责，严格执行岗位值守制度，落实24h“换人不停岗”机制（图8-41）。

（2）制定合理的交通疏导方案，按照“分级设岗、分段分流、专人专岗”的原则指导交通协调工作，现场沿知音湖大道南北向近4km线路设置三级共六个交通岗（1、2、3、7、

8、9 号岗)，并沿 3 号岗进出施工现场东西向约 200m 主通道再设置三级共三个交通岗（4、5、6 号岗)。

(3) 设置分级限流岗亭，车辆禁行劝返区（1、9 号岗)、分流缓冲区（2、8 号岗)，减轻施工现场出入口（3、7 号岗）的车辆通行压力。

(4) 根据日施工计划，细化每日车辆进出场安排表，按照轻重缓急的原则，按照时段计划组织各型车辆进出场，合理调度车辆。

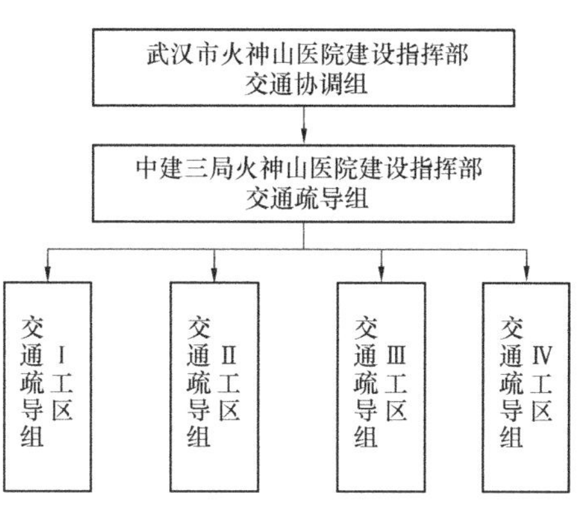

图 8-41　交通协调小组组织架构

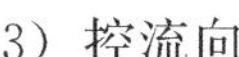
3) 控流向

(1) 分阶段启用正式道路，优先施工场内北侧及南侧道路，利用水泥稳定碎石基层作为道路，面层后续施工，保证道路提前使用，高差部位道路提前抢工，环路及时形成。

(2) 施工道路分区使用，北侧道路主要供 2 号住院楼、ICU 楼、医技楼使用，西侧道路供 1 号住院楼、ICU 楼、医技楼使用。

(3) 增设临时大门，在车辆进场高峰期的基础及箱式房安装施工阶段，在西侧知音湖大道位置增设临时大门（3～6 号门）（图 8-42)，并分楼栋使用，保证车辆能够进入现场后，及时退场（表 8-15)。

大门对应楼栋情况　　表 8-15

序号	大门	使用楼栋	序号	大门	使用楼栋
1	1 号	1 号～4 号楼，5 号～6 号楼	5	5 号	12 号～14 号楼
2	2 号	6 号～7 号楼	6	6 号	14 号～15 号楼
3	3 号	7 号～11 号楼	7	7 号	15 号楼
4	4 号	10 号～13 号楼			

(4) 满足各工区基本生产前提下，场内的流动车辆必须按照既定路线行驶，特别是距离结构边缘较近或道路变窄时，必须按既定方向行驶，不得逆行，保证交通通畅。各阶段流向如下。

① 土方施工阶段：车辆从 1 号、2 号、7 号门出入，场内根据开挖情况通行，并就近退出（图 8-43)。

② 基础施工阶段：现场环形道路未形成，新增 3～6 号出入口，北侧道路供 2 号住院楼、ICU 楼、医技楼使用，西侧道路供 1 号住院楼、ICU 楼、医技楼使用，1 号门负责 2 号住院楼、ICU 楼、医技楼资源通道，是管控重点，导流方向见图 8-44。

③ 箱式房安装阶段：环形道路未形成，新增从疗养院支路入口，只进不出，1 号门是重点，疗养院入口单向行驶，总体导流方向见图 8-45。

④ 室内机电安装及医疗设备安装阶段：环形道路形成，主要出入口为 1 号门，疗养院支路入口，只进不出，1 号门是主要出进大门，疗养院入口单向行驶，总体导流方向见图 8-46。

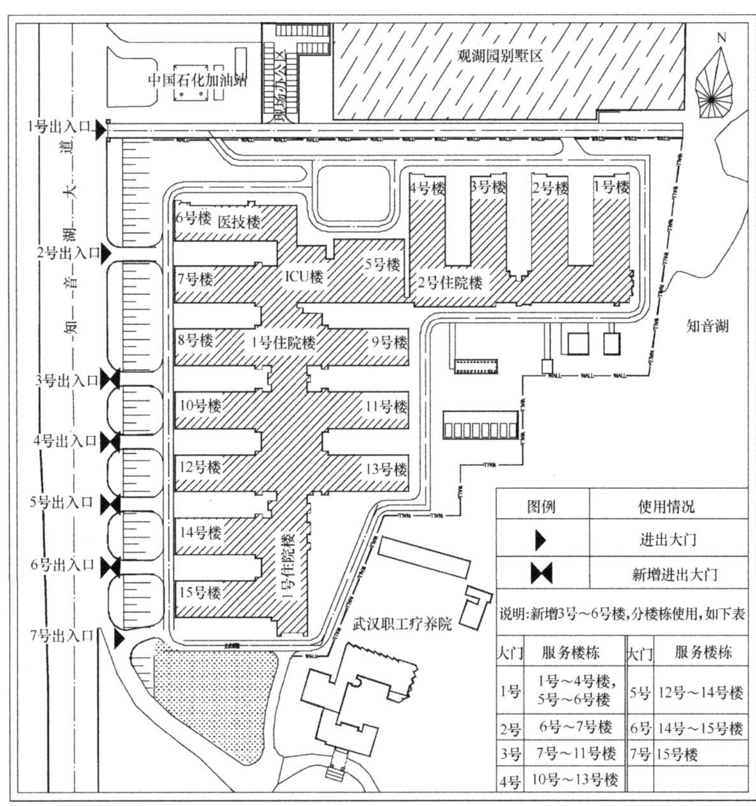

图 8-42　大门服务示意图

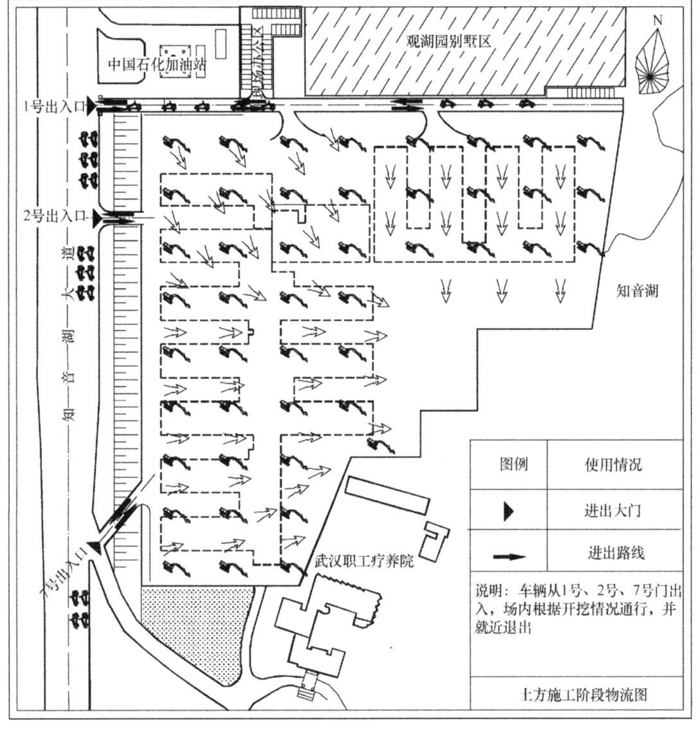

图 8-43　土方施工阶段交通物流示意图

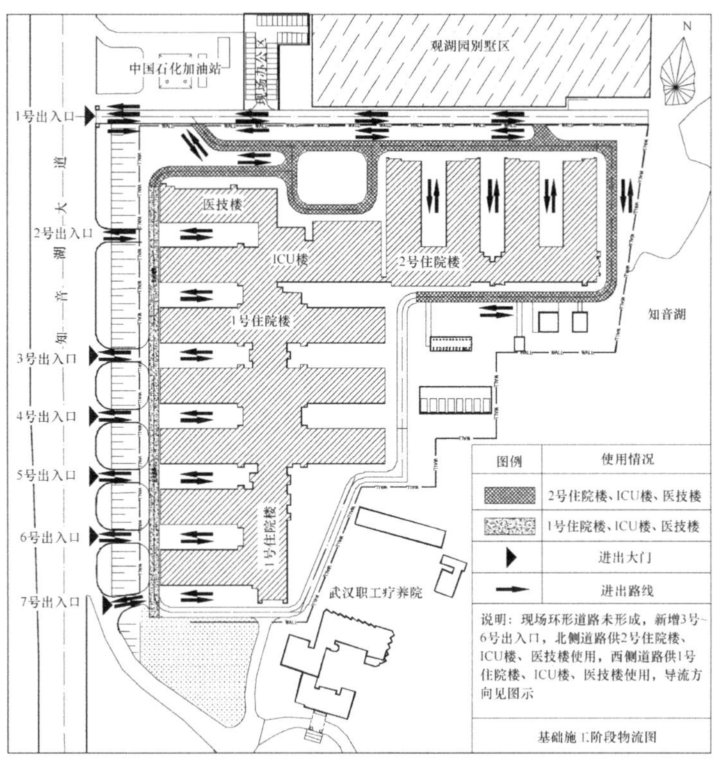

图8-44　基础施工阶段交通物流示意图

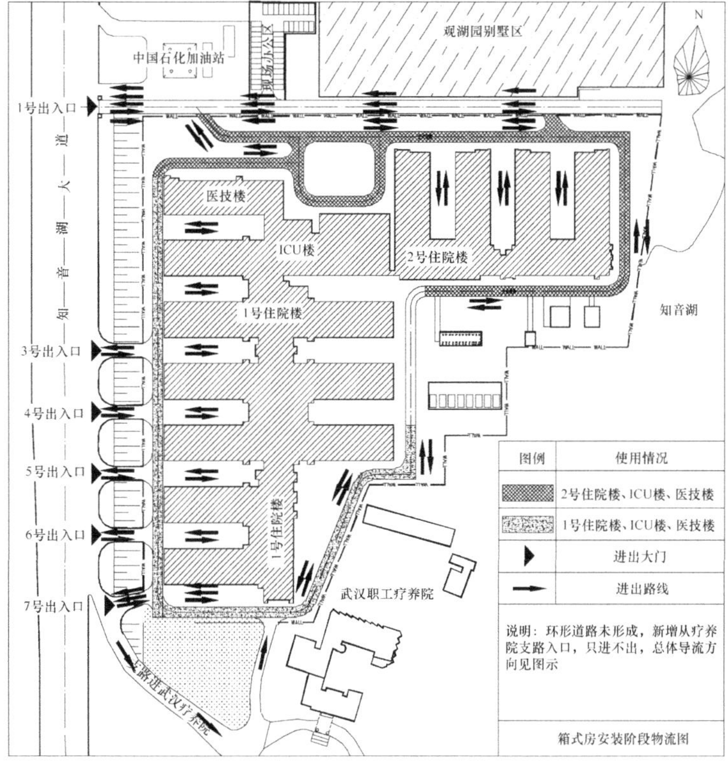

图8-45　箱式房安装阶段交通物流示意图

⑤ 新增屋面施工阶段：主要出入口为 1 号门，疗养院支路入口，只进不出，总体导流方向见图 8-47。

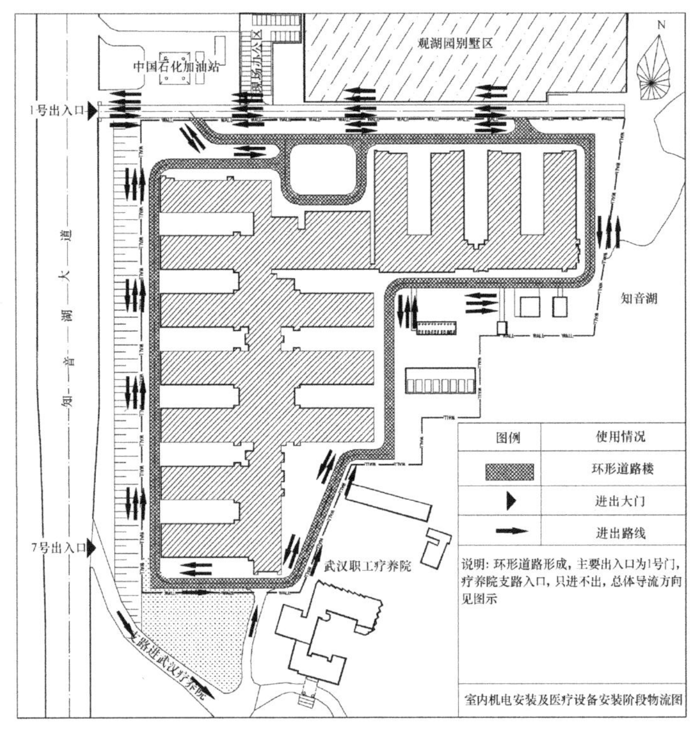

图 8-46 室内机电安装及医疗设备安装阶段交通物流示意图

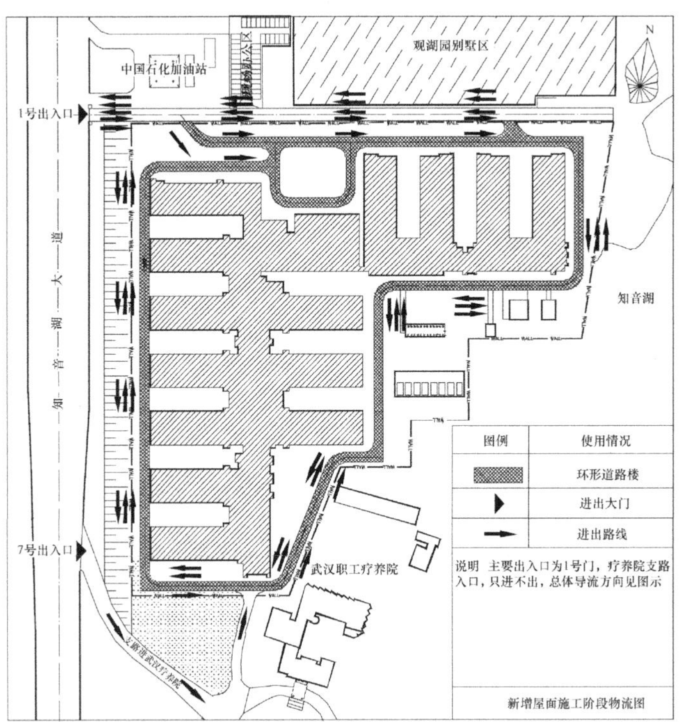

图 8-47 新增屋面施工阶段交通物流示意图

4）定流程

（1）制定专门针对交通物流管理的实施办法及流程指南，所有材料供应商进场前必须接受书面交底。

（2）在“流量”“流向”均有效控制的情况下，工区需要占用主干道进行吊装、浇筑等作业时，必须经过申请，对占道的位置、时间进行明确，确保车辆至少可以单向行驶，同时严格按照审批时间占道，尽快恢复交通。

8.6 多专业施工协调

8.6.1 多专业施工协调的难点

火神山医院作为新冠病毒防疫医院，工程体量大、工期紧、任务重，工程建筑面积达 3.39 万 m^2，病床数近 1000 张，规模相当于一家三级甲等医院，建筑面积比类似工程多 1 万 m^2，主要涵盖土石方作业、防渗膜铺贴、混凝土基础、板房安装、室内机电、室外道路、室外给水、排水排污和强弱电管网以及室外附属配套设施等施工内容，专业系统多，分包施工单位多，对多专业协调的要求高。

1）现场多专业协同施工难。现场施工专业多，上百家各类专业分包，工作面移交问题突出，各专业尤其要做好前后工序的衔接工作，杜绝出现工作面闲置的现象，提升施工效率。

2）现场多家单位同场协同施工难。多家施工单位在一个场地内施工，存在着工作内容、工作界面及接口的明确问题，以及在一个工作面上不同工作内容的互相干扰问题。特别是后期最紧张的阶段，还有空调、电视、医疗安装队伍都在一起施工，施工效率影响较大，存在着反复施工、成品破坏等问题。

面对以上难点，本项目根据施工进度，对前期室外工程和后期室内工程制定多专业施工的协调措施。

8.6.2 现场各专业施工协调思路

1. 梳理各专业关键施工线路

以最终医院功能使用为导向，根据项目策划来梳理各专业的关键施工线路，明确各专业的插入时间及对作业面的需求情况。每个专业需要明确专业内每个关键工序的起始时间、结束时间，确保实施的可行性。

2. 制定各专业间穿插流程

结合各专业的资源准备情况、场地道路情况，对各专业的关键线路进行整合，制定合理的施工穿插流程，尽量做到减少交叉作业，避免作业面等人或人等作业面的情况发生。因为项目正值春节，部分关键物资不能及时到场地，对于这种情况提前考虑专业间衔接的应急措施。

3. 加强现场执行力度

各专业严格按照既定关键节点来完成施工任务，避免影响其他工序的施工。在执行过程中 24h 了解反馈各专业的施工动态，4h 一汇总，发现有节点有延误的及时修正加快进度，如某专业节点进度有严重滞后影响其他专业或影响交付的立即实施应急措施。

8.6.3 各专业协作关系梳理

梳理每个专业工程作为一条主线，对每个专业关键施工节点进行协调管控，明确协作关系（图 8-48、图 8-49）。火神山医院主要分为室外工程和室内工程两个阶段进行管控。

1. 室外施工阶段

火神山医院室外部分包含土建、市政给水排水、室外强弱电、医疗气体与设备、配套设施安装、园林绿化等多个专业。以医疗气体与设备专业为例：氧气站氧气罐及管道的安装，必须在土建专业的氧气站基础施工完成后才能插入施工；氧气站基础筏板混凝土浇筑完成时间是 2020 年 1 月 30 日 8 点。混凝土形成初步强度后，开始插入氧气罐及管道的安装；由于正式氧气站施工周期长，项目采用应急措施，2020 年 2 月 3 日 9 点，启用临时供氧系统，氧气管主体安装后插入土建专业的氧气站栏杆施工。2020 年 2 月 9 日氧气站施工完成，切换为正式供氧。

2. 室内施工阶段

室内施工，主要涉及土建、通风空调、强弱电、给水排水、医疗专项等专业。以电气专业为例，病房单元电气末端施工及电线敷设需要依赖于土建内墙隔板，2020 年 1 月 30 日 24 点土建开始安装内墙隔板，2020 年 1 月 31 日 7 点病房单元电气开始施工，2020 年 1 月 31 日 22 点内墙隔板安装完成，2020 年 2 月 1 日 9 点病房单元电气末端及电线敷设完成。

8.6.4 主要配合措施

火神山医院项目工期紧，参与施工的管理人员和劳务人员众多，且都来自五湖四海不同的单位，同一单位人员也存在第一次合作的现象。前期的策划工作，各专业协作的穿插梳理，能否落实到施工一线是本工程能否顺利完工的关键。针对以上问题专门制定专业间配合措施。

1. 技术落实措施

最新的设计图纸与节点施工工艺是本项目现场施工层面顺利实施的一个重要支撑，主要落实措施如下。

1）依据图纸谈施工

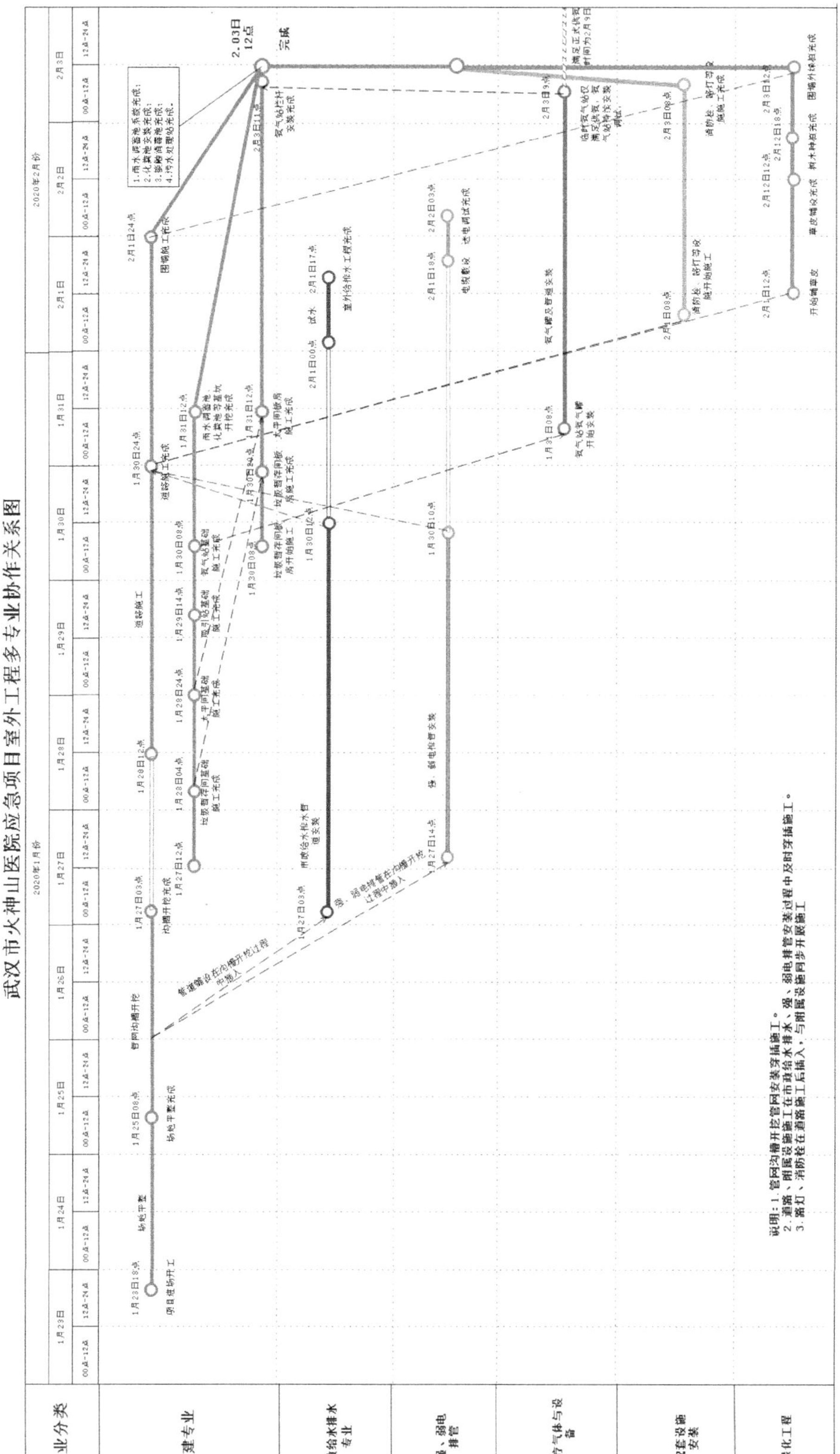
武汉市火神山医院应急项目室外工程多专业协作关系图
专业分类
土建专业
市政给水排水专业
强、弱电排管
医疗气体与设备
配套设施安装
绿化工程
2020年1月份
2020年2月份
说明：1.管网沟槽开挖管网安装穿插施工。
2.道路、附属设施施工在市政给水排水、强、弱电排管安装过程中及时穿插施工。
3.路灯、消防栓在道路施工后插入，与附属设施同步开展施工

图 8-48　室外施工阶段各专业主要协作关系

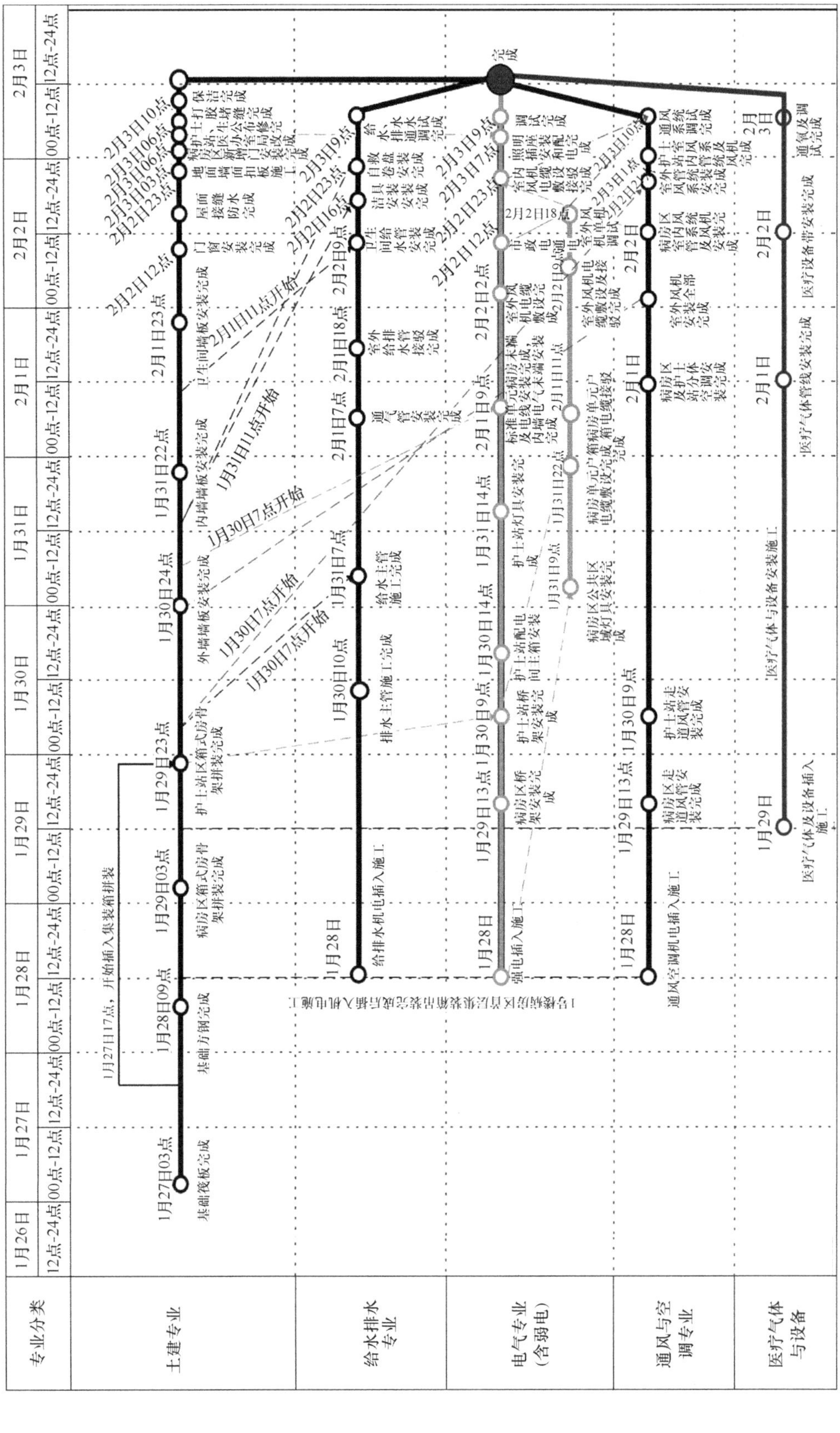

武汉市火神山医院应急项目1号楼多专业协作关系图

专业分类	1月26日	1月27日		1月28日		1月29日		1月30日		1月31日		2月1日		2月2日		2月3日	
	12点-24点	00点-12点	12点-24点	00点-12点	12点-24点	00点-12点	12点-24点	00点-12点	12点-24点	00点-12点	12点-24点	00点-12点	12点-24点	00点-12点	12点-24点	00点-12点	12点-24点

土建专业：1月27日03点 基础筏板完成；1月27日17点，开始插入集装箱拼装；1月28日09点 基础方钢完成；1月29日03点 病房区箱式房骨架拼装完成；1月29日23点 护士站区箱式房骨架拼装完成；1月30日24点 外墙墙板安装完成；1月31日22点 内墙墙板安装完成；2月1日23点 卫生间墙板安装完成；2月2日12点 门窗安装完成；2月2日23点 屋面接缝防水完成；2月3日03点 地面墙面扣板施工；2月3日06点 病房区新增门安装完成；2月3日06点 护士站、医生办公室布局修改完成；2月3日10点 打胶堵缝完成；保洁完成

1月30日7点开始；1月30日7点开始；1月30日7点开始；1月31日11点开始；2月1日11点开始

给水排水专业：1月28日 给排水机电插入施工；1月30日10点 排水主管施工完成；1月31日7点 给水主管施工完成；2月1日7点 通气管安装完成；2月1日18点 室外给排水管接驳完成；2月2日9点 卫生间给水管安装完成；2月2日16点 洁具安装完成；2月2日23点 自救卷盘安装完成；2月3日9点 给水、排水通水调试完成

1号楼病房区首层集装箱吊装完成后插入机电施工

电气专业（含弱电）：1月28日 强电插入施工；1月29日13点 病房区桥架安装完成；1月30日9点 护士站桥架安装完成；1月30日14点 护士站配电间主箱安装；1月31日14点 护士站灯具安装完成；2月1日9点 标准单元病房末端及电线安装完成，内墙电气末端安装完成；2月2日2点 室外风机电缆敷设完成；2月2日12点 市政电通电；2月2日23点 室内风机电缆敷设接驳完成；2月3日7点 照明插座安装和配电完成；2月3日9点 调试完成；完成

1月31日9点 病房区公共区域灯具安装完成；1月31日22点 病房单元户箱电缆敷设完成；2月1日11点 病房单元户箱电缆接驳完成；2月2日9点 室外风机电缆敷设及接驳完成；2月2日18点 室外风机单机调试

通风与空调专业：1月28日 通风空调机电插入施工；1月29日13点 病房区走道风管安装完成；1月30日9点 护士站走道风管安装完成；2月1日 病房区及护士站分体空调安装完成；室外风机安装全部完成；2月2日 病房区室内风管系统及风机安装完成；2月3日1点 室外风管系统安装完成；2月3日2点 护士站室内风管系统及风机完成；2月3日10点 通风系统调试完成

医疗气体与设备：1月29日 医疗气体及设备插入施工；医疗气体与设备安装施工；2月1日 医疗气体管线安装完成；2月2日 医疗设备带安装完成；2月3日 通氧及调试完成

图 8-49　室内施工阶段各专业主要协作关系

本项目一直处于边设计边施工的状态，项目上虽然有图纸下发机制，但图纸的更新基本以天甚至小时来计。设计图纸传达到一线后，不同专业可能拿到的是不同版本的图纸，所以要求不同专业现场沟通前先确认图纸，图纸确认完后开始施工，尽量减少拆改的风险。

2）依据工艺讲做法

火神山医院在设计阶段施工单位深度参与，设计过程中已经将关键节点的施工工艺进行多专业的探讨论证，并以简洁的文字或者大样图下发给各个层级，现场要求对关键节点的施工要有依据，没依据的节点需要沟通确认是否有统一做法，避免擅自确定做法，影响其他专业的施工。

3）建立全局意识

火神山医院的施工是容错率非常低的工程，施工过程中几乎不允许出错，为了保证项目顺利地使用，项目要求不能站在本专业的角度考虑问题，应从全专业施工的角度统筹安排。项目制定不同专业注意要点，协调配合技术要点等让每一名管理人员清楚自己专业施工内容在整个工程扮演的“角色”。如集装隔板施工，项目会统一告知其专业管理人员，负压病房调试要求，需要对施工过程中密封的质量进行把控。

2. 现场施工落实措施

施工现场是落实项目策划、资源组织、安全管理的平台，各专业的协调是否顺畅与各专业施工能否顺利完成直接影响交付使用。

1）现场沟通措施

由于火神山医院时间短任务重的特点，专业间信息沟通时间被严重压缩，信息的密度特别大，而且持续性强，基本 24h 都有单位间和专业间的信息往来。信息不能停止，但人需要休息，项目初期已经制定了倒班机制，但施工内容一直在延续。项目上要求每专业关键线路上的各项施工任务的负责人至少有两人互为 AB 角，明确交接时间、交接内容并告知其他需要配合的专业，保证专业间的沟通效率和沟通质量。

2）项目现场交底落实措施

为了确保项目按照策划要求与技术要求进行施工，项目实行“三维”施工交底。

（1）书面交底，主要是以图纸和文字交底，保证依据可靠；

（2）电话沟通交底，保证各专业施工现场衔接的及时性；

（3）现场标识交底，直接在现场墙板上注明其他专业的施工配合要求，提高交底效率。

3）建立多专业施工质量巡查机制

火神山医院一直处于边施工、边设计、边调试的状态。项目交付使用是多专业共同协作完成的结果，施工过程中的把控需要多专业共同来完成。

项目建立多专业质量巡查机制，依据多专业穿插流程及关键阶段完成时间对项目进行整体把控。由项目负责人牵头组织各单位形成多专业督查小组，主查各专业的关键线路的关键节点完成情况、专业间的协作情况。如有偏差找问题，如资源问题、工作面问题等，及时协调解决，短时间无法解决立即制定应急措施。

8.7 防疫与安全

8.7.1 施工安全防护

1. 施工安全管理特点

火神山医院作为传染病应急建设工程，其特点表现为建设周期短、任务重、作业面集中、工人高度聚集。现场数十家单位同时施工，各类工序穿插紧密，作业面转换十分迅速，重大危险源会出现集中爆发风险，整体安全管理难度加大。项目采用从安全架构、体系运行、管理措施等方面精准发力，严格防控保障火神山医院建设安全平稳。

2. 设置矩阵式组织架构，开展人员属地管理

为提高安全管理效能，火神山医院采用了指挥部区域矩阵式组织架构的安全管理体系（图 8-50）。项目安全总指挥长领导各单位安全小组，高效统筹各参建单位安全工作的开展，同时各单位安全组将所属安全管理人员分配至工区项目部。协助工区项目经理对本区域安全文明施工管理，形成横向工区、纵向部门的矩阵式组织架构。推行人员属地管理，建立区域负责制，工区项目经理对本区域安全文明施工可直接管理，各单位安全组每日将安全监管重点在工作群中公示并部署安排。

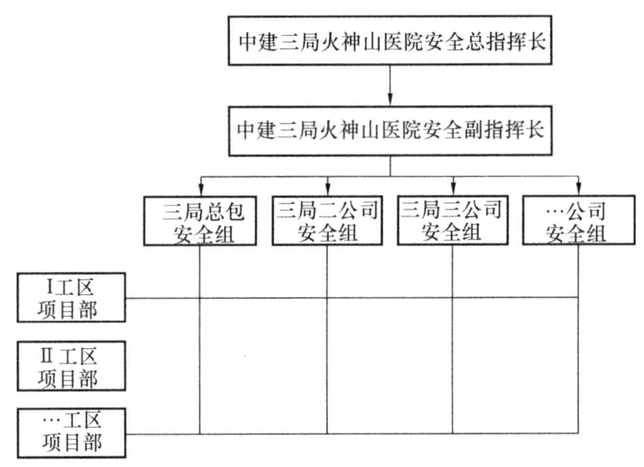

图 8-50 现场安全管理矩阵式组织架构图

3. 提前开展风险辨识，实施防护前置到位

项目建设工期极短，较常规工程施工节奏完全不同，施工工序以小时计算，工作面、工序变化极快，各类重大危险源呈现集中爆发，同时现场作业人员高度密集，高峰期 8000 余人同时作业。

根据 LEC 法风险分析，风险值 D 表现剧烈增长。项目通过提前熟悉项目进度计划、了

解各施工工序安排，充分分析安全危险因素。根据危险因素风险值的高低选择自留、转移、回避、控制等管控对策。提前制定措施，做到安全管控措施、防护设施在后续工序作业前布置到位（表 8-16、图 8-51、图 8-52）。

主要危险因素及安全管控措施与防护要求　　表 8-16

主要施工内容	主要危险因素	安全管控措施	安全防护要求
主体板房拼装	1. 基础不牢，汽车吊倾覆风险 2. 吊装不规范，物体打击风险 3. 吊索具破损，物体坠落打击风险 4. 二层临边作业坠落风险 5. 板面拼装高空作业坠落风险	1. 使用前检查吊车基础稳定性 2. 作业前对吊装人员进行安全技术交底，指定专职吊装指挥人员 3. 配置全新吊索具，采用四点吊带吊装，加强过程检查更换 4. 四点板面拼装，每处安装不少于两人作业	1. 统一设置吊车钢板垫块 2. 二层墙板安装前临边设置两道警戒隔离带 3. 板面拼装使用塑钢防滑人字梯
室外风管安装	1. 支架焊接火灾风险 2. 二层风管安装作业高空坠落风险	1. 动火作业告知，设置动火监护人，作业前清理周围易燃物 2. 对风管安装人员安全技术交底	1. 动火点配备灭火器 2. 高空作业挂系安全带
室内管线安装	1. 室内支架焊接，火灾风险 2. 室内管线安装作业，摔伤风险	1. 动火作业告知，设置动火监护人，作业前清理周围易燃物 2. 对管线安装人员进行安全技术交底	1. 室内高空电焊使用简易铁皮接火斗 2. 室内地面电焊布置灭火毯 3. 管线高空安装使用塑钢防滑人字梯
室内吊顶封胶	高空作业摔伤风险	1. 对吊顶、封胶人员进行安全技术交底 2. 加强过程安全巡查	高空作业使用塑钢防滑人字梯
室内设施安装	1. 高空安装作业物体打击风险 2. 包装易燃物火灾风险	1. 高空安装点不得少于两人 2. 及时清理室内易燃物	高空作业使用塑钢防滑人字梯
屋面防水	1. 人员通道不稳定坠落风险 2. 临边作业坠落风险	1. 加强梯子牢固性检查 2. 临边作业时间管控	1. 采用木梯、铝合金梯子，并做防滑移固定 2. 临边作业人员挂系安全带
临时供氧站供氧	动火搭设作业气体易燃爆炸风险	24 小时专人不间断安全监管	设置安全警戒隔离区
屋面加盖	1. 屋面材料集中堆载塌陷风险 2. 动火作业火星溅射导致板房缝隙填充泡沫胶阴燃，存在火灾风险和传染病房病毒泄露风险 3. 屋面作业搭设高坠风险	1. 计算各类主材屋面堆码限重数量，过程严格控制 2. 建立动火审批制度，并安排安全专班跟点管控 3. 对作业人员安全技术交底，并全过程旁站监督	1. 配备限载标识牌 2. 配备水基灭火器、灭火毯、氧气检测仪、接火斗 3. 临边拉设警戒带

图 8-51 危险作业旁站监督

汽车吊吊装安全技术交底

<table>
<tr><td>工程名称</td><td>火神山医院</td><td>施工单位</td><td colspan="3"></td></tr>
<tr><td>施工部位</td><td>临建施工</td><td>施工内容</td><td colspan="3">汽车吊吊装作业</td></tr>
<tr><td>一般性内容</td><td colspan="5">1.使用起重机前，要估计周围的环境条件，风速大于13.8m/s（六级风）时不准使用起重机；
2.起重作业时，起重臂下严禁站人；起重作业时，驾台上不得站人；回转半径内注意安全。
3.禁止在不使用支腿的情况下进行作业；起重作业时，整机倾斜度不允许大于1%。
4.不准在有人的上空吊运重物；不准在重物上有人时起重吊运重物。
5.禁超载作业，不准斜拉斜吊物品，不准抽吊交错挤压物品；严禁起吊埋在地下或冻结在地上的物品；严禁带载行车；严禁带载伸缩。
6.在任何吊重情况下，起升卷扬筒上的钢丝绳不得少于3圈；不得在有载荷的情况下，调整起升机构制动器。
7.作业平稳、缓和，严禁猛拉、猛推操纵手柄及急剧的转换操作；操作时应经常注意对起重机进行检查，发现异常，应查明原因，及时排除。
8.在使用起重机作业时，必须正确选择吊点的位置，合理穿挂索具，试吊。除指挥及挂钩的人员外，严禁其他人员进入吊装作业区。
9.使用卡环时，严禁卡环侧向受力，起吊前必须检查封闭销是否拧紧。不得使用有裂纹、变形的卡环。严禁用焊补方法修复卡环。
10.吊车上要注意安全防火，有灭火器，在吊车上工作要保持环境卫生，不吸烟，不乱扔烟头。
11.下列情况之一时，应停止起重机操作：a.超载或物体重量不清时；b.重物捆绑、吊挂不牢或不平衡可能产生滑落时；c.重物棱角处与钢丝绳之间未加衬垫时；d.工作场地昏暗，无法识别起吊重物或指挥信号时；e.结构或零部件有影响安全工作的缺陷或损伤，如制动失灵、安全装置出现故障钢丝绳损伤等。</td></tr>
<tr><td>卫生健康</td><td colspan="5">目前处于流感疫情爆发期间，防疫工作是目前面临的最大安全风险。
预防措施：保持个人卫生勤洗手，戴好口罩，医用一次性口罩4小时一个，N95口罩8小时一个，饮食上不吃生食、不喝冷水。日常注意保暖，当发现自身温度较高，立即停止作业，与现场防疫专员沟通，进行体温监测同时送医诊治辨别。</td></tr>
<tr><td>交底人签名</td><td></td><td>接受交底负责人签名</td><td></td><td>交底时间</td><td>2020 年 月 日</td></tr>
<tr><td>作业人员签 名</td><td colspan="5"></td></tr>
</table>

图 8-52 危险作业安全技术交底

4. 安全管理下沉，体现 “保姆式” 安全管理

摒弃常规项目总包管分包、分包管班组、班组管工人的管理模式，制定出了各单位专职安全管理人员直接下沉对接班组、一线工人，缩短管理链条，安全管理实施全天候扎根现场，24h 不间断开展现场安全巡查、纠偏、整改，并以保姆式的理念来开展区域内安全管理工作（图 8-53）。

图 8-53 保姆式安全管理

5. 重点监管重大风险， 实施综合治理

项目建设过程中，临时用水线路不具备铺设条件件，现场消防安全成为本项目最突出的重大风险源，具体表现为：人员存在密集流动吸烟、易燃材料堆积堆积、焊接作业点多、医疗易爆高氧设备进场等。

针对火灾重大风险项目从三个方面着手解决：

1）从人员安全行为的角度着手

通过强化人员安全教育，提升消防安全意识。利用现场每日安全喊话、安全交底对防火知识进行针对性宣传教育，同时加强现场消防巡查，减少人员流动吸烟等不安全行为。

2）从物的安全状态着手

通过建立文明施工定时清理制度，做到易燃废料日清日运，严禁现场长时间堆积易燃废料，同时做好灭火器的配备管理，在走廊、进出口、动火点等处均配备足额灭火器材（图 8-54）。

3）从管理的完善性着手

建立安全消防区域负责制，强化区域管控责任，在每个区域均挂设消防安全责任牌，注明责任区域、责任人及联系方式，同时针对医疗制氧设备设置 24h 专班监管，严禁制氧设备 10m 半径内动火（图 8-55）。

图 8-54 灭火器配备

图 8-55 易燃高爆气体 24h 专班防护

8.7.2 施工过程防疫

1. 施工过程防疫管理特点

项目本身作为防疫应急建设工程，建设工作正处于疫情爆发期间，现场人员流动迅速、作业面高度密集，且医院整体采用集装箱拼接模式建造，作业环境相对密闭，人传人风险极大。同时项目采取分区分步移交的方式，已提前移交区域正常收治启用，未移交区域依然大面施工。导致活动区域存在一定交叉，防疫形势极度严峻，项目部秉持“外防输入、内防扩散”的原则，过程中积极开展各项防疫工作。

2. 熟悉疫情传播特性，明确防疫管控要点

首先熟悉疫情传播特性，本次疫情为新型冠状病毒肺炎传播，传播途径主要为呼吸道飞

沫和接触传播，各年龄段均易感，传播能力较强，且具有较长潜伏期，感染病毒的人会出现不同程度的发烧、咳嗽等症状，通过对疫情相关传播途径及发病特性进行分析，将阻断呼吸道飞沫和接触传播作为本工程防疫管控要点，以体温检测异常（≥37.3℃）作为疑似症状研判标准，以佩戴口罩、减少人员聚集作为后期防疫工作开展重点。在办公、生活区等主要场所制作防疫宣传画开展防疫知识教育（图 8-56）。

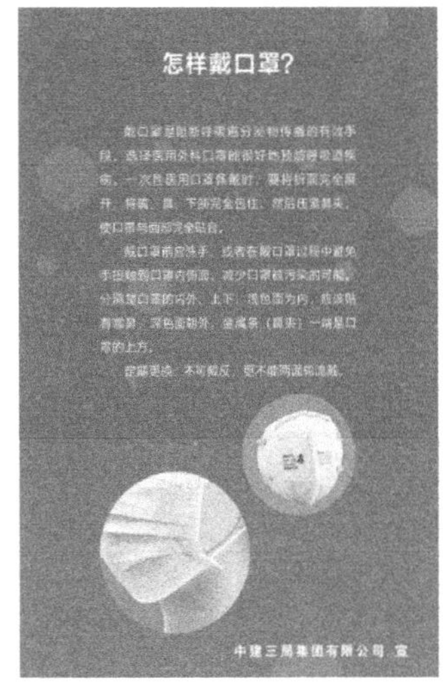

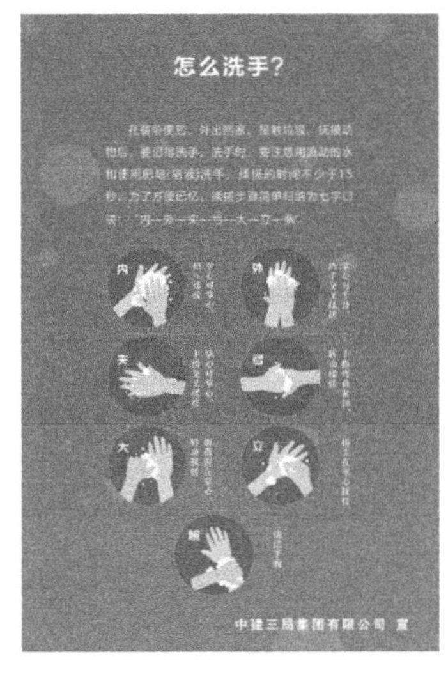

图 8-56　防疫宣传画

3. 建立防疫工作小组，开展属地责任管理

组织是实现管理目标的决定性因素，项目进场立即成立防疫组织架构。中建三局安全总监任总指挥长，中建三局安监部副总经理任副总指挥，统筹协调各参建单位防疫工作小组。

积极采用属地化管理模式，明确各单位项目经理作为项目防疫管理工作第一责任人，负责全面领导开展项目防疫工作，项目办公区、生活区卫生防疫工作应由各单位后勤主管负责，施工现场作业区防疫工作由各单位安全主管负责，项目防疫物资供应及补给由各单位资源主管负责。

通过明确各自“疫情防区”，清晰责任管理边界，有效落实属地管理，做到了各自“防区”内守土有责，高效开展防疫工作的目的。

4. 建立防疫制度流程，编制疫情应急预案

首先编制了施工现场防疫管理制度，明确防疫检测管理流程，强化体温检测（图 8-57）。

同时坚持以防疫不利突发情况为假设进行预案应对，编制《新型冠状病毒感染肺炎防控应急预案》，备足各类应急资源。如：现场隔离观察室、应急转运车辆及司机、附近定点医院绿色就诊通道等。

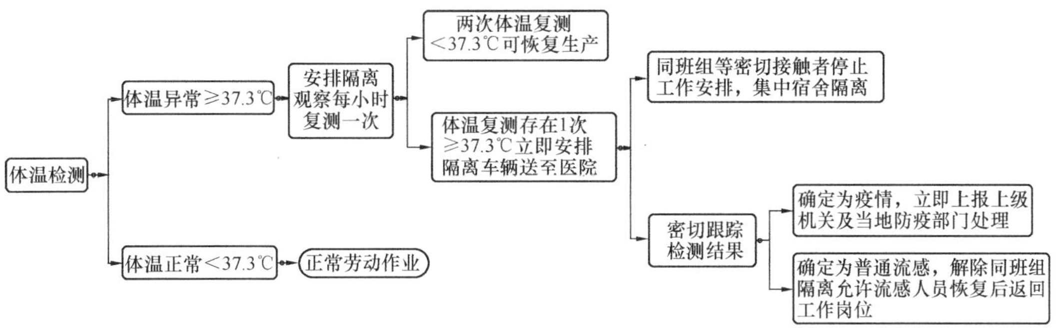

图 8-57　测温流程图

5. 进场与检疫相融合， 保障人员健康入场

防疫期间，严把人员健康入场关。将实名制进场与检疫相融合，所有新进场人员必须先在安监部进行实名登记，接受疫情问询和防疫教育，排除存在疫情病人密切接触史，开展体温检测，正常后领取劳保用品及医用口罩进场作业，通过确保入场防疫筛查、宣教、检测到位，有效减少疫情流入概率（图 8-58）。

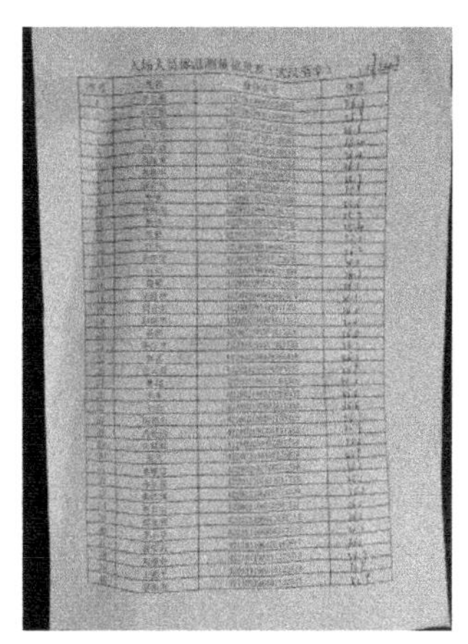

图 8-58　进场检疫及登记

6. 考勤与疫检相挂钩， 确保场内检测覆盖

项目作为应急工程，采用成本加酬金的合同模式。现场人员出勤作为分包对总包、总包对业主的结算依据，安监部将每日测温记录作为分包作业人员出勤依据，有效保障场内作业人员每日防疫测温及口罩发放全覆盖（图 8-59）。

7. 开展 “五八二四” 防疫密码， 实施四道防线层层阻击

为有效监控阻击疫情，积极运用“五八二四”防疫密码：5 台红外线测温仪、8 处现场测温棚、20 名流动防疫检测员、4 次分时测温，构建场内四道防疫战线（图 8-60）。

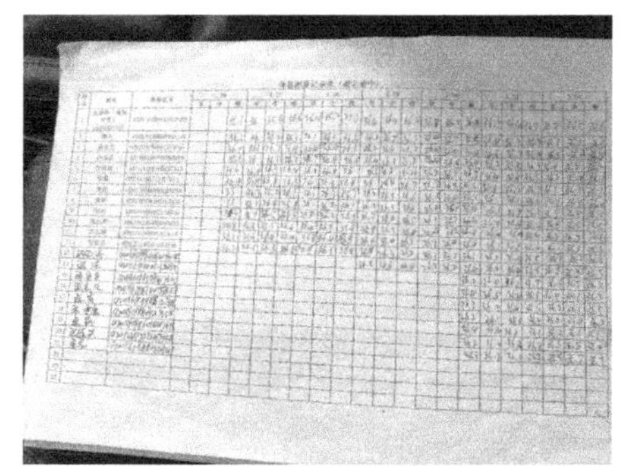

图 8-59 过程测温现场及体温监测记录

图 8-60 防疫措施

第一道防疫战线：项目租赁 5 台远红外线测温仪，在宿舍、办公区、食堂等人员密集场所搭建防疫安全通道，对进出人员进行扫描测温，严防体温异常人员进出，保障密集场所人员安全。

第二道防疫战线：现场根据总平布置，在茶水间、工具仓库等作业面人员较集中区域设置 8 处测温棚，并邀请工程局医院专业医师定点指导，当作业人员感觉身体不适可第一时间进行问诊，由医师给予诊断意见。

第三道防疫战线：现场建立安全防疫流动巡查，20 名流动防疫检测员配备安全应急测温背包，背包内配备有测温枪、录音喇叭、对讲机、医用口罩、消毒液、外伤应急医药包等物品，随身现场巡查测温，并且强化过程防疫教育督导，督促一线人员正确佩戴医用口罩、减少就餐聚集等，引导工人规范习惯，避免病毒传播可能。

第四道防疫战线：利用每日工人上下班、吃饭休息间隔，对现场工人开展 4 次分时测温，形成相关测温记录，提高场内人员防疫检测频率，同时对作业场所进行不少于两次的消杀工作。

8. “5＋3” 式离场告知，提供人员追溯轨迹

施工现场作业人员离场采取“5＋3 工作法”。

做好 5 项登记：姓名、身份证号码、手机号、离场体温、劳务队/公司简称，为后期突发情况做好可追溯依据（图 8-61）。

三项自律告知：居家自行隔离、不要外出走动，与家人保持距离、分餐分住，讲究卫生。

同时对退场体温检测若发现体温异常人员，则采取相关班组及密切接触人群就地进行医学隔离观察。

人员离场检测、告知表

所属分包：________　　检查时间：2020 年　月　日

一、离场人员三项纪律

所有离场人员要认真遵守三项纪律：1.返回后自行居家隔离，至少 14 天；2.不外出、不访友、不串门走动；3.与家人保持距离，分餐分住，讲究卫生。

二、注意事项

序号	姓名	身份证号	手机号	离场温度	离场去向
1					
2					
3					
4					
5					
6					
7					
8					
9					
10					
11					
12					
13					
14					
15					

单位/班组负责人确认（签字）：________

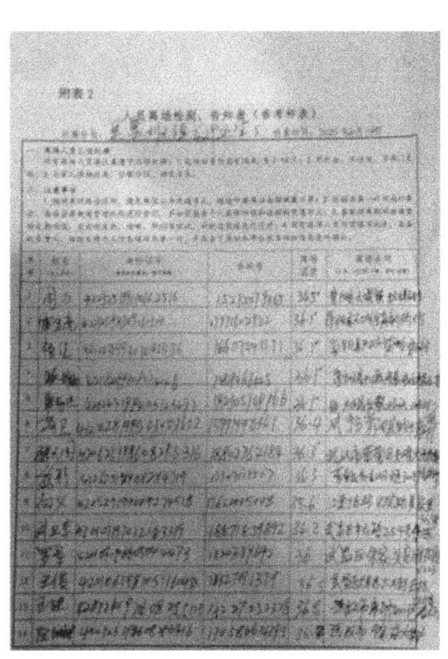

图 8-61　离场告知表

9. 1 号病房区提前使用防疫

项目采取分区分步移交病房区，1 号病房区作为首先完工提前移交至院方收治新冠肺炎患者，与其他施工区域存在一定交叉。项目严格按照严封闭、强隔离、重监管的原则，采取了如下防疫措施：

1）对病房区室外采用硬质围挡进行封闭，对室内等联通走道加设隔离墙，形成与未完工区域有效封闭、隔离。

2）对院区交叉进出通道采取错峰通行，在医院车辆进出时段对道路施工人员进行疏导

撤离，同时车辆经过后对沿线进行全面喷洒消杀，确保道路安全。

3）将医院交叉施工作为现场防疫监管重点，安排专人专班分别在现场交叉区域和交叉道路24h值守，防止存在医院和现场人员相互窜流等突发事件，切实确保医院交叉施工防疫安全。

8.7.3 维保运营期间防疫安全

1. 维保运营期间防疫管理特点

火神山医院项目顺利移交后整体转入维保运营阶段，随着新冠肺炎患者的成批收治，以及建筑功能的全面投入启用，期间防疫管理难点转为维保人员工作期间的自身防疫安全，火神山医院建筑自身隔离、消杀等设施的正常运行及维护，以及相关维保作业流程的安全性上。项目力求针对以上难点开展多角度综合管理，确保运营期间各项防疫工作全面落实到位。

2. 维保人员防疫安全

为保护维保人员不被感染，安监部制定严格的人员进退场安全防疫流程，规范维保人员住宿、体温检测、安全交底、防护用品穿戴检查及退场消杀等工作，强化自我保护意识，提高防感染措施。对进退场主要采取四项重点工作：

1）设置单间，实施一日双报制。对所有维保人员实施单人单间住宿，减少人群接触；发放电子测温计，每日自行测温，实施个人体温一日双测双报，发现体温异常人员及时监测就诊。

2）实施每日体温复测。对维保人员设置专门实施人员进、退场体温复测，并形成记录。

3）开展分散式安全交底及防护检查。对维保人员开展班前安全防疫交底及防护用品穿戴检查。

4）执行严格班后消杀工作。每日对维保人员退场实施全身84消杀工作，同时对废弃防护用品统一收集处理。

图8-62　维保人员防疫示意

3. 现场作业采取分区、分级防控措施

火神山医院维保区域分为两部分：①病房区维保；②病房区以外维保。针对上述不同区

域的维保工作，项目部对维保人员采取针对性的、有效的分区分级防控措施。

对病房区维保人员防感染采取“2+2”双重防控措施（即项目+医院两级防护穿戴和项目+医院两级防护检查）。

对进入病房区维保人员，实施两道防护服穿戴。即入院区前穿戴项目部配置的防护用品，项目部开展全方位密封检查；进入病房区前再穿戴医院配置的防护用品，并接受院方医护人员检查，获得允许后再进入病房区维保。

限时工作时间（限时 2h 内）。

维保后再先后开展院方、项目部两道消杀工作。

对病房区以外维保人员防感染实施防护监管加区域限行告知防控机制。对进入院区前实施测温、安全防疫交底及防护用品穿戴检查，在进入院区前提前向院方告知维保区域及人员院区内行走路线，减少维保人员与病毒可能传播路径感染接触，同时在维保中实施严格旁站监督。

4. 运营期间的防疫措施

火神山医院移交后顺利转入运营阶段，为保障院区各项病毒隔离设施的安全运行，项目强化两个方面的重点防控：

1）开展重点区域、设施交底检查。移交时重点与医护人员对各功能区（就诊区、医技区、病房区及缓冲间）及设施使用进行交底，同时定期对医院重要隔离设施、缓冲间、负压病房测试及污染区密封性进行检测，避免医护人员工作外区域被感染。

2）严格执行维保工作防疫管控。进入病房区维保要接受医院防疫各项检查和交底，对维保工具、物资严格执行医院防污染处理要求，进入病房严格执行指定路线和区域工作，服从院方防疫各项要求。

8.8 质量管理

本工程是现代化的特大型传染病专科医院，设计特点是三区两通道的医护与病患隔离，和负压病房、分区气压差的通风系统功能实现。领会传染病医院的设计意图和使用功能，是保证工程质量的管控要点。10 天 5 亿的工程量，且在春节假期期间施工，如何控制赶工和质量之间的矛盾，也是另一大质量管理控制要点。

根据项目特点，建立完善的质量管理体系，切实发挥各级管理人员的作用，使施工过程中每道工序质量均处于受控状态。项目组建质量组专班 20 人，负责巡检和验收交付工作。现场实行两班倒，24h 管理全覆盖，两班人员之间做到有交接，保证工作的连续。

过程管理重点是确保结构安全及水、电、风等各项使用功能的实现。对影响结构安全的原材料、构配件选用长期合作的成熟供应商，做到“四验”“三把关”。对隐蔽工程做到 24h 各方责任主体的管理人员全覆盖，全过程见证，发现问题同步整改，上道工序完工即验收合格，工序衔接不间断。

强化最终交付验收和维保工作。严格执行交底制度，组织人员了解、熟悉交付标准、需求，编制《验收交付注意事项》并交底，内容包括设计基本要求、传染病专科医院功能要求、图纸变更点、卫健委医疗方面的需求、院方的具体要求、现场质量通病问题等。统一思想，确保全员冲着一个目标去努力。遗漏缺失是最大的质量问题，通过列分部分项清单、房间内交付清单、系统验收清单进行工作销项，确保无遗漏，全方位满足使用功能及局部交付条件。成立维保团队，交付后立即开展相关维保工作，为医院运营提供有力保障。

8.8.1 工程质量设计特点及重难点

1. 工程质量特点

本工程质量特点主要有 2 大方面：第一，传染病专科医院的特殊要求；第二，应急工程工期极短。传染病专科医院的特点有：空间密闭性要求高、分区压力梯度控制要求高、负压病房排风过滤要求高、污水排放及处理要求高、场地雨水防污染要求高、不间断供电要求高、弱电信息化要求高等。应急工程的特点有：选用集装箱式板房、多专业密集交叉施工、过程验收不间断施工、维保持续保运营等。

2. 工程质量难点

本工程质量控制重难点主要有 2 大方面：第一，医院工程特殊要求对工程质量控制要求高；第二，极短工期下，为确保进度履约如何平衡做好质量管控。

1）密闭性要求高

传染病医院平面布局的基本要求是“三区两通道”，三区是指清洁区、半污染区和污染区，两通道是指医务人员通道和病人通道（图 8-63）。

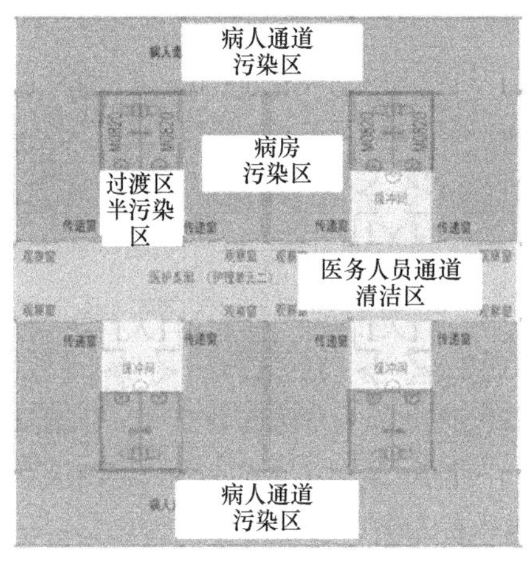

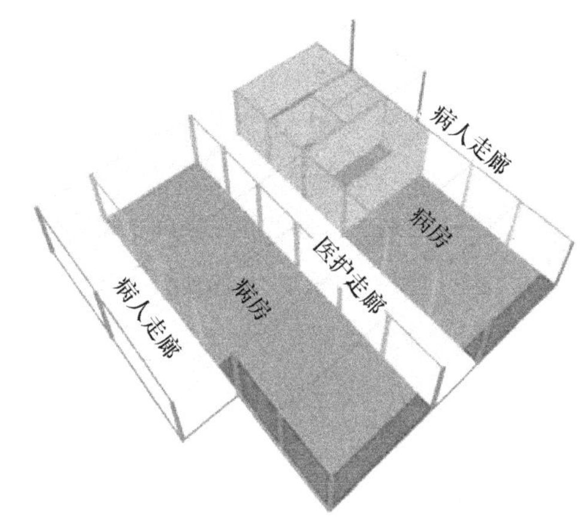

图 8-63 三区两通道设计

医院建筑平面在分区划分时考虑到医务人员要有自己的清洁工作区和对应的连续通道，进而采用鱼骨状形式。在平面布置上正中间的一条轴便是清洁区和医务人员通道，中轴两侧的布置都是病房单元，病房单元中的病房为污染区。在清洁区与病房单元之间是半污染区，即医护人员和病房接触的过渡段，医护人员的很多工作都在半污染区里完成。病人通道在每个护理单元的外侧。病人通道与医护人员的通道是各自独立的，以确保医护人员不被感染。

要实现三区两通道的医护与病患隔离，和负压病房、分区气压差的通风系统功能实现，考虑到传染病医院的特殊性，对于该类集装箱式建筑，打胶塞缝形成密闭性空间成为一项重难点工作。

2）有组织送风排风形成分区压力梯度防止医患交叉污染

传染病医院平面布局的基本要求是“三区两通道”，通风设计按照清洁区、半污染区和污染区设置独立的空气环境的机械通风系统，实现各个区域不同的空气压力梯度，污染区（病房及病员通道）为负压区，半污染区（护士站、处置治疗室）为微负压区，清洁区（办公室、值班室）为正压区。保证气流沿清洁区→半污染区→（缓冲区）→污染区→室外的顺向流动，杜绝逆向流动或乱流。

保证负压隔离病房与其相邻的缓冲间、走廊压差，应保持不小于 5Pa 的压差。其优先级是首先保“质”，也就是压力梯度的关系要对，其次保“量”，也就是压差关系的数值要基本符合规范要求。

3）负压病房通风换气形式

火神山医院的病房分为三类：30 床的 ICU 病房、48 间标准负压隔离病房，其余全部为分区负压隔离病房。依据不同的病房治疗病人对新风量需求选取合适的换气次数，根据方便维护保养的原则将分区负压隔离病房排风过滤器设置在风机端，ICU 及标准负压病房设置在系统末端。

病房内的气压要低于病房外的气压，外面的新鲜空气可以流进病房，病房内被患者污染过的空气就不会泄露出去，而是通过专门的通道及时排放到固定的区域。病房里所有的缝隙都要用玻璃胶填满，外面再用锡箔纸二次封闭，负压病房可以有效阻止房间内的污染源流通到外面去。对通风系统流线的设置、不同病房换气次数的设置是通风系统质量管理的重点。

集装箱体采用浮桥的设计概念，利用轻型钢架摆放在防渗透地面上，再以其为基础装配负压隔离病房。此设计方案极大地提升了建造速度，而且地面与房子之间形成了架空空间，为负压病房的隔离换气乃至下送风提供了施工方便，为上下水管、电缆线综合布线及建筑物的通风隔潮，提供了第二通道，满足功能需求。

4）分类收集、分区排水

火神山医院将医技、病房及 ICU 定义为污染区，在污染区内的盥洗、洗浴废水及卫生间粪便污水均归为污染区排水。医护人员可以只穿工作服的清洁走廊及办公区定义为清洁区，在该区内的盥洗、洗浴废水及卫生间粪便污水均归为清洁区排水。污染区的污废水与清洁区污废水分流排放，且污废水各自独立排到预消毒池。

确保清洁区与污染区排水系统不混接，污染区排水能够正常经过消毒池处理，是排水系统施工质量管理重点。

5）场地雨水全收集集中消毒排放

场内雨水有带污染源可能，为避免雨水下渗，与地下水系统发生交换，带来地下水污染风险，项目用地内满铺 HDPE 防渗膜与知音湖水系完全隔离。室外场地雨水的径流（雨水排水方向）组织为快速排向雨水口，通过管道集中收集消毒排放，减少地表雨水径流对知音湖水体的污染风险。

场内满铺 HDPE 防渗膜的连接密闭性，以及场内雨水全收集系统可靠性，是雨水处理系统施工质量管理重点。

6）低压配电四路不间断自动切换要求

根据本项目建筑特点，负压通风 24h 不间断。每个功能单元均设置一台箱式变压器，按使用功能或就近原则两两组合，形成互为备用，每两单元按总要负荷容量配置一台柴油发电机作为应急电源（ICU、医技楼等总要负荷容量较大单元每单元均设置 1 台柴油发电机作为应急电源）。因建设周期短，低压配电采用成平箱式变电站，难以实现变电站母联联络，因此本工程对重要负荷采用两级 ATSE 实现双路市政电源和柴油发电机应急电源的接入。

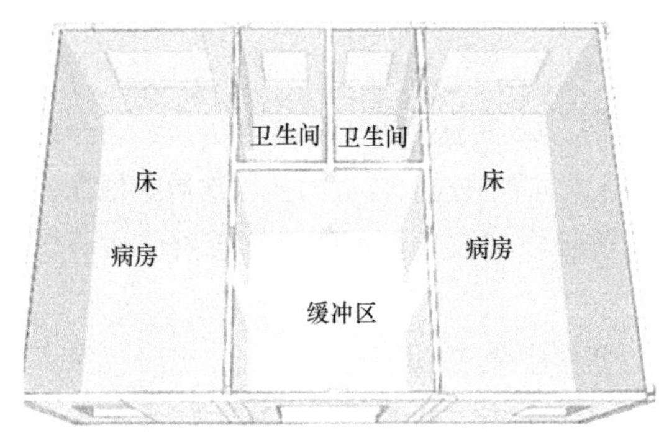

图 8-64　护理单元标准模模块示意图

在临时断电情况下，备用电源或柴油发电机如何能够及时切换，确保院区正常供电，是电气系统施工质量的管理重点。

7）装配式集装箱防水施工难度大

基于项目的急迫性，整个建筑结构采用模块化设计（图 8-64）。集装箱房屋是装配式建筑的一种形式，是将传统房屋以单个房间或一定的三维建筑空间为建筑模块单元进行划分，其每个单元都在工厂内完成预制且进行精装修，各单元运输到工地进行装配连接，是一种新型建筑形式，其现场施工的周期可以压缩到非常短。

集装箱装配式房屋，在集装箱拼缝处的防水处理及穿楼面管道处的防渗漏处理是质量管理的重点及难点。

8）多专业穿插施工质量管理难度大

本项目包括结构、建筑、装修、机电、市政、环保、医疗等多个专业穿插协作，相互之间关联性强，容易相互影响制约。

9）短工期下质量管理难度大

最快速度领会传染病医院的设计意图和使用功能，是保证医院工程质量的关键点。10 天 5 个亿的工程量且在春节假期期间施工，施工人员素质参差不齐，很多非专业人员，效率低、时间紧、任务重。

8.8.2 质量管理体系

1. 质量管理组织机构

根据项目特点，建立完善的质量管理体系（图 8-65），切实发挥各级管理人员的作用，使施工过程中每道工序质量均处于受控状态。项目选派经验丰富的骨干力量 300 余人，其中质量组专班 20 人，负责巡检和验收交付工作。现场实行两班倒，24h 管理全覆盖，两班人员之间做到有交接，保证工作连续。

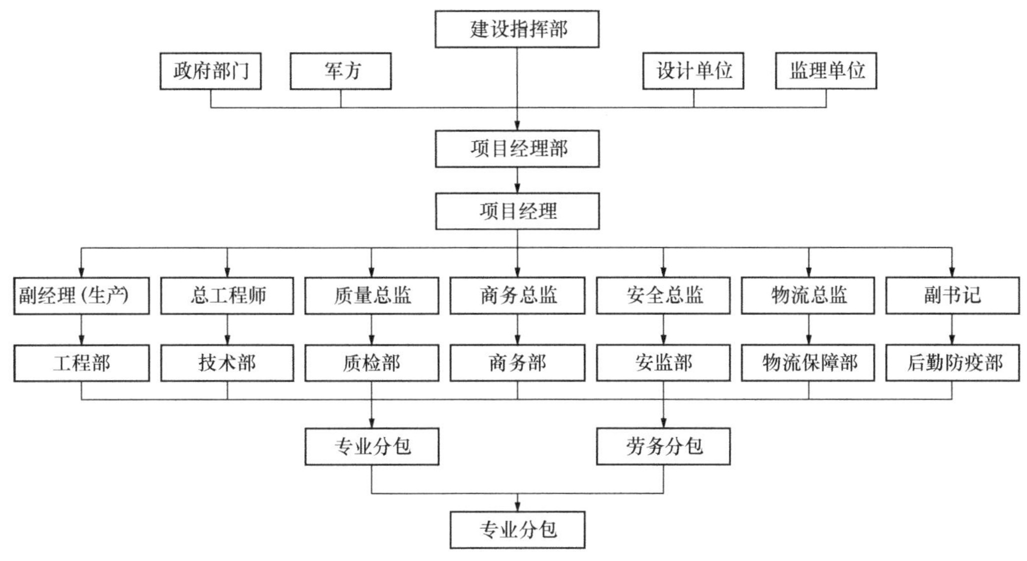

图 8-65　质量管理体系图

2. 质量管理制度流程

1）原材料、构配件

原材料、构配件的质量，尤其是用于结构施工的材料质量，将会直接影响到整个工程结构安全。项目处在春节特殊时期，且施工节奏超快，不能做到原材料复检。故在各种材料进场时，一定要求供应商随货品提供相应的质量检验合格证书和出厂合格证，对集装箱房、钢筋、混凝土选用长期合作的成熟供应商，在材料供应和使用过程中，必须做到“四验”“三把关”，即“验规格、验品种、验数量、验质量”，材料验收人员把关、技术质量试验人员把关、作业人员把关，以保证各种材料均是合格优质的材料。

2）隐蔽工程

隐蔽工程属于特殊工序，它对工程的质量影响很大，我们对每项隐蔽工程都严格把好质量关，现场做到 24h 管理人员（施工员、质检员、监理员）全覆盖，全过程见证施工过程，在经判定合格认可后，不间断地转入下道工序施工。同时施工过程严格控制，每一道工序都要满足规范要求。

3）制度保障

严格执行交底制度：分项工程施工前必须向作业人员进行质量交底，讲清该分项工程的设计意图、功能要求、技术标准、施工方法和注意事项等。

实行质量否决制度：成立质量管理小组，选派具有资质和施工经验的技术人员担任项目质量管理工作，具有质量否决权、停工权和处罚权，凡进入工地的所有材料、半成品、成品，必须经检验合格后才能用于工程，对分项工程质量验收，必须经过核查合格后方可进入下一道工序。

实行样板引路制度：工序施工前应在实体部位进行实体样板施工，由监理单位确认后方可展开大面施工。

8.8.3 过程质量管理措施

1）材料验收：因本工程施工周期在春节期间，材料及设备供应商相关业务部门尚未正常复工，很多材料如钢筋、混凝土、集装箱、电线电缆等无法提供材料合格证明，现场采取进场材料直观验收，查验原材料品牌、尺寸、加工品质等，参验各方形成统一意见，留存台账及验收记录。

原材料、构配件的质量，尤其是用于结构施工的材料质量，将会直接影响到整个工程的结构安全。项目处在春节特殊时期，且施工节奏超快，不能做到原材料复检。故在各种材料进场时，一定要求供应商随货品提供相应的质量检验合格证书和出厂合格证，对集装箱房、钢筋、混凝土选用长期合作的成熟供应商，在材料供应和使用过程中，必须做到“四验”“三把关”，即“验规格、验品种、验数量、验质量”，材料验收人员把关、技术质量试验人员把关、作业人员把关，以保证各种材料均是合格优质的材料。

2）工序验收：某道工序施工完成后，首先进行自检，自检合格后报该区域监理工程师验收。过程管理重点是确保结构安全及水、电、风等各项使用功能的实现。

3）隐蔽验收：隐蔽工程属于特殊工序，它对工程的质量影响很大，我们对每项隐蔽工程都严格把好质量关，现场做到24h管理人员（施工员、质检员、监理员）全覆盖，全过程见证施工过程，在经判定合格认可后，不间断地转入下道工序施工。同时施工过程严格控制，每一道工序都要满足规范要求。

钢筋、水电预埋、室外管网等隐蔽工程隐蔽前，由施工单位自检合格后报监理工程师验收，留存过程影像资料，并做好相应记录。

4）现场为加强过程管理，每个区分别组织各专业质量管理负责人，每4h组织一次过程验收，按照预验收模式利用预验收表格，对现场每间房逐间进行查看，将现场现有的未完事项和质量问题进行汇总，及时上传至各工区负责人进行销项管理。

5）质量检查小组对各专业专项问题单项进行检查汇总，如封堵问题，每小区每间房检查封堵并进行汇总汇报。

6）验收基本要求

（1）基本要求：完成图纸中涉及的所有施工内容，包括供水、排水、供电、照明、新风排风、空调、智能化、消防等，各专业系统健全、完善，且具备使用功能，需逐个房间清查图纸内容落实情况。

（2）清理工作：楼层内多余材料、垃圾同步清理完成，地面、墙面等部位杂物、泥沙等清理干净。

（3）密闭性：病房、缓冲间、卫生间、走道、护士长等房间周边缝隙封闭严密，气密性好，达到密闭要求，病房、卫生间达到负压标准。

（4）防水工程：屋面防水、排水施工质量管理，集装箱板房间的雨水盖缝板及其密封胶施工，屋面、雨落管周边的密封性，需加强过程检查控制。现场按照《屋面雨水管隐蔽工程验收记录表》《屋面淋水试验记录表》中的相关要求严控过程验收。

（5）成品保护：工期短工程量大，大量的交叉作业，需做好成品保护工作，确保各项已完成的装饰面完好。

（6）工程资料：由于项目施工在春节期间，且施工节奏非常快，原材料质保资料仅需提供合格证或材质证明书即可。完工后提供反映结果的检验检测资料来复核工程施工质量是否满足设计要求。

7）传染病医院院方特殊要求

（1）密闭性：医院设计定位为现代化传染病医院，采用三区两通道＋负压排风设计理念，对污染区、半污染区、安全区之间和负压病房的密闭性要求非常高。也是降低医护人员被感染的几率，保障医护人员生命安全的必要措施。现场通过打发泡剂、打密封胶、贴密封胶布等手段来实现空间的密闭性要求。

（2）门和门锁：门扇的开启方向为消防逃生方向，门锁的便捷锁扣在医护人员一侧。便于管理和保护医护人员的安全。

（3）排污要求：场内满铺 PE 膜，防止污水向外界渗漏；场内生活污水需独立的污水处理系统，达标后外排；场内污水井、管道清理干净，防止因施工未清理堵塞；污水井完工后，井盖需用密封胶完全封闭，防止外泄和误开。

（4）供电要求：传染病医院除手术需求不断电，更重要的是通风系统不间断。医院两路市电＋一路 UPS＋一路柴发，两级四路不间断自动切换电源，需安装调试到位，确保无误。

（5）无障碍设施：污染区、半污染区需无障碍坡道畅通，通道门的宽度需满足需求。

8）军方验收要求

（1）地漏安装完成，并通过试水实验；

（2）地面排水完成，并通过试水实验；给水排水通过压差实验，详参《建筑给水排水及采暖工程施工质量验收规范》GB 50242—2002；

（3）水系统管道冲洗后检测，水质达到国家标准，详参《生活饮用水卫生标准》GB 5749—2006；

（4）高效过滤器性能和安装质量符合设计要求，原位测试合格；产品说明、资质符合国家要求；

（5）污水处理后检测达到排放要求；

（6）负压病房水管倒流防止器；

（7）空调系统风管符合严密性实验要求，即《洁净室施工及验收规范》GB 50591—2010，系统通风验收符合《通风与空调工程施工质量验收规范》GB 50243—2016 要求，具有手动控制优先模式；

（8）负压传感显示器和压力失控报警系统测试；

（9）联动门传递窗测试；

（10）废气排放和负压吸引管道，气密性实验；空气压缩机和负压吸引备用机组；供气管道强度和严密性测试；

（11）环境指标测试：送风量、新风量、排风量和不同区域气流流向测试，静压差、温度、湿度、噪声、照度，病房气流流向符合《洁净室施工及验收规范》GB 50591—2010；

（12）放射设备需环境评价；

（13）工程需与卫健委配套医疗设施同步移交，共同验收。

8.8.4 质量保证措施

1. 质量通病防治措施

1）集装箱拼接精度问题。防治措施：对混凝土地基面层标高进行复核，吊装过程使用垫片进行微调；吊装后使用千斤顶进行调校，就位后使用锁具对箱体进行固定。

2）集装箱屋面渗漏问题。防治措施：集装箱箱体间做防水加强；屋面整体增加一道防水卷材；屋面开洞部位加强细部处理；增加斜屋盖排水、防水。

3）集装箱二层卫生间渗漏问题。防治措施：增加防水卷材，加强卫生间整体防水；对卫生间阴角打密封胶进行加强；除地漏外，避免在地板上开洞。

4）集装箱室内预装的电线头裸露问题。防治措施：综合布线前拆除原集装箱内电线、线盒；交付前，电气专业统一检查，剪除多余线头。

5）卫生间地漏排水不畅的问题。防治措施：积水严重的房间增加地漏排水；增加卫生间防水地垫；或贴地砖找坡排水。

6）天花板污染、缺失问题。防治措施：局部综合布线需要拆除天花板，应注意成品保护，避免人为污染或破坏；适当补充集装箱天花板同种材料，专业工人进行恢复。

7）洁具立面靠墙一侧脱胶问题。防治措施：卫生间、缓冲区等洁具周边区域地板需加固处理，减小因人的荷载发生的较大变形；洁具立面固定采用卡箍、支架等机械连接方式，不能依靠打胶连接固定。

8）门窗安装变形问题。防治措施：门窗洞口开洞需定位准确，并认真对开洞尺寸进行现场交底；门洞底部墙体 U 形槽割除后需在两侧墙根部增设固定点；门洞边需增设 U 形包边板提升门安装稳定性；门框安装先用自攻螺钉与 U 形槽固定，再用发泡胶填塞，保证稳固，不歪扭，并核查门扇开关状态。

9）污染区与半污染区缝隙问题。防治措施：隔离区与半隔离区之间墙板缝隙和洞口缝隙，大的缝隙用泡沫胶填实，小的缝隙用结构胶一次性成型，然后分别用锡箔纸进行粘贴，确保完全无任何缝隙。

10）成品保护问题。防治措施：入场前对劳务人员进行详细交底，避免不必要的交叉破坏，加强管理人员巡视监督，对薄弱易破坏环节着重交底、重点旁站，对已完区域实行封闭管理、合理分隔。

2. 传染病医院特殊质量要求防控措施

1）PE 膜成品保护问题。防治措施：区块施工，接头不小于 1m 宽，并做保护措施；结构底板施工，边模加固不得穿刺 PE 膜；PE 膜施工后不得上大型机械设备。

2）负压病房和分区之间封闭不严的问题。防治措施：超过 50mm 的缝隙用隔墙板封闭；10～50mm 的缝隙先使用发泡剂填充后，面层用锡纸胶带封闭；小于 10mm 缝隙先使用发泡剂填充后，面层用密封胶封闭。

3）门锁开启方向错误的问题。防治措施：对病区的施工功能进行交底，理解分区和房间的使用功能，确保门锁开启方向正确。

4）病房负压不达标的问题。防治措施：病房同时有新风和排风，要确保排风量大于新风量；确保房间密闭性达标；确保排风阀门开启灵活，排风过滤不堵塞。

5）室外排风口朝向错误问题。防治措施：室外排风口朝向避免对人行通道；排风口高度需满足规范要求。

6）设备带质量问题。防治措施：氧气和吸引口检查是否正确，避免装反；氧气和吸引，需检测气压满足要求；确保开启灵活，接口平顺；床头呼叫的编号需核对，音量需调校。

8.8.5　验收与移交

1. 竣工验收

强化交付验收：组织人员了解、熟悉交付标准、需求，编制《验收交付注意事项》并交底，内容包括设计基本要求，传染病专科医院功能实现的要点，图纸变更点，卫健委医疗方面的需求，接收方的具体要求，现场质量问题等。统一思想，确保全员冲着一个目标去努力。

1）验收组织：竣工预验收由监理单位组织，竣工验收由建设单位组织。

2）验收标准：本着实事求是的原则，从以下方面予以查验：检查项目是否按图施工，是否完成图纸内容；是否满足使用要求；是否安全可靠；参考过程照片、录像等电子文档。

3）验收程序：

（1）建设、施工、设计、监理单位分别汇报工程项目建设的质量状况、合同履约及执行国家法规、强条的情况。

（2）鉴于项目的特殊性，检查验收过程中，工程实体质量的抽查必要时可以项目建设实施过程中的相关影像资料作为依据；检查工程建设各方提供的竣工资料。

(3) 对竣工验收情况进行汇总讨论，形成单位工程竣工验收结论，填写单位（子单位）工程竣工验收记录，验收组各方代表分别签字、盖章，形成竣工验收会议纪要。

4) 验收内容：

因本工程特殊性，工程验收未采取常规项目十大分部工程验收，而是结合使用功能，分12个专业进行验收，包括建筑专业、结构专业、给水排水专业、电气专业、智能化及弱电专业、暖通空调专业、医疗气体专业、污水处理系统、园林绿化专业、室外道路专业、室外雨水系统、附属设施。

5) 正式竣工验收前，总包单位组织预验收，全面排查质量问题并填写《火神山医院住院楼预验收检查表》，将预验收问题整改完成后再组织竣工验收。

2. 工程移交

2020年2月2日，武汉火神山医院工程完工后，由武汉市市长和联勤保障部队在武汉火神山医院签署互换交接文件，工程交付手续完成，标志着火神山医院正式交付人民军队医务工作者。

依据国家房建和市政工程规范，结合应急工程实际情况。编制适合本工程的全套验收要点检查表，多方确认验收。

第 9 章

工程维保

医院投入使用后，因建设工期较紧，功能还需持续完善，加上使用功能特殊，维保工作也是后期的重点。成立交付后工程维保团队，立即开展相关维保工作，为医院运营提供有力保障。

9.1 维保重难点分析及对策

参见表9-1。

维保重难点分析与对策 **表9-1**

序号	重难点	对策
1	进出院区及污染区卫生防疫管理是维保工作管控的难点也是重点	1. 加强维保人员卫生防疫知识培训，同时联合院方对维保人员进出院区及污染区规程进行培训，经培训合格后方可进入院区开展维保工作； 2. 根据院方要求，固化进出院区及污染区标准化流程； 3. 做到五到位：进出院区及污染区人员交底到位、防护用品佩戴到位、专人检查到位、离场前洗消到位、病区维修使用后的材料工具处理到位； 4. 制定防疫应急预案，建立维修人员作业台账，对于作业人员在病区环境下暴露或者维修作业后出现有咳嗽、发热、乏力、呼吸困难或有其他身体不适等症状，立即启动应急预案
2	维保工作涉及对接科室多达17个，协调工作量大	1. 成立项目维保工作领导组，对维保工作进行全过程、全方位统筹； 2. 设置工作组安排专人负责科室的对接和协调工作，建立工作群，工作组将维保任务和计划及时发布； 3. 规范维保工作业务流程，加强过程管理和协调，工作组全过程检查督促，提升工作效率
3	维修工作每天只能进入病区一次，一次只能进入3个人，每次只能工作3个小时，维修工效低	1. 工作组做好维修任务统筹管理，维修计划安排尽量做到维修人员3小时工作安排饱满，提高效率，减少进出病区次数； 2. 维修工作尽量安排在中午13：00开始的时间段，进场维修部位的维修方案准备、材料工具设备准备到位，确保一次维修完成，避免遗留尾巴； 3. 与院方加强沟通协调，保证维修作业面具备条件，避免进场后因院方使用造成无法作业
4	本工程为赶工项目，遗漏项多，主要表现为门锁、封堵、防水、马桶疏通、热水器不热、锅炉无开水等问题，尤其是安装专业维保工作量大	1. 加强现场排查，进行立项销项管理，按照“轻、重、缓、急”的要求进行分类，制定销项计划； 2. 销项计划由专人负责，对于既重要又紧急的问题，由维修专业组负责人靠前管理，亲自牵头负责； 3. 加强与院方使用科室沟通协调，了解院方使用过程中的功能需求，全力做好维保服务； 4. 针对问题较多的安装专业，按照1～4号楼四个分区安排独立团队维修，按照交付后一周、交付后两周、交付后两周以后三个阶段制定维保任务目标，逐阶段销项
5	屋面防水和卫生间地漏是重点	1. 重点排查复合屋面板交接部位、屋面设备基础部位、出屋面管线开洞部位、外墙板穿管线部位细部节点处理； 2. 后续屋面维修工作注意防水保护，对于不可避免的屋面后开洞作业，应及时报备维修组，安排专业防水人员进行修补； 3. 复杂防水节点处理或具有普遍性渗漏节点由技术部门出具专项维修方案后，按方案实施

9.2 维保工作

9.2.1 现场工作流程

维保工作成立物资保障组、工作组、操作组、后勤保障组，主要工作流程如下（图 9-1）：

1）以工作组为核心，全面牵头维保具体工作内容。由工作组负责与军方各科室负责人对接，获取维保任务，形成维保任务台账。

2）编制每日维保工作计划，厘清当日维保工作所需的劳动力、材料、机械及防护用品计划，发至工作群，通知物资保障组及后勤保障组准备相应资源，并发商务部备案。

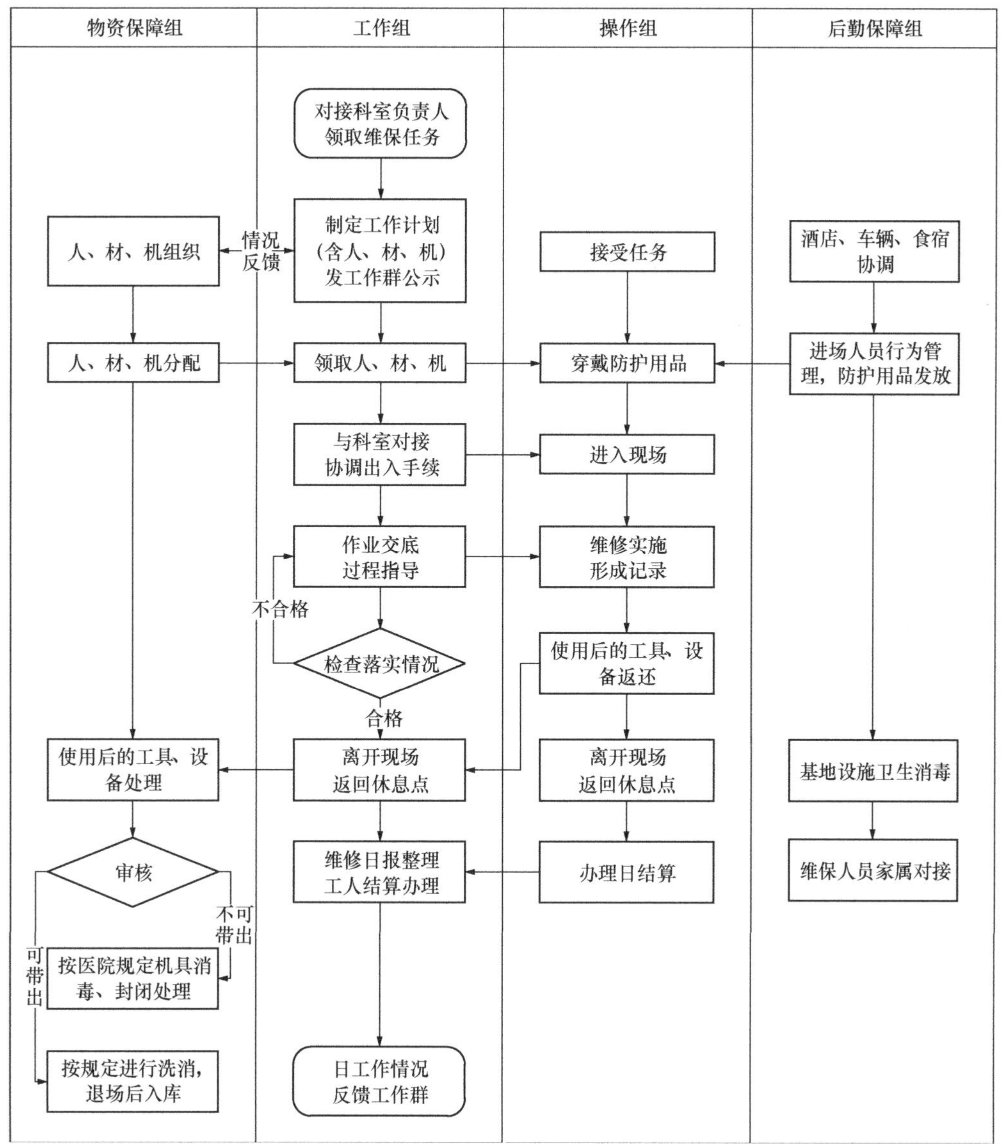

图 9-1　火神山医院维保工作流程图

3）物资保障组按照维保工作计划准备相应人、材、机资源，后勤保障组按照维保工作计划准备相应的防护用品、酒店、车辆、饮食，并将资源组织情况及时反馈给工作组，便于工作组及时调整工作安排。

4）工作组楼栋负责人及专业负责人每日找物资保障组及后勤保障组领取人、材、机及劳保用品，机具及劳保用品发放至每个进入现场的人员，并形成发放记录，便于盘点。

5）工作组楼栋负责人与科室负责人对接，协调进入现场的通行手续后，方可带领作业人员进入现场。进入现场前，须对作业人员做好安全防疫交底。

6）工作组楼栋负责人及专业负责人进入现场后，对作业人员进行工作分工及施工交底，明确作业内容、部位、标准及注意事项。

7）作业人员按照管理人员交底进行维修操作，每一项维修内容形成维修记录，作业人员每完成一项内容向楼栋负责人或专业负责人汇报，经管理人员先行自检合格后，再通知科室负责人进行联合验收，确保问题按科室要求落实到位。

8）当日维修工作完成后，作业人员将所有工具按领取记录返还。物资保障组根据工具类别决策，可留在现场的机具则按照院方要求消毒后存放于指定地点，便于后续使用，不可留于现场的机具返还后按照防疫规定进行消毒，登记入库。

9）当日人员退场后，按照公司规定，返回相应休息地点休息待命，并做好每日体检、观察工作。

10）工作组每日负责对当日维保情况进行统计汇总，形成维保日报，领导审核后发至工作群公示。

11）工作组每日与作业人员办理日结算工作，避免劳动纠纷。

12）后勤保障组每日须按照防疫相关规定对基地、酒店进行消毒，创造安全、健康的办公、住宿环境。

13）物资保障组及后期保障组每日编制的日计划报维保领导小组进行审核，将审核完成的计划报公司商务人员，每日工作完成后，将当日消耗的材料、防护用品、后勤保障（人员食宿、车辆运输、住宿）及当日用工情况统计成台账，报公司商务人员。

9.2.2 防疫工作流程

1）指派专人每日对驻场维保管理人员（含管理人员及工人）行程进行跟踪监管，自酒店出发至现场或办公区记录，日间进出现场、洁净区、污染区的记录，回酒店的记录，每人每天行程记录必须完整，行程闭合。

2）所有人员每天行程必须签字确认，包括酒店住宿、乘坐车辆信息、同行人员信息、出入院区信息。

3）指派专人对进入基地维保人员进出场进行体温检测，形成入场人员体温检测记录，受检人签字确认，留存电话。

4）指派专人对在酒店隔离的人员每日进行 2 次体温检测，分别为 8 点、18 点，形成体温检测记录，受检人签字确认。

5）体温检测异常人员需第一时间向维保领导组汇报，采取进一步诊断及治疗措施。

6）指派专人每日对现场办公区、酒店进行消杀，早、晚各一次，拍照留存资料，并形成消杀记录，每日在工作群通报。

7）人员进出现场、办公区均须进行体温检测并全身消毒。

8）进入现场前由工班长进行班前交底，并签字留存，每月组织一次防疫知识培训并留存书面记录。

9）食堂厨师及工作人员必须持有健康证。

10）所有人员严格防护用品发放、领用制度。

11）进入现场防护流程

（1）穿戴流程

穿衣服和拖鞋→手消毒→戴一次性隔离帽→戴防护口罩→穿防护衣→戴手套→换隔离鞋→穿鞋套。完成后可在半污染区工作。进入污染区，需再穿隔离衣→戴手套→穿鞋套→防护眼镜。

（2）脱衣流程

在污染区与半污染区之间缓冲区，脱鞋套→脱隔离衣→脱外层手套→脱防护镜→进入缓冲区，脱鞋套→托防护服→脱手套→摘防护口罩→脱隔离帽→换拖鞋→手消毒→进入清洁区→洗澡、更衣→出医院。

脱防护服过程中各个环节都要进行手消毒，避免污染。

12）防疫用品管理员每天发放防疫用品，形成登记台账，并督促人员规范佩戴防疫用品。

13）落实实名制管理，所有进出现场和办公区的工人及管理人员均须进行实名制信息收集，制作专属维保工作牌。维保期间无工作牌人员严禁进场。

14）施工任务完成后人员安排

（1）组织集中医学观察。利用工地板房、酒店、具备住宿条件且暂未销售和交付的竣工房屋作为集中留观点，严密组织火神山医院现场施工人员到设立的集中留观点进行 14 天的医学观察。设置的集中留观点和医学观察人员名册提前向市城乡建设局报告，市城乡建设局将点位和人员名册提供给市疫情防控指挥部社区疫情防控组，由其协调区疫情防控指挥部将集中留观点纳入所在地社区管理。

（2）加强日常管理。建立封闭运行责任体系和管理制度，安排专人驻点管理；严格落实疫情防控“双测温两报告”等各项制度，定期对集中留观点进行消杀，按规定填写医学观察记录表；切实做好留观人员在医学观察期间的生活保障，加强对留观人员的人文关怀；严禁出现人员聚集、聚餐现象，防止交叉感染。

（3）实行分类处置。参建人员医学观察期满后，按规定进行分类处置。其中，武汉市内（含租住地）人员，凭区医疗卫生部门出具的留观证明，各区疫情防控指挥部协调社区予以放行返回个人居住地，并纳入居住地社区防控管理；同时将个人有关信息向居住社区（村）备案。武汉市外人员（含省外人员），按照武汉疫情防控管理相关规定执行，优先安排在本地从事后续防疫、城市运行等应急项目建设工作。对在医学观察期间发现为“四类人员”的，由所在区疫情防控指挥部进行分类集中收治和隔离，做到应检必检、应收尽收、应隔尽隔。

9.2.3 维保日报及例会制度

1. 维保日报

1）维保日报由专人进行汇总整理，每日18：00前汇总完成。

2）维保日报按统一格式记录，各楼栋负责人将现场问题自行汇总整理后，每日17：00前交由汇总人员汇总。

3）维保日报除当日维保具体内容外，还应包括对问题的归类、分析、人员进出登记、防疫用品发放情况、需协调解决的问题、当日维保照片等内容。

2. 维保例会制度

1）维保例会时间

维保例会每周一、周四18：30组织召开。

2）参会人员

维保组全体人员。

3）维保例会要求

（1）每日例会前，维保日报需完成，在会上进行日报通报，对当日完成情况、未完成项、存在的困难、第二天需准备的资源等情况进行汇报。

（2）总结当日及前期问题共性，后期如何避免或根治，对目前难以彻底解决或反复出现的问题，采取何种方式解决进行探讨。

（3）定期召开例会，所有人员准时参会，无法参会者向组长请假并说明情况，会议发言内容单独向组长进行汇报。

（4）例会纪律须严明，会议期间手机保持静音状态，严禁随意接听电话或离场。

9.3 专业培训、心理疏导及实体防护

9.3.1 专业培训

1）维保管理人员到场后，须接受专业的技术交底，充分熟悉、掌握项目具体情况，负责具体楼栋的人员需充分了解该楼栋图纸、现场实际情况。

2）维保管理人员及工人到场后，须接受安全教育及交底，充分了解防疫相关知识及进入维保现场的施工安全注意事项。

3）每日须对维保管理人员及工人进行班前安全教育交底，强调防疫要求及施工安全注意事项。

4）进入现场的人员需接受防护用品穿戴专项培训，确保防护用品穿戴规范。

9.3.2 心理疏导

1）维保组安排心理疏导员每天需对管理人员进行询问谈话，了解管理人员心理状况，并进行相应的心理疏导，缓解心理压力，确保管理人员心理状态正常。如有心理状况异常者，立即停止其维保工作，进行心理疏导。

2）维保组每日班前对工人进行安全教育的同时，须进行一定的安抚工作，缓解工人的紧张、恐惧、抵触等不良情绪。

3）进入现场后，项目管理人员加强与工人的沟通，及时发现工人心理上的波动，予以安抚和疏导。

4）做好人员防护工作，确保防护用品穿戴到位，从根本上解除人员的紧张、恐惧、抵触等不良情绪。

9.3.3 实体防护措施

1）体温测量：参与维保全体人员每人发放水银体温计一个，早饭、中饭、晚饭后自行进行测温，测温后在工作群中进行上报，专人负责记录（明确具体人员），记录人员制定台账，根据上报情况进行全面统计，每日 18：00 前将统计结果上传工作群。

2）进出场检查：在工作区域入口及基地入口处设置检查点，配备红外语音电子体温计、消毒液，进出工作区域及基地，由专人负责（明确具体人员）进场人员体温测量、身份信息核实、进出信息登记。检查人员每日将人员进出信息及体温测量记录上传工作群。参与维保人员统一办理工作证，无工作证人员不得进入工作区域及基地。如有其他人员进入基地，由检查点人员上报主管人员，主管人员核实同意后，来访人员体温测量正常、防护用品佩戴良好后方允许进入。维修工人不得进入基地，直接由酒店出发，完成维保作业后，再回到酒店。

3）防护用品管理：在基地设立个人防护用品库房，储备防护口罩 300 个、护目镜 150 个、防护服 150 套及便携式洗手消毒液，专人进行管理，建立发放台账，每日对参与维保人员进行防护用品发放。

4）防护用品佩戴：全体人员严格个人防护用品佩戴，进入医院区域人员必须全天佩戴口罩、护目镜，并穿防护服。在医院之外区域需佩戴口罩、护目镜，在酒店房间内可不佩戴。

5）防疫卫生：维保人员从医院离场前需按照医院要求在洗消区进行全面洗消，洗消完成后更换新的防护口罩及护目镜后方允许离场。维保人员进场前尽量少喝水，尽量避免中途去卫生间，如去卫生间，首先在洗消区进行全面洗消，更换新的口罩、护目镜、防护服后方允许重新上岗。离开医院区域后，维保人员注意个人卫生，及时使用便携式洗手消毒液对双手进行消毒清洗，避免使用双手揉搓面部、眼睛等部位。

6）避免人员聚集：除维保操作作业外，严禁有其他聚集活动，需要共同完成的活动应尽可能分别进行。就餐采取分散就餐，不得面对面就餐，其他相关活动人员间距离必须常保持在 1m 以上。

7）消毒措施：安排专人进行消毒，对生活区、办公区、住宿酒店、餐饮区、厕所等部位每日集中消毒不小于两次。所有消毒部位设置消毒记录表，消毒人员消毒后进行登记，后勤组负责督查。

8）宿舍和医学观察区分开设置：维保人员名单有更替时，上一批维保人员将被集体由前期居住酒店转至指定酒店进行隔离观察，确保宿舍和观察区分开设置，防疫“两手抓”，避免人员间的交叉感染风险。

9.3.4 职工及工人保障措施

1）工作轮换：工作组管理人员工作期 1 个月，工作期满后进行工作轮换，维保工人根据医院维保内容及医院要求确定是否需要轮换。

2）轮换隔离：管理人员及工人在工作轮换后进行隔离，隔离期 15 天。在酒店内进行隔离，隔离区实施封闭管理，隔离人员在隔离期内不得随意进出，每日早晚两次体温测量，隔离期间生活保障由后勤保障组负责。

3）培训：进入医院前，维保工作组提前与医院维保人员进行沟通交流，掌握相关要求，联合医院负责人员对维保人员进行培训，经培训合格后允许开展维保作业。

4）食堂用餐：工地食堂必须按规定办理卫生许可证，并张贴在食堂显眼处。每一位食堂工作人员均需按要求持有健康证，并将健康证复印件张贴在食堂显眼处。每一位食堂工作人员在食堂工作时必须规范佩戴口罩。食堂配有专用盥洗设备以及专用消毒洗手液，项目部每日组织工人分批、分散就餐。

分批取餐、分散就餐。尽量安排劳务人员分批次就餐，避免人员过于密集，排队就餐时人与人之间的距离应保持 1m 以上。

工人食堂指派固定专人外出采买，回到项目部后严格落实消毒杀菌流程后，方可进入食堂作业。项目后勤部负责监督采购员的消毒杀菌流程。

9.4 维保风险分级及应急措施

医院机电工程的维保重点是保障各个系统使用安全，功能正常，保障医院救治病人和正常运营的需要。机电工程由以下各系统组成：

1）给水排水系统：给水系统、排水系统、消火栓系统。

2）变配电及照明系统：变配电系统、动力系统、照明系统、备用电源系统（柴发）。

3）通风及空调系统：室外新风系统、室内排风系统、室内空调系统。

4）弱电系统：网络系统、闭路电视系统。

5）供氧及医疗设备系统：室外供氧站、室内医疗设备带。

根据各系统的使用功能、频繁程度、故障影响程度，将机电系统故障风险划分为四类，详见表 9-2。

机电系统故障风险　　　**表 9-2**

序号	风险类别	划分依据	系统类别
1	一类	使用频率高，影响病人或医护人员安全	1. 电力供电系统（主供电系统及医用设备供电回路）。 2. 电力备用电源系统（备用电源切换）。 3. 供氧及医疗设备系统（室外供氧站及室内医疗设备带）。 4. 新风、排风系统（室外新风机及室内排风机）。 5. 消火栓系统（室内消火栓）。 6. 压差监控系统（压差表）
2	二类	使用频率高，影响功能使用	1. 室内空调（室内机及相应电气回路）。 2. 室内热水器（室内机及相应电气回路）。 3. 电力照明系统（普通照明系统及紫外线消毒灯回路）
3	三类	使用频率高，影响舒适性	1. 排水系统（排水主干管及末端洁具）。 2. 给水系统（末端洁具尤其是龙头供电）
4	四类	使用频率一般，影响舒适性	网络系统及闭路电视系统

对机电系统维护保养采取“维护保养与计划检修相结合”的原则，将故障率降到最低，使机电设备正常发挥应有的性能，为医院的正常营运创造一个良好的环境，主要应对措施如表 9-3 所示。

应对措施　　　**表 9-3**

序号	风险类别	应对控制措施
1	一类	1. 电力供电系统。常发故障为电力回路断电、元器件烧毁。一是备足备件，二是增加巡检频率，三是厂家驻场排障。 2. 电力备用电源系统。暂未发生故障，若发生故障，需要工厂及时响应。 3. 供氧及医疗设备系统。常发故障为设备带缺电、设备带无氧气。一是进行供电回路巡检，二是进行供应管道巡检。 4. 新风、排风系统。常发故障为皮带更换、电机烧毁、新风机入口进垃圾。一是备足备件，二是增加巡检频率，三是厂家驻场排障。 5. 消火栓系统。常发故障为消火栓系统无水。加强给水系统巡检频率，及时排障。 6. 压差监控系统。暂无故障，应对措施为日常巡检，及时排除故障
2	二类	1. 室内空调。常发故障为主板烧毁，一是备足备件，二是进行动力回路检修。 2. 室内热水器。常发故障为主板烧毁，一是备足备件，二是进行动力回路检修。 3. 电力照明系统。常见故障为灯管烧毁，一是备足备件，二是值班人员及时更换
3	三类	1. 排水系统。常发故障为管路堵塞，一是告知病房人员不要丢杂物至末端洁具，二是维保人员及时疏通。 2. 给水系统。常发故障为水龙头断水，备足电池（5 号）。花洒损坏，备足备件及时更换
4	四类	网络系统及闭路电视系统。常发故障为电视机坏，应对措施为备足备件，及时排除故障
5	共性问题	各设备工厂响应措施 1. 指定 24h 维保值班人员。 2. 充分准备维修备用零件及维修工具

第10章

思考与启示

10.1 类似应急医疗工程设计与施工建议

10.1.1 总承包管理层面

1. 完善3项机制

1）完善信息沟通机制

（1）建立信息沟通渠道

将所有参建单位及参建人员信息统计完全，形成完整的通信录，便于沟通交流。统一并明确信息沟通渠道，常规信息沟通可约定在建立的微信群或QQ群中发布，重要信息必须通过短信、邮件、纸质签发等进行通知，紧急信息需通过电话沟通、当面传达或会议商定。

（2）划分信息沟通层级

按照信息重要程度、保密程度进行划分，不同的信息传达对象必须分清，该传达的必须传达到位，不得传达的严禁传播。信息对象层级应划分领导决策层、工作执行层。

（3）细化信息沟通范围

避免信息群大而杂、指令源多而乱，分专业、分岗位建立总承包管理群、后勤保障群、资源协调群、技术质量群、交通协调群、现场各区域管理群等，切实做到沟通机制运转正常、及时有效。

2）完善管理组织机制

遵循“公司管总、部门主建、项目主干”的原则，管理模式要清晰，对各层级岗位人员配备齐全，进行合理筛分，保持前后岗位工作职责一致，发挥工作主观能动，加强施工各项管控，施工管理效率才能提高。

成立建设领导小组，建立完善、健全的管理组织体系。第一时间将项目组织架构建立，并将人员分配到位，明确并形成固定的岗位职责，确保人员职责清晰、履职到位。避免人员在建设过程中反复调整，降低工作效率及履职效果。

3）建立联合验收机制

成立联合验收小组，包含建设单位、使用单位、政府监督单位、设计单位、监理单位及施工单位。联合验收小组立足于不同关注点，共同为项目建设质量把关。

联合验收小组应在过程中参与各分部分项工程验收，及时提出验收及整改意见，使问题在施工过程中得以解决，避免后期大量返工。尤其是使用单位应根据使用要求，提出合理化建议，从施工方管理可能会产生的盲区着手，把好过程质量关。

2. 提供3类支撑

1）技术基础支撑

（1）提供完善的设计方案及图纸

建议项目以“专业纵向拉通，职能横向协调”的思路，改进设计管理体系，推进设计管理工作的开展。建立纵向层级拉通的专业组。按建筑、结构、机电、室外等专业合并总包部、各工区及分包深化设计部各层级的专业工程师，设立专业组长，负责本专业设计管理协调及相关技术问题的解决。成立横向职能协调的工作组。以总包设计部的负责人为组长，各工区的设计管理负责人为组员成立职能协调小组，负责统筹各家单位的设计接口需求以及设计与招采、建造等其他业务部门之间的接口协调，并将业务接口需求转化为专业接口需求，交由专业组执行实施。

梳理具体设计任务，进行任务分工。重点的建议是作为临时应急医院，工期要求非常紧，与资源组织关系重大，是否可以考虑将部分构造做法、详图设计、深化设计直接划为总包方的设计工作范围，且总包方具备与中信院同样的出图权限，总包方的图纸可以直接报业主审核，作为现场施工与结算的依据。中信院主要负责总平面设计、医疗流线设计和机电系统设计。

应急项目参建单位多，且工期非常紧张，为保证设计管理的针对性和及时性，建议业主将部分设计管理职能授权给总包设计部，两者共同推进该项目的设计进展。业主设计部主要负责设计方案的管控，保证满足使用功能需求，保障建筑品质。总包设计部主要负责施工图设计的出图进度、出图质量、各专业之间接口协调，并充分考虑施工总包招采、建造等各业务系统的需求。

须统一归并业主的设计需求。本项目涉及的相关方众多，各方都对设计提要求、提建议，但是都不做决策，有的建议甚至互相违背，导致设计反复修改，这样也给现场的资源与施工组织造成了很大障碍。建议由为卫健委或者总包方统一收集各方需求，并开会定夺设计方案选型。

(2) 提供全过程的技术服务与监督

技术服务与监督需贯穿工程建设的全过程，自规划设计、施工图设计开始，到施工过程技术交底及复核，最后参与工程验收，全程提供技术支撑。

设计阶段应积极主动做好设计方与其他各方的信息沟通协调；施工阶段应做好施工交底及技术复核；验收阶段应参与各分部分项工程验收，确保工程质量优良。

2) 资源核心支撑

资源是工程建设的核心部分，需做好人、材、机的组织及调配。

要有意培养“战备”资源，平时可以抢工，“战时”可以打仗。建立应急资源库，包含常备劳动力、常备材料供应商及常备设备供应商，“战时”能第一时间组织相关资源投入建设。尤其是建立医疗类资源的储备，医疗类资源在平时使用较少，但应储备相关资源。

资源组织进场应做到有序，按照总体施工部署，有计划、有节奏地组织进场，做好资源计划管理、入场验收登记、使用情况盘点工作。

3) 后勤保障支撑

(1) 后勤保障

应急工程建设所需的人员量巨大，人员所需的后勤保障工作任务重。应专门设置后勤保障组，负责人员饮食、交通、住宿等，为参建人员创造良好的工作氛围。

（2）防疫保障

应急传染病医院的建设大多处于非常时期，此期间应做好防疫保障工作，不能因工程建设导致疫情集中爆发，产生不可估量的负面结果。成立专门的防疫工作组，负责工程建设期间日常防疫工作的管理，包括人员行为管理、防疫物资管理、防疫环境管理、心理健康管理等方面。

3. 做好4个平衡

1）设计要求与施工、招采需求的平衡

图纸设计通常按照规范标准及常规做法进行，而应急传染病医院建设具有工期极短的特殊性，很多常规做法工艺复杂、周期长，很多材料无法及时到货，对整体工期产生极大制约。因此在设计时，应充分考虑施工及招采便捷性，双方保持良好的沟通，根据实际情况确定最佳设计方案，必要时需打破常规，不可教条主义。

同时，施工、招采应按照既定的设计要求落实，按图施工、按图招采，不得随意改变设计做法及材料指标，以免验收无法通过，甚至引发质量安全事故。

2）招采便利性与功能性、耐久性的平衡

材料、设备的招采受工期紧张的限制，无法按常规工程招采流程进行，部分材料无法采购到一线品牌，如定制则无法满足工期要求。在此情况下，应在市场全面咨询可用材料、设备，选择质量达标且能最快到货的产品。若当前市场无达标产品，也不能因工期需要而以次充好，导致后期使用功能无法实现，或故障率过高，增加维修难度及成本。

3）进度与质量管理的平衡

应急传染病医院的工期极其紧张是其一大特点及要求，工期紧势必会导致工程质量受影响。进度与质量的平衡应按功能、安全性要求分情况考虑，重要使用功能或涉及重大安全隐患的内容必须确保质量，做到零容忍；不影响主要使用功能且无安全隐患的内容，在工期无法达到时可适当放宽要求，但也必须达到合格标准。

应急传染病医院具有极高的安全风险，因此其质量管理必须严格，不得以牺牲质量来保证工程进度，否则将导致后期产生不可估量的严重后果，也会造成维修工作难度及成本大大增加。

4）各专业施工组织的平衡

（1）土建、安装合理穿插

施工过程中不得重土建、轻安装，应合理控制土建施工周期，同时组织好机电安装工作的合理穿插施工。避免因土建未考虑安装，后期安装施工大量破坏土建成品，影响质量和工期。

（2）室内、室外平行推进

在室内施工时，应同步开展室外工程施工。由于应急传染病医院工程工作量大，点多面广，总平面管理难度极大，为保证极短工期内建成交付，室外工程应在室内施工时同步考虑推进。室外工程施工部署需有专组负责，在兼顾场内交通运输、材料调运的同时，为室外工程逐步创造工作面。

10.1.2 现场实施层面

1. 稳定劳动力投入

1）资源保障组在分配劳动力时，加强与现场各小组负责人的沟通协调，做到劳务人员固定区域施工，避免频繁更换导致出现工作面不熟悉及材料、机具缺失现象；

2）现场各战斗单元在施工过程中，尽量按工序或工种进行管理，每个施工员管理10名左右劳务人员，定区域定任务且全过程跟踪管理，统筹负责责任区域劳务人员的作业面、作业机具、技术、吃饭、防疫、安全、质量等施工管理；

3）现场管理人员交接班方面，上一班管理人员务必保证将本班工作内容所需的人、材、机全部协调到位，与下一班管理人员共同交接，现场正常施工运转1h后再离开。

2. 现场见证作为质量保证依据

查对图纸设计与实际进场的物资的型号进行核对，并统计进场数量，按照国家规范相关要求编制检验批划分方案，根据方案持续收集整理资料，在过程中尽量收集进场合格证等材质证明资料，同时在现场开展各项工序期间，邀请监理现场复核并留存影像资料，作为质量证明的佐证依据之一。

3. 快速提升专业能力

利用前期准备时间，通过上网查询、请教有类似经验人员加深对项目设计目标的理解，通过现场样板间的施工、验收，掌握实施要点，加强与使用单位（医疗队、医护人员）沟通，了解实际使用需求，把有限的时间、精力、物资投入到重点部位。

4. 多元化交底形式

1）技术人员在发放图纸时必须标注发放人员姓名、联系方式、图纸发放时间等，发放时间超过1天的最好通过电话沟通确认图纸的适用性；

2）可以在现场每个区设置便携式投影设备，由专人对各区最新平面图投影在指定位置，方便现场人员查阅，类似设备经济性、实用性能够满足现场实际所需；

3）针对现场零星配件类，例如门锁具、传递箱等可以采用批量打印说明书或安装要求于贴纸上，贴在所有进场材料上，既能够让施工人员一目了然，减少安装错误率，在验收前予以撕除，也能减少后期清洁记号笔的工作。

5. 加强方案管理，提升实操性

1）在施工初始，应与相关方了解医院相关的验收标准、使用要求和侧重点。在施工后半期，应邀请医院相关人员对现场提前检查提出整改问题，便于及时整改，避免因验收整改

延误移交。

2）主动熟悉各工区团队，将需整改问题分类分级反馈至各工区负责人，由其安排人员进行整改，过程中不断巡查反馈，交接班时当面交接、书面交接，保证信息不因交接班遗失。

10.2 对医疗工程规划建设思考

10.2.1 国家层面

根据《全国医疗卫生服务体系规划纲要（2015—2020年）》，从2003年“非典”疫情发生后，我国逐渐开始针对突发传染病提前进行医疗机构规划布局，但迄今为止，尚无针对突发呼吸道传染性疾病建设“平疫结合”的医院。

对于现有综合医院及未来新建的综合医院而言，“平疫结合”既是一种战略性选择，也是大型综合医院应对突发公共事件的必经之路。平时作为综合性医院运营服务民众，在疫情发生时可将日常病区快速改造为传染病医院并投入使用，而疫情过后即可快速恢复成综合医院的使用功能，既能够未雨绸缪，又能够减少疫情期间建设支出。

此外，根据历史经验及记载，人类的战争从未在历史上消失，生化武器虽然被列入禁用武器范围之内，但仍存在潜在隐患。诚然，发生战争或生化战争在现阶段而言是极小概率事件，但医疗机构规划布局应适当超前考虑，防患于未然。因此，新建综合性医院应将“平疫结合”“平战结合”理念融入其中。就国家发展而言，建议在《全国医疗卫生服务体系规划纲要（2021—2025）》中应该充分考虑中国未来涉及公共医疗卫生等不确定因素，包括疫情、战争、生化武器等所有潜在威胁，适度提前谋划与布局，将“平疫结合”逐渐纳入新建医院工程考虑范畴，并且将“火神山医院”建设经验及相关技术纳入相关文件中。

10.2.2 行业层面

现代应急呼吸道传染病医院建设一般发生在疫情突发期间，在疫情爆发期间，交通通常被管制、物资设备生产较为困难、医护人员资源紧张，而作为应急抢建工程，背负着与时间赛跑、拯救大量患者的使命，该类医院工期要求极短，对建筑结构形式的选择提出了很大的考验，综合火神山医院的建设情况而言，模块化施工是应急传染病医院比较好的技术路线。

1. 现阶段应急抢建建筑的现状

现阶段国内对于应急呼吸道传染病医院模块化建造研究还不够成熟，尚无实际应用案例。因此，现阶段国内应急抢建工程在结构选型上一般采用“箱式房”模式。

2. “箱式房”特点

火神山医院建筑结构形式采用“箱式房”，该类建筑结构形式多用于工程施工现场临时办公、宿舍，其具备如下特点：

1）方便移动

随着国内对“箱式房”应用增多和技术逐渐完善，集装箱的安拆及运输已经趋于完善。因此“箱式房”的灵活性较强，建造时间能可靠预测及控制，并且在搬迁时无需大规模拆卸。

2）安全稳定

“箱式房”全部由钢质材料组成，具有较强的抗震、抗变形能力，一般不易被破坏，作为应急抢建工程可放心居住，可保证使用的安全，而且良好的防水性能更避免了雨水渗漏的情况。

3）绿色环保

从箱式房材料来看，主要材料都是钢材及木材，一般作为应急抢建工程使用完后，可以将材料进行回收利用。

4）适应性较强

“箱式房”建筑结构属于封闭性结构，对建设地点要求不高，只需要满足于平整的地面，对于应急抢建工程而言，建设要求愈少则工期愈短。

3. 火神山“箱式房”体系应用情况

对于本次呼吸道传染病而言，“箱式房”建筑模式仍然存在许多不足的地方：

1）“箱式房”结构对机电功能要求极其简单，可满足功能需求简单的应急抢建工程需求，但对于本次新冠疫情而言，呼吸道传染病医院工程机电系统十分复杂，设备众多，常规“箱式房”结构无法满足需求。

2）由于现场实际需求，机电管线需频繁穿墙、屋顶，因此墙体的材料选型及构造对管线穿墙后节点的稳定性、密封性影响巨大。

3）箱式房应用于临时办公室时，箱体采用单向线性组拼方式，屋面排水线路相对简单。而医院工程平面面积大，箱体采用“平面双向拼装”，这容易导致屋面排水路径不清晰，存在局部渗漏风险。

由此可见，现有的箱式房体系不适合应用于紧急呼吸道传染病医院，行业协会组织可联合建筑施工总承包企业、集装箱生产制造企业、专业工程施工企业共同研发，形成模块化设计、工厂化生产、机械化组拼的研究成果，形成针对200床、500床、1000床、2000床不同规模的应急传染病医院标准图纸，可储备一定数量模块，在应急情况下使用。

10.2.3 应急抢建工程的进一步思考

应急抢建工程，是国家应对特殊情况采取的有效措施。故在应急抢建工程的范围中，除本次火神山医院建设所应对的应急传染病医院，还应该囊括如救灾抢险工程、战地医院等具有特殊性的应急抢建工程。

通过本次火神山应急救援医院的建设，可以看出，在面对突发性公共卫生事件的时候，应急抢建工程应具备如下特点：

1）项目选址尽量远离人员密集区域，如果条件具备，尽量选择在群山环绕或河流环绕的地点，形成一道自然隔离屏障，避免疫情扩散；

2）应急抢建工程，尤其是医院建设，应该依托现有的城市公共卫生医疗中心，城市公共卫生医疗中心一般具备城市内最优的医疗资源服务及素质较高的医疗团队，能够让应急抢建医院在最短时间内得到城市最优医疗资源的支持，让该应急抢建医院最迅速地具备接收患者的能力；

3）作为应急抢建工程，应该具备"平疫结合"的特点，其中场地基础及各种设备主管道线应按照永久性标准建设，采用集装箱模块化的疫情期间病房则可以在短时间内具备拼装条件。待疫情结束后，该部分病房可以在最短的时间内拆除回收，场地在回收后可恢复为休闲、健身、停车等一系列功能，但作为应急抢建工程的备用场地功能不能被废除和占用；

4）应急抢建工程应该因地制宜，应根据疫情现状决定建设规模，避免一次性建成远超过实际病情的建筑，避免大量的临时性、模块性应急板房在疫情期间闲置，造成场地和经济上的浪费。

10.2.4 应急抢建工程的建议

1）储备设计预案：本次火神山医院的建设图纸，是借鉴北京小汤山医院经验所修订完善而成。无比庆幸，我国曾有类似工程经验供此次疫情应急建设工程所使用，所以，针对以后可能会发生的突发性公共卫生事件，应该结合火神山应急工程的经验，建立相对完善的应急事件应对体系。从总平面规划、建设初期策划、执行标准、相关应急抢建工程的规范到现场施工的容错性和存在的潜在风险，都应该制定出一套完成的政策和预案，避免因准备不充分，导致设计和现场施工都缺乏引导性文件。同时，国家相应管理部门应针对此类突发事件，针对性地研究出适用于应急抢建工程的适用条文及办法，作为支撑应急建设工程的法律性保障文件。

2）合理的施工组织设计：应急建设工程是一个巨大的系统性工程，针对本次火神山医院建设而言，参加单位众多，管理协调困难较大，应该从现场施工管理架构、项目实施过程管控、投资控制及监控等方面进行前期深入研究，并制定出符合现场施工需求的施工组织设计，确保所有参加方能够根据该施工组织设计明确各方职责，并做好现场协同施工。同时，应急建设工程所需要的各类资源（包括物资及人员储备）应该纳入整个应急管理体系内统筹规划，应根据应急建设工程的建设规模匹配合理的人力物力资源，并且针对各项可能发生的潜在性事件，进行合理预判和动态调整。

3）产品体系的研发和储备：集装箱式模块化建造结构体系，在经历了多年的成熟建设历程后，经验证确实符合临建设施的要求，但这套体系在面对呼吸道应急传染病医院建造时仍存在诸多的挑战。今后应该针对应急抢建工程不同功能建筑特点，有针对性地进行相应研发，包括：集装箱框架、墙体材料、屋面防水系统、门窗、电力系统、通风空调系统、给水排水系统，形成标准化加工图纸。但在研发及储备过程中，应遵循相应的原则：

(1) 建筑模块化及功能模块化，方便吊装、连接及拆除；

(2) 根据使用环境要求，满足外部压力作用下的安全使用；

(3) 机电管道与建筑本体应融合设计，模块化吊装；

(4) 模块化管道间连接应该采用软连接。此外，产品研发出来后，需要进行生产制作，并进行预拼装，过程中可根据预拼装进行优化完善，但需要将模块及相应配件生产并作为国家战略物资储存。

4) 注重“平疫结合”，疫情过后，各级政府为完善公共卫生服务体系，必定在建设新的大型综合医院时，会考虑“平疫结合”的相应政策。与标准综合医院相比，此次火神山采用“三区两缓”的原则，在各分区间设置缓冲带，最大限度降低医患交叉感染；反之，标准综合医院则在布局上遵从“功能优先”的原则，以满足护理的便捷性为主导，并未设置缓冲带。对于平时使用，“三区两缓”存在一定局限性，会在一定程度上浪费综合医院场地，降低医护人员的日常工效，因此，为实现“平疫结合”的需求，既能保证大型综合医院的日常服务能力不衰减，又能保证适宜规模的疫情及负压病房的储备，需设计、建设等各方结合实践进一步探索具有前瞻性和多元性的建设方案。

10.2.5 环保工程思考与建议

在标准方面，由国家卫计委主编的《传染病医院建设标准》(建标 173-2016) 在整体层面规范了该类医院的规模、选址、规划布局、建筑标准等方面的要求。国家环保行业主管部门颁发的《医疗机构水污染物排放标准》GB 18466—2005 中，明确了传染病医疗机构水污染物的日排放限值，对处理工艺、消毒方式等内容也有相应的要求。《医院污水处理工程技术规范》HJ 2029—2013 对进水水质水量、工艺设计与选择、消毒方式等有针对性较强的指导。《医疗废物高温蒸汽集中处理工程技术规范》HJ/T 276—2006、《医疗废物微波消毒集中处理工程技术规范（试行）》HJ/T 229—2005 等规范则对医疗废物的处理和处置提出了明确要求。传染病医院环保领域的相关标准体系基本健全。

但是，对于应急防疫工程来说，相关建设标准及规范尚有欠缺。如何平衡高标准要求与时间的关系？如何建立更加契合应急特点的标准体系？如何防止实施过程中的二次污染？如何扩大可供选择的技术产品库在应急防疫工程领域，仍是值得深入探讨的问题。

10.2.6 施工总结

雨水调蓄池及化粪池是火神山医院项目雨污水处理的关键，也是整个项目中开挖深度最深的区域，基于该项目深基坑支护设计及施工中遇到的问题，项目团队精准施策，均予以高效解决。

1. 现场踏勘， 确定初步设计方案

因项目的特殊与紧迫性，设计院出具的支护方案只是文字原则性描述，不具备施工指导意义，同时项目缺乏地勘资料。

针对该问题，项目深化设计团队对项目场地环境进行了仔细的踏勘，基于周边项目的地勘资料及设计经验对现场地质情况进行判别：一是基坑位置处于南湖大桥的引桥东侧，按经验引桥高填方区域土质经处理后性能较稳定，优先采用放坡支护方案，雨水池按 1：0.5 的坡率分两级放坡，化粪池按 1：0.75 的坡率分两级放坡，既能确保开挖安全，又能以最快的速度完成土方开挖；二是基坑的位置选址在小山丘的坡脚，基坑开挖范围内土质情况相对较好。基于这两点判断，深化设计团队迅速绘制支护图纸，采用分级放坡＋挂网喷射混凝土＋铺设彩条布护面的支护方案，确保了化粪池和雨水调蓄池深基坑的安全顺利开挖。

2. 驻守现场，因地制宜调整方案

土方开挖后，项目深化设计团队一直驻守现场，根据开挖土质情况动态调整设计方案。基坑开挖至第三层土方时发现底部基本为坚硬岩石，挖机施工效率低，而此时距项目规定的交付节点已不足 36h，按设计要求还需要施工 250mm 厚基础筏板。鉴于时间紧急，同时考虑到设备的使用荷载，化粪池及消毒池基础施工时摒弃原设计混凝土垫层方案，采用粗细砂作为垫层对基础进行调平，为项目顺利完工赢得了宝贵的 12h，最终该系统按时完成。

3. 优化设计，统筹考虑整体开挖

原设计中雨水调蓄池和化粪池需分坑开挖，经过核对，化粪池位于场地主干道上，分坑开挖将挖断场地南侧进入现场的唯一主干道，对现场主体结构施工进度影响极大。

针对该问题，项目深化设计团队仔细分析雨水调蓄池和化粪池的位置关系、功能原理，权衡分坑开挖和整体开挖两个方案的利弊后，建议将雨水调蓄池和化粪池的设备全部放在一个基坑里面，这样处理一是可以减少土方开挖量；二是方便管道及提升泵安装；三是避免把西南侧的进场主干道完全挖断，导致项目南区施工停摆。设计单位慎重考虑后同意按该方案处理，为雨水调蓄池和化粪池施工节省了开挖支护时间，也保证了病房区主体结构施工的顺利进行。